Wolfgang Fiedler
Hans-Joachim Fünfstück
Werner Nachtigall

Die Vögel Mitteleuropas im Flug bestimmen

468 Arten sicher erkennen und zuordnen

unter Mitarbeit von Hans-Heiner Bergmann

Quelle & Meyer Verlag Wiebelsheim

Dr. Wolfgang Fiedler
Max Planck Institute for Ornithology
Vogelwarte Radolfzell
Am Obstberg 1
D-78315 Radolfzell

Hans-Joachim Fünfstück
Gsteigstr. 43
D-82467 Garmisch-Partenkirchen

Prof. Dr. Werner Nachtigall
Höhenweg 169
D-66133 Saarbrücken-Scheidt

Bibliografische Information der Deutschen Nationalbibliothek
Die Deutsche Nationalbibliothek verzeichnet diese Publikation in der Deutschen Nationalbibliografie; detaillierte bibliografische Daten sind im Internet über http://dnb.d-nb.de abrufbar.

Braunkopfammer: R. Martin; Fischadler, Zwergflamingo: H.-J. Fuenfstück; Mandarinente: J. Schneider; Stieglitz: A. Hofmann; Zwergdommel: G. Zieger

Druck und Verarbeitung: Belvédère Print & Packaging b. v.
Printed in Europe/Imprimé en Europe
ISBN 978-3-494-01673-3

Inhaltsverzeichnis

Familien

Schwäne

Gänse

Enten

Säger

Vorwort

Fliegen gehört zum Vogel wie Schnabel, Eier oder Federn. Vielleicht sogar ein bisschen mehr, denn schon immer haben die Menschen die Vögel genau um diese Eigenschaft beneidet, sich scheinbar mühelos über die Schwerkraft hinwegsetzen zu können. Dabei ist die fliegende Fortbewegungsweise keineswegs mühelos. Seit, wie wir vermuten, seine Schwung- und Schwanzfedern den Archaeopteryx davor bewahrt haben, sich beim Sprung vom Baum den Hals zu brechen, haben sich immer neue und faszinierende Anpassungen der Vögel ans Fliegen herausgebildet, und wir blicken heute staunend auf eine unglaubliche Vielfalt an Bauweisen von Federn, Flügeln und Schwänzen, die alle auf bestimmte Anforderungen aus dem Leben ihrer Träger optimiert sind. Mit der Vielfalt der Struktur geht die Vielfalt an Verhaltensweisen einher. Einige Flugapparate dienen zum pfeilschnellen Dahingleiten, andere zum Rüttelflug, wieder andere zur schnellen Flucht im Gebüsch oder zum Emporheben beachtlicher Lasten. Bei vielen Arten spielen bestimmte Flugweisen und Fluggesänge eine zentrale Rolle bei der Balz. Und schließlich steht der gesamte Grundbauplan der Vögel im Zeichen des Fliegens, wenn alle schweren Körperteile möglichst nahe am Schwerpunkt in der Vogelbrust konzentriert werden, wenn ausgeklügelte Konstruktionsweisen große Knochen stabil, aber sehr leicht machen oder wenn auf das schwere, an der Peripherie liegende Gebiss, wie es Säugetiere auszeichnet, zugunsten der leichten, aber ebenso effizienten Schnäbel verzichtet wird. Kurzum: Vögel sind ohne Fliegen nicht denkbar – die ganz wenigen bekannten Ausnahmen bestätigen die Regel.

Der enorme Fortschritt in der Verfügbarkeit guter Fotos fliegender Vögel in den letzten Jahren hat uns auf die Idee gebracht, das Fliegen in den Mittelpunkt dieses Buches zu stellen, das einerseits dort zur Bestimmung herangezogen werden kann, wo klassische Feldführer vielleicht enden, andererseits aber auch weitere Informationen zum Fliegen gibt, die für den genau hinschauenden Vogelbeobachter vielleicht nützlich, mindestens aber interessant sind. Dazu gehören auch einige grundlegende Aspekte der Flugphysik.

Am Anfang war das Randecker Maar. Hier werden seit vielen Jahrzehnten ziehende – und damit fliegende – Vögel erfasst und wichtige Informationen zum Vogelzug gesammelt. Ende des letzten Jahrhunderts wurde das „Seawatching" an den Meeresküsten populär. Stundenlang saßen oder standen Vogelbeobachter an der Küste oder auf Inseln und zählten Möwen, Seeschwalben, Enten und andere Arten, die über das Meer flogen. Erst Jahre später suchten sich Ornithologen auch im Festland neben dem Randecker Maar Plätze, die als Nadelöhr für ziehende Arten möglich waren. Amateure und Fortgeschrittene verschiedenen Grades beteiligen sich an diesen Zugbeobachtungen, die oft standardisiert durchgeführt werden und eine wichtige Datengrundlage zum Ablauf des Vogelzuges bilden. Die Vogelbeobachter sind bei dieser Gelegenheit ganz auf die Informationen angewiesen, die ihnen ein fliegender Vogel – oft noch in ungünstigem Licht und nicht immer günstigem Blickwinkel – bietet, um die Art sicher zu bestimmen. Andere Vogelfreunde mögen dagegen eher die bunte Flügelzeichnung eines zufällig vorüberfliegenden Wiedehopfes oder die Flugakrobatik einer Rauchschwalbe bestaunen und mehr darüber erfahren wollen. Wir würden uns freuen, wenn das Buch für alle von Nutzen sein könnte.

Viele Flugsituationen sind mit Vogelstimmen assoziiert – vom lärmenden Schwarmflug der Gänse über den Singflug der Feldlerche bis hin zu nächtlichen Rufen ziehender Kleinvögel. Unser besonderer Dank geht deshalb an Hans-Heiner Bergmann, der die Vogelstimmen mit Flug-Kontext zusammengestellt hat. Die DVD „Die Stimmen der Vögel Europas" (von H.-H. Bergmann, W. Engländer, S. Baumann und H.-W. Helb) war uns außerdem eine wichtige Referenzgrundlage bei den Arttexten.

Bruno Bruderer und Felix Liechti mit Mitarbeitern von der Schweizerischen Vogelwarte Sempach haben bei ihren Radar-Untersuchungen zum Vogelzug zahlreiche Daten zu Flügelschlagfrequenzen und Fluggeschwindigkeiten verschiedener Vogelarten gesammelt und der Öffentlichkeit zur Verfügung gestellt. Die Angaben hierzu in unserem Buch stammen aus den beiden Publikationen in der Fachzeitschrift „Ibis" von 2001 (S. 178 – 204) von B. Bruderer und A. Boldt und 2010 (S. 272 – 291) von B. Bruderer, D. Peter, A. Boldt und F. Liechti. Weitere Einzeldaten wurden der Fachliteratur zu den einzelnen Arten entnommen.

Ein herzlicher Dank geht schließlich an die zahlreichen Fotografen, die durch die Bereitstellung ihres Bildmaterials dieses Buch überhaupt ermöglicht haben. Hier möchten wir Matthias Putze besonders hervorheben, der uns besonders viele Bilder zur Verfügung gestellt hat. Auf seiner Internetseite http://birds-in-flight.net sind zu etlichen Arten weitere Bilder zu finden. Aber auch die Erfahrung und nicht selten Geistesgegenwart der vielen anderen Fotografen, die beispielsweise zu Flugaufnahmen von Wachtelkönig oder Nachtigall geführt haben, verdient hier unsere Bewunderung. Bei einigen – erstaunlich wenigen – Arten ist es uns nicht gelungen, Flugaufnahmen zu finden oder wenn doch, dann nicht mit den gewünschten erkennbaren Details. In solchen Fällen haben wir bei den häufigeren Arten auf andere Fotos zurückgegriffen und die sehr seltenen Arten – obwohl sie eigentlich ihren Platz in der Artenliste der Vögel Mitteleuropas haben – weggelassen. Vielleicht ist das für den einen oder anderen Fotografen auch Ansporn, ein solches fehlendes Bild nachzuliefern. Wir freuen uns über entsprechende Hinweise.

Wolfgang Fiedler, Hans-Joachim Fünfstück und Werner Nachtigall

Einleitung

Dieses Buch behandelt alle regelmäßig in Mitteleuropa vorkommenden Vogelarten sowie die meisten der in Mitteleuropa gelegentlich auftretenden Seltenheiten. Die unter dem Stichwort „Status" gegebenen Informationen beziehen sich entsprechend auch auf die Situation dieser Art in Mitteleuropa. Hinter den deutschen Artnamen steht in Klammern jeweils der Verweis auf die entsprechende Artnummer, wie sie in dem im gleichen Verlag erschienenen Buch „Die Vögel Mitteleuropas im Porträt" von H.-J. Fünfstück und I. Weiß verwendet wird. Dadurch können dort die weitergehenden Angaben zu Biologie und Verbreitung rasch gefunden werden.

Die Fotos entstanden unter natürlichen Bedingungen, oft bei der planmäßigen Erfassung von Zugvögeln. Bewusst wurde auf die Bildnutzung von Vögeln im Windkanal oder auf Bilder, die mit Lichtschranken hergestellt wurden, verzichtet. Dabei sollten die Flugfotos wenn möglich wichtige Bestimmungs-Merkmale zeigen. Die Sichtung tausender Fotos in verschiedenen ornithologischen Foren und Bildarchiven hat sich aber nach unserer Meinung gelohnt.

Der typische Lebensraum der Art ist unter dem Artnamen in einem oder mehreren Symbolen dargestellt, die folgende Bedeutung haben:

- Offenes Meer
- Küste
- Binnengewässer
- Wiesen
- Ackerland
- Moor und Heide, Steppe und Tundra
- Gärten und Parks
- Siedlungen
- Laubwald
- Nadelwald
- Gebirge

Unter dem Stichwort „Stimme" gehen wir auf alle Lautäußerungen während des Fluges, einschließlich Instrumentallaute, ein. Dies können exklusiv an den Flug gekoppelte Gesänge sein, aber auch Warnrufe, die etwa beim Abflug geäußert werden, oder ein typisches Fluggeräusch der jeweiligen Art. Reviergesänge oder Rufe, die nur im Sitzen vorgetragen werden, bleiben hier unberücksichtigt. Neben der Beschreibung der Lautäußerungen mit Worten ist, gekennzeichnet durch (a) oder bei mehreren durch (li) = linke Grafik, (re) = rechte Grafik, ein QR-Code angegeben, der sich mit entsprechender Software über die Kamera Ihres Mobiltelefons oder Tablets einlesen lässt und im Internet eine Tondatei mit der passenden Vogelstimme abruft. Bitte beachten Sie, dass je nach Einstellung und Tarif ihres Mobilgerätes dabei Kosten für die Internetverbindung entstehen können.

Wir haben uns bemüht, unnötige Fachbegriffe zu vermeiden. Um einige Ausdrücke, die sehr präzise bestimmte Körperpartien, Strukturen oder Verhaltensweisen bezeichnen, kommen wir aber nicht herum. Das nachfolgende Glossar soll hier bei Bedarf weiterhelfen.

Abkürzungen und Glossar

[ ] (eckige Klammern): siehe Superspezies

♂, M: Männchen

♀, W: Weibchen

Achselfedern: Körpernahe Federn des Unterflügels

Ad., ad.: Abkürzung für Adultvogel, adult

adult, Adultus: Geschlechtsreifer Vogel. Bei Singvögeln in der Regel nach knapp einem Jahr, bei Großvögeln mitunter erst nach mehr als 5 Jahren.

Adultkleid: Kleid des adulten Vogels: Jahres-, Pracht- oder Schlichtkleid, im Unterschied zum Jugendkleid (siehe dort).

Alterskleid: siehe Adultkleid

Alula, Alulafedern: Als Alula (auch After-, Vor-, Nebenflügel, Daumenfittich) werden die Federn auf dem Daumen bezeichnet. Bei einigen Arten sind diese auffällig gefärbt und können ein wichtiges Bestimmungsmerkmal sein (z. B. Heidelerche, Isabellsteinschmätzer).

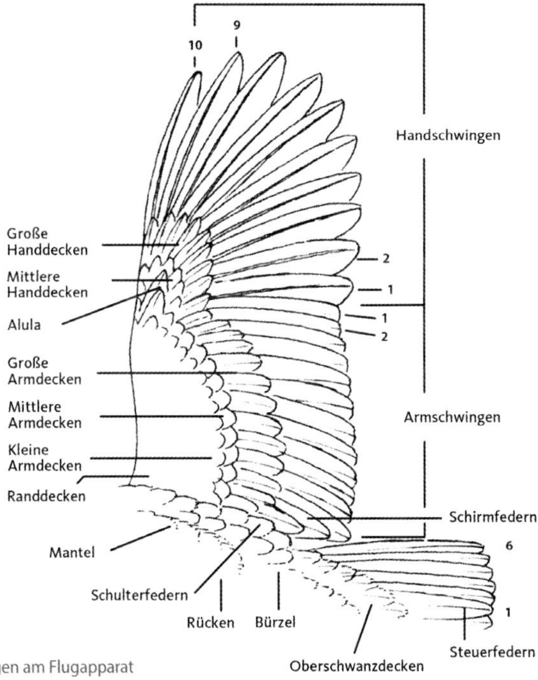

Abb. 1: Bezeichnungen am Flugapparat

Apikalfeld: Im Zusammenhang mit Gefieder: besonders gefärbtes Feld an der Spitze einer Feder.

Armschwingen (AS): Am Arm (an der Elle, Ulna) entspringende Flügelfedern. Die Anzahl ist variabel, bei Singvögeln beträgt sie allgemein neun. Die innersten drei (AS 7 - 9) stellen dabei die Schirmfedern dar. Die Zählung erfolgt aszendent, also von außen nach innen (zum Körper hin). In dieser Reihenfolge werden die AS auch vermausert.

AS: Abkürzung für Armschwinge(n).

Außenfahne: Die nach außen gerichtete Fahne einer Körper- (Konturfeder) oder Schwungfeder. Die Schwungfedern sind meist asymmetrisch, wobei die Außenfahne meist schmal und fest, die Innenfahne dagegen weicher ausgebildet ist.

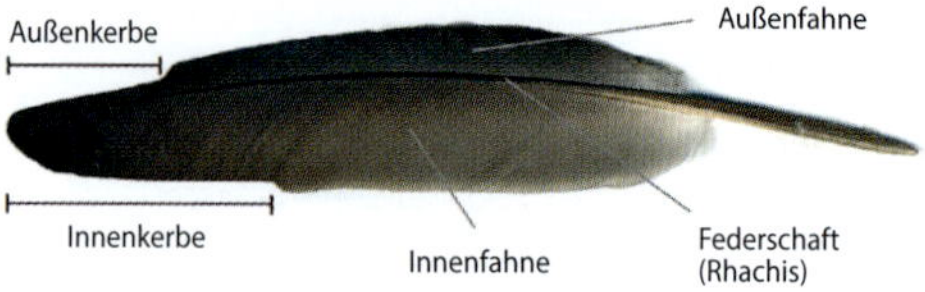

Abb. 2: Aufbau einer Vogelfeder.

Balz, Balzverhalten: Verhaltensweisen, die zur Paarbildung, Festigung des Paarzusammenhalts und zur Einleitung der Begattung dienen.

Balzflug: Eigentlich nur Flüge in unmittelbarem Zusammenhang mit der Balz, häufig aber auch allgemein für Singflüge, Imponierflüge usw. gebraucht, die mehr der Reviermarkierung dienen. Hier wird auch präziser von „Singflügen", „Ausdrucksflügen" oder „Schauflügen" gesprochen.

Brutkleid: (= Prachtkleid). Nur während der Fortpflanzungzeit getragenes Federkleid.

Bürzel: Federpartie am Anfang der Schwanzoberseite

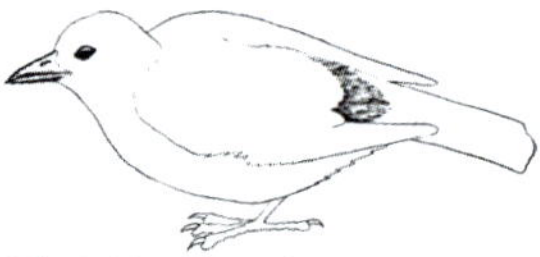
Abb. 3: Bürzelbereich

Carpalfleck: Mit der Umgebung kontrastierende Färbung der Federn (oft ein dunkler Fleck) auf der Flügelunterseite im Bereich des Handgelenkes. Typisch z. B. für viele Gefiedervarianten des Mäusebussards.

Abb. 4: Carpalfleck

Deckfedern: Sammelbegriff für alle Federn, die am Vogelkörper etwas überdecken (z. B. Hand-, Arm-, Ohrdecken). Am Flügel werden die größeren Deckfederreihen nach Größe und Position bezeichnet: Große Handdecken, Mittlere Handdecken, Große Armdecken usw.

Dimorphismus, dimorph: In zwei verschiedenen Ausprägungsformen auftretendes Merkmal. Häufig ist der Sexualdimorphismus (siehe dort).

dj., Dj.: diesjährig, Diesjährige. Die Angabe bezieht sich auf das Kalenderjahr.

Dunen: (= Daunen) Die ersten Federn eines Vogels. Sie besitzen keine festen Fahnen, sondern feine Äste, die strahlig von der Federbasis ausgehen, sie dienen hauptsächlich der Wärmeisolation. Auch Altvögel können Dunen tragen, in vielen Fällen ist aber auch der basale Teil der Konturfedern als Dunen ausgebildet.

Dunenkleid: Erstes Federkleid des Jungvogels, ganz aus Dunen bestehend. Bei einigen Vogelarten wird nach dem ersten noch ein zweites Dunenkleid angelegt.

einj.: Abkürzung für einjährig(e, er, es).

Endbinde: Bandförmiger Streifen am Ende des Schwanzes oder auch am Ende einzelner Federn, der durch kontrastierende Färbung der Federspitzen entsteht.

Abb. 5: Schwanz mit breiter Endbinde

Farbdimorphismus: Existenz zweier unterschiedlicher Färbungstypen (z. B. von Männchen und Weibchen) innerhalb einer Art. Es kann sich auch um nicht geschlechtsgebundene Ausprägung handeln, z. B. die braune und die kontrastreiche Färbung bei Raubmöwen oder die braune und die graue Variante beim Waldkauz. Es handelt sich dabei um synchron in denselben Populationen vorkommende Formen, also nicht um Rassemerkmale. Liegen mehr als zwei Typen vor, spricht man von Farbenpolymorphismus.

Federzeichnung: Durch unterschiedliche Färbung und Schattierung hervorgerufenes Muster auf der Feder. Die Muster können dabei entweder durch Farbstoffeinlagerungen, durch Strukturfarben oder durch Abnutzung und Bleichung von Federn variieren.

Flügelspannweite: Distanz zwischen den Schwungfederspitzen des rechten und des linken Flügels in vollständig geöffneter („Segelflug"-) Stellung.

Flügelbinde: Federfärbung am Flügel eines Vogels, die im Verbund der Federn eine Binde ergibt.

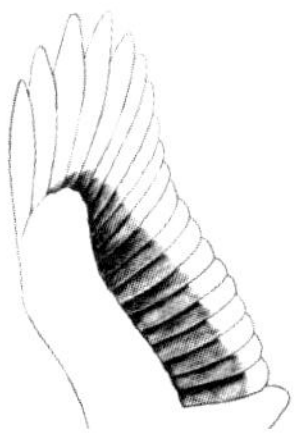

Abb. 6: Flügelbinde

Flügeldecken: Deckfedern der Flügel, bestehend aus Hand-, Arm- und Randdecken. Die Flügeldecken der Oberseite des Flügels werden auch als Oberflügeldecken bezeichnet, diejenigen der Flügelunterseite als Unterflügeldecken. Je nach Position werden außerdem Kleine, Mittlere und Große Decken sowie Arm- und Handflügeldecken unterschieden (siehe dort).

Flügelspiegel: Auffällig gefärbter, oft schwarz und weiß sowie metallisch glänzende Farben enthaltender Streifen im Flügel der Entenvögel.

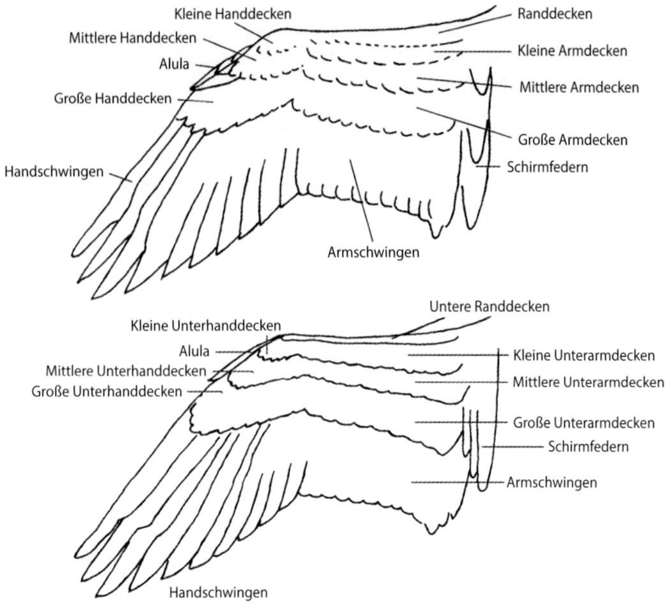

Abb. 7: Schematische Darstellung der Schwung- und Deckfedern der Flügelober- und -unterseite.

flügge: Bezeichnung für die Altersstufe eines voll befiederten, flugfähigen Jungvogels, der in der Regel ausgewachsen ist, größere Ortsveränderungen durchführen kann und nicht mehr von elterlicher Fürsorge abhängig ist.

Flugformation: Spezielle Anordnung der einzelnen Vögel in einem fliegenden Schwarm. Besonders auffällig ist die „V-Formation“, bei der die einzelnen Vögel sich in Form eines nach hintenn offenen „V“ anordnen.

Girlandenflug: Vor allem bei Greifvögeln zur Reviermarkierung zu beobachtendes Flugmanöver, bei dem der Vogel Sturzflüge mit angelegten Flügeln U-förmig in einen steilen Steigflug übergehen lässt, dem dann nach kurzer Zeit ein erneuter Sturzflug folgt. In der Abfolge erhält die Flugbahn das Aussehen einer aufgehängten Girlande.

Geschlechtsdimorphismus: Siehe Sexualdimorphismus.

Gesichtsmaske: Maskenförmige, dunkle Partie des Kopfgefieders, z. B. bei Beutelmeisen oder männlichen Neuntötern.

gesperbert: Siehe Sperberung.

Große Armdecken: Deckfedern auf dem körpernahen Teil (Arm) des Oberflügels. Sie überdecken hauptsächlich die Basis der Armschwingen.

Große Handdecken: Deckfedern auf dem körperfernen Teil (Hand) des Oberflügels. Sie überdecken hauptsächlich die Basis der Handschwingen.

Große Flügeldecken: Großen Handdecken und Große Armdecken zusammengefasst.

Große Oberflügeldecken: Siehe Große Flügeldecken. Es sind explizit die Deckfedern der Flügeloberseite gemeint. In der Regel ist das aber auch dann der Fall, wenn der Begriff „Ober-“ weggelassen wird.

Großgefieder: Umfasst die Hand- und Armschwingen, die Alulafedern sowie die Steuerfedern. Alle anderen Federn werden zum Kleingefieder zusammengefasst.

Handdecken: Federpartien auf dem Flügel. Man unterscheidet zwischen Kleinen, Mittleren und Großen Handdecken (korrekt wäre hier der Begriff „Oberhanddecken“, was aber selten benutzt wird) auf dem Oberflügel und Kleinen, Mittleren und Großen Unterhanddecken auf dem Unterflügel. Die Großen Decken überdecken die Basis der Schwungfedern, die Mittleren Decken die Basis der Großen Decken und die Kleinen Decken unter anderem die Basis der Mittleren Decken.

Handschwingen (HS): Bezeichnet die an der Hand entspringenden Flügelfedern. Bei den meisten Vogelgruppen sind es 10, bei Lappentauchern, Störchen und Flamingos 11. Sperlingsvögel haben ebenfalls 10 HS, doch ist die äußerste Handschwinge (HS 10) bei zahlreichen Singvogelfamilien reduziert, bei einigen Familien (z. B. Fringillidae, Emberizidae) fehlt sie ganz. Die Zählung erfolgt hier deszendent, also von innen nach außen (siehe auch dort).

HS: Siehe Handschwingen.

Hybrid: Individuum, das aus einer Mischpaarung von Individuen verschiedener Arten oder Semispezies hervorgegangen ist (F1-Hybrid). Pflanzt sich dieses Individuum mit einem Partner aus einem der Elterntaxa fort, entstehen Rückkreuzungshybriden.

immatur: Jungvogel nach der Mauser des Jugendkleides und vor Eintritt in die Geschlechtsreife. Bei Vögeln, die erst nach Abschluß des ersten Lebensjahres geschlechtsreif werden, sind die Kleider immaturer Vögel oft deutlich von den Adultkleidern zu unterscheiden.

Innenfahne: Die körperwärts gerichtete Fahne einer Feder. Die Flugfedern sind meist asymmetrisch, wobei die Außenfahne meist schmal und fest, die Innenfahne dagegen breit und etwas weicher ausgebildet ist.

Iris: Meist farbiger Ring im Auge, der die Pupillenöffnung umgibt. Bei einigen Vogelarten gibt die Irisfarbe Hinweise auf Alter oder Geschlecht.

Jahreskleid: Kleid eines erwachsenen Vogels, sofern keine saisonalen Unterschiede zwischen einem Pracht- und einem Schlichtkleid ausgebildet werden.

Jugendkleid: Erstes vollständiges Federkleid, das nach dem Dunenkleid angelegt wird. Bei vielen Vogelgruppen, z.B. Drosseln, Möwen und Hühnervögeln, unterscheidet es sich deutlich von den später folgenden Kleidern.

Jungvogel: Vogel in den ersten Monaten seines Lebens, längstens bis zum Frühjahr nach dem Geburtsjahr.

juv., Juv.: Abkürzung für juvenil, Jungvogel oder Jungvögel.

juvenil: Altersbezeichnung für einen Jungvogel im ersten vollen Federkleid, das die Dunen ersetzt hat.

Kinnstreif: Streifenförmige Gefiederfärbung in der Kinnregion.

Abb. 8: Kinnstreif

KJ: Abkürzung für Kalenderjahr.

Kleingefieder: Vor allem die Körper- und Flügeldecken, aber auch Dunen und andere kleine Federtypen. Ausgeschlossen sind nur die Federn des Großgefieders (Schwungfedern des Flügels und Steuerfedern des Schwanzes sowie die Alulafedern).

Mantel: Federpartie auf der Oberseite des Vogels.

Abb. 9: Mantel

Mauser: Der Vorgang des Gefiederwechsels, bestehend aus Ausfallen der alten Federn und Wachstum der neuen Federn. Der Begriff kann sich auf das ganze Individuum beziehen („der Vogel ist in der Mauser“, d.h. er ersetzt gerade seine Federn durch neue) oder auf Gefiederteile („die Oberschwanzdecken sind frisch vermausert“, d.h. sie wurden gerade durch neue ersetzt) oder auf eine einzelne Feder („HS8 ist noch unvermausert“, d.h. HS8 ist schon älter und wurde noch nicht erneuert).

Mittelbinde: Bindenförmige Struktur in der Feder oder einer Federpartie, die nicht am Ende (z.B. des Schwanzes) gelegen ist

Mittlere Armdecken: Die Reihe mit den zweitgrößten Deckfedern an der Basis der Armschwingen. Liegen auf den Großen Armdecken.

Morphe: Ausprägungsform einer Art. In unserem Zusammenhang meist auf das Gefieder bezogen, das in verschiedenen, oft klar gegeneinander abgrenzbaren Farbschlägen auftreten kann. Teilweise zeigt nur eines der Geschlechter unterschiedliche Morphen und Morphen gehen nicht unbedingt mit einem behinderten Genfluss einher. Damit wird deutlich, dass es sich nicht um Unterarten (Rassen) handelt.

Neozoon: Nichtheimische, eingeführte, entkommene oder bewusst ausgesetzte Art, die nach gängiger Definition im Jahr 1492 noch nicht im fraglichen Gebiet vorkam. Ein Neozoon gilt als etabliert, wenn es sich über mindestens drei Generationen oder 25 Jahre ohne menschliches Zutun im nichtangestammten Areal fortgepflanzt hat.

Oberflügeldecken: Die Deckfedern der Flügeloberseite. Zu diesen gehören die Handdecken, die Kleinen, Mittleren und Großen Armdecken. Insbesondere Mausergrenzen in diesen Gefiederbereichen können bei der Altersbestimmung hilfreich sein.

Oberschwanzdecken: Deckfedern der Schwanzoberseite.

Abb. 10: Oberschwanzdecken

PK: Abkürzung für Prachtkleid.

Population: Gesamtheit der Individuen einer Art, die ein bestimmtes Areal besiedeln und damit geographisch mehr oder weniger von anderen Gruppen derselben Art getrennt sind. Unter den Individuen einer Population herrscht freier Genaustausch. Populationen derselben Art (bzw. deren Mitglieder) sind untereinander uneingeschränkt fortpflanzungsfähig.

Prachtkleid: Meist zur Brutzeit getragenes, voll ausgefärbtes Alterskleid, im Gegensatz zum Schlichtkleid. Wird entweder durch Mauser, oft Teilmauser, erworben, oder wie bei vielen Singvögeln durch Abnutzung überdeckender Federsäume, z. B. bei Star, Gartenrotschwanz, Buch- und Bergfink. Gleichbedeutend mit Brutkleid.

pullus, pulli: : Altersbezeichnung für Küken im Dunenkleid.

Randdecken: Schmaler Saum aus Deckfedern am oberen Teil des Flügels

Ruderalfläche: stark durch menschliche Aktivitäten geprägte Schutt-, Schotter oder Kiesfläche, die lückig mit überwiegend krautigen Pflanzen bewachsen ist.

Schaft: Teil der Vogelfeder, Verlängerung der Spule, Ausgangspunkt der Federfahnen.

Schaftstreifen: Musterung auf dem Schaft der Vogelfeder.

Scheitelfedern: Federpartie auf der Kopfoberseite.

Scheitelseitenstreif: Streifenförmige Federpartie in der seitlichen Scheitelregion des Kopfes, etwas höher über dem Auge als der Überaugenstreif und im Gegensatz zum Scheitelstreif paarig angelegt.

Scheitelstreif: Streifenförmige Federpartie in der Scheitelregion des Kopfes.

Schirmfedern: Die innersten (körpernahen) Armschwingen, bei Sperlingsvögeln allgemein drei (AS 7-9), die besonders starkem Abrieb ausgesetzt sind. Sie sind meist symmetrischer und oft anders gefärbt als die Arm-

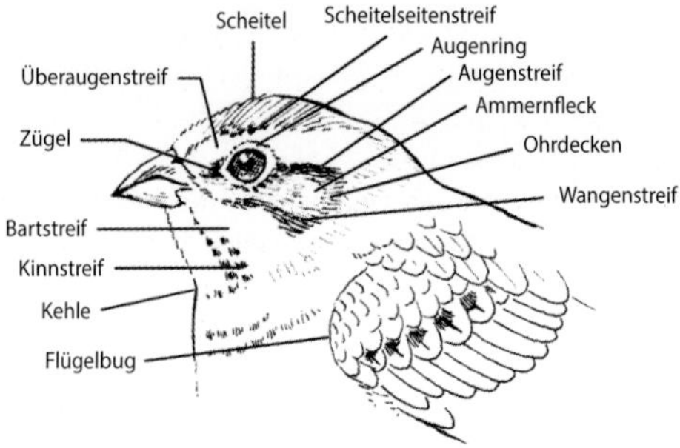

Abb. 11: Topographie des Vogelkopfes am Beispiel einer Ammer.

schwingen und bedecken beim zusammengefalteten Flügel die anderen Flügelfedern teilweise. Sie unterliegen oftmals einer eigenen Mausersteuerung und werden öfter erneuert als die übrigen Armschwingen.

Schlichtkleid: Früher auch als Ruhekleid bezeichnetes Federkleid, das als Gegenstück zum Prachtkleid meist nach Ende der Brutzeit angelegt wird und oft weniger auffällig als das Prachtkleid ist.

Schwinge: Flugfeder (= Schwungfeder) des Hand- oder Armflügels. Achtung: Landläufig kann mit diesem Begriff auch der ganze Flügel bezeichnet werden.

Schwungfeder: Flugfeder des Hand- oder Armflügels und damit gleichbedeutend mit Schwinge und Schwungfeder.

Sexualdimorphismus: Unterschiedliches Erscheinungsbild (Phänotyp) von Männchen und Weibchen einer Art. Gleichbedeutend mit Geschlechtsdimorphismus.

Singvogel-Flugtyp: die für den größten Teil der Singvogelarten typische Flugweise, bei der sich kurze Serien von Flügelschlägen und Gleitphasen mit angelegten oder etwas geöffneten Flügeln abwechseln. Durch diesen Wechsel von Auftrieb und Gleiten verläuft die Flugbahn mehr oder weniger wellenförmig.

SK: Abkürzung für Schlichtkleid.

Sperberung: Begriff für eine an den Sperber *(Accipiter nisus)* erinnernde wellenförmige Zeichnung des Gefieders („gesperbert“).

Steuerfeder: Schwanzfeder.

Subterminalbinde: Nahe der Spitze (meist Federspitze oder Schwanzende) gelegenes, anders als die Umgebung gefärbtes Band.

Subterminalfleck: In der Farbe abweichender Fleck einer Feder oder Federpartie, der dicht vor dem Ende der Feder oder der Federpartie gelegen ist.

Superspezies: Monophyletische Gruppe von Spezies oder Semispezies. Superspezies sind untereinander vollständig reproduktiv isoliert. Der älteste existierende Artname wird in eckige Klammern gesetzt (z. B. *Phylloscopus [collybita])*. Aus Gründen der Übersichtlichkeit ist die Notation als Superspezies in diesem Buch zugunsten einfacher Artnotation teilweise weggelassen, wenn sich daraus keine zusätzlichen Informationen ergeben.

Terminalbinde: Siehe Endbinde.

Überaugenstreif: Streifenförmige Federpartie direkt über dem Auge; auch als Superziliarstreif bezeichnet.

Übergangskleid: Kleid, das Merkmale zweier verschiedener Kleider gleichzeitig aufweist, z. B. bei der Mauser vom Pracht- zum Schlichtkleid.

Unterflügeldecken: Deckfedern des Unterflügels (Unterseite des Flügels).

Unterschnabel: Der unterhalb des Schnabelspaltes gelegene Teil des Schnabels.

Unterschwanzdecken: Konturfedern, die die basalen Bereiche der Schwanzfedern von der Körperunterseite her abdecken.

vorjährig: Altersbezeichnung; im vorherigen Kalenderjahr geborener Vogel.

Abb. 12: Steißbereich (einschließlich Unterschwanzdecken)

Höckerschwan (→ 3)

Cygnus olor

En: Mute Swan
Fr: Cygne tuberculé
Es: Cisne vulgar
It: Cigno reale

Status: Regelmäßiger Brutvogel in ganz Mitteleuropa mit Ausnahme einiger Mittelgebirge.

Flügelspannweite: 208 – 240 cm

Fluggeschwindigkeit: ca. 58 km/h

Flügelschlagfrequenz: ca. 3 Flügelschläge / Sekunde

Flugweise: Der Höckerschwan als einer der schwersten flugfähigen Vögel überhaupt fliegt mit schweren, geräuschvollen Flügelschlägen und gerade vorgestrecktem Hals. Der Start erfolgt in der Regel vom Wasser aus und erfordert in jedem Falle einen längeren Anlauf. Die Landung erfolgt nach einigen Metern Gleitphase mit abgestreckten Beinen auf der Wasseroberfläche. Um sich über kurze Strecken schnell zu bewegen, nutzen Höckerschwäne auch eine Art in die länge gezogenen Wasserstart ohne wirklich abzuheben. Der Flügelbau des Höckerschwans lässt Segelflug nicht zu, obwohl vergleichbar große Geier darin wahre Meister sind. Während der Großgefiedermauser im Spätsommer sind Höckerschwäne einige Wochen flugunfähig.

Stimme: Im Flug meist schweigsam. Höckerschwäne produzieren jedoch durch die Luftströmungen am Flügel einen charakteristischen sausenden bis singenden Flugschall (li). Beim Drohlauf über das Wasser gegenüber einem Reviereindringling erklingen in schnellem Wechsel klatschende Geräusche der Füße und Flügelschlaggeräusche (re).

Ähnliche Arten: Aus der Ferne können Höckerschwäne mit den anderen weißen Schwanenarten verwechselt werden, in Mitteleuropa dem Singschwan und dem Zwergschwan. Abgesehen von Größe und Stimme sind Halshaltung (bei Sing- und Zwergschwan steiler) und Schnabelfärbung die besten Unterscheidungsmerkmale.

Zusatzinfos: Formationsflug S. 508, Stationäres Luftbremsen S. 510, Start vom Wasserspiegel und Anwassern S. 514

> **Beobachtungstipps:** Höckerschwäne lassen sich an Seen und in Parks problemlos und oft aus der Nähe beobachten. Um allerdings fliegende Schwäne beobachten zu können, braucht man etwas Glück. Erhöhte Flugaktivität ist meistens im Frühjahr zur Zeit der Reviergründungen zu beobachten.

Schwarzschwan (→ 4)

Cygnus atratus

En: Black Swan
Fr: Cygne noir
Es: Cisne negro
It: Cigno nero

Status: Neozoon; in Teilen Mitteleuropas kleine, aber etablierte Populationen, nomadisch; zudem entwichene Vögel aus Gefangenschaft.

Flügelspannweite: 160 – 200 cm

Singschwan (→ 5)

Cygnus cygnus

En: Whooper Swan
Fr: Cygne chanteur
Es: Cisne cantor
It: Cigno selvatico

Status: Brutvogel im Norden Europas vom östlichen Baltikum und Skandinavien über Finnland bis Russland. Ein kleiner Brutbestand von derzeit 20-30 Paaren besteht in Deutschland. Regelmäßiger Wintergast in Mitteleuropa.

Fluggeschwindigkeit: ca. 62 km/h

Flugweise: Fliegt ähnlich wie der Höckerschwan mit schweren Flügelschlägen, wirkt aber etwas graziler. Singschwäne können mit wenigen Hüpfern unter kräftigen Flügelschlägen auch recht geschickt von Land starten. Altvögel sind gegen Ende der Brutzeit während der Großgefiedermauser einige Wochen flugunfähig.

Stimme: Die insgesamt stimmfreudige Art mit trompetend-nasaler Stimme ruft auch häufig im Flug, z. B. „gra gek" (a) oder ein weiches „kü kü kü...". Im Unterschied zum adulten Höckerschwan ist bei normalen Flugmanövern nur geringer wischender Flugschall zu hören.

Ähnliche Arten: Siehe Höckerschwan.

Zusatzinfos: Formationsflug S. 508, Stationäres Luftbremsen S. 510, Start vom Wasserspiegel und Anwassern S. 514

Beobachtungstipps: Vor allem in den nördlichen und östlichen Regionen Deutschlands sind Singschwäne regelmäßige Wintergäste, die – oft zusammen mit Gänsen – gerne auf Ackerflächen fressen. Dort lassen sie sich gut beobachten, sind aber in aller Regel deutlich scheuer als Höckerschwäne.

Zwergschwan (→ 7)

Cygnus [columbianus] bewickii

En: Tundra Swan
Fr: Cygne siffleur
Es: Cisne chico
It: Cigno minore

Status: Traditionelle Überwinterungsgebiete (neben Großbritannien) in den Niederlanden und Norddeutschland. Sonst vereinzelt.

Flügelspannweite: 180 – 211 cm

Stimme: Die Vögel sind ruffreudig, die Rufe sind aber höher als beim Singschwan und werden besonders vor dem Auffliegen und während des Fluges geäußert (a).

Saatgans (→ 9)

Anser fabalis

En: Taiga Bean Goose
Fr: Oie des moissons
Es: Ánsar campestre
It: Oca granaiola della taiga

Status: Brutvogel der Taiga und Tundra Nordeurasiens von Norwegen bis Sibirien. Regelmäßiger Durchzügler und Wintergast in Mitteleuropa.

Flügelspannweite: 142 – 176 cm

Fluggeschwindigkeit: ca. 62 km/h

Flugweise: Fliegt im Schlagflug mit kräftigen Flügelschlägen und mit gerade vorgestrecktem Hals. Startet und landet sehr gut auch auf Landflächen. Beim Einfallen an Weideplätzen oder an Gewässern werden häufig steile, etwas taumelnde und halsbrecherisch aussehende Flugmanöver gezeigt. Kein Segelflug. Gegen Ende der Brutzeit gehen die Altvögel in Vollmauser und sind dann einige Wochen flugunfähig. Im Trupp fliegen die braunen Gänse gerne in energiesparender Keilformation.

Stimme: Die mit betont nasaler und eher tiefer Stimme erzeugten Gänserufe wie „ongong" oder „gengeng" (a) werden teilweise auch im Flug geäußert. Beim Start oder bei schnellen Flugmanövern ist ein ratternder Flugschall (a) durch die Luftströmungen am Flügel zu hören.

Ähnliche Arten: Verwechslungsgefahr besteht mit den anderen braunen Gänsen, siehe Fotos. Schwäne im Jugendkleid sind ähnlich groß und ebenfalls braun, jedoch nahezu ungemustert.

Zusatzinfos: Formationsflug S. 508, Stationäres Luftbremsen S. 510, Start vom Wasserspiegel und Anwassern S. 514

Beobachtungstipps: Große Scharen brauner Gänse treten vor allem im Norden und Osten Deutschlands im Winterhalbjahr auf. Sehr eindrucksvolle Flugmanöver lassen sich dann beim abendlichen Einflug an Schlafgewässern beobachten.

Kurzschnabelgans (→ 10)

Anser [fabalis] brachyrhynchus

En: Pink-footed Goose
Fr: Oie à bec court
Es: Ánsar piquicorto
It: Oca zamperosee

Status: Regelmäßiger Wintergast an der Küste, im Binnenland selten, doch bis an den Alpenrand.

Flügelspannweite: 135 – 170 cm

Stimme: Vor dem Abflug äußern Kurzschnabelgänse kurze harte Erregungsrufe (a).

Zwerggans (→ 11)

Anser [erythropus] erythropus

En: Lesser White-fronted Goose
Fr: Oie naine
Es: Ánsar chico
It: Oca lombardella minore

Status: Seltener Durchzügler und Wintergast, meist einzeln unter anderen Wildgänsen. Kleine Winterpopulation in den Niederlanden.

Flügelspannweite: 135 – 165 cm

Stimme: Erregte Zwerggänse äußern weit klingende mehrsilbige hohe Distanzrufe (a).

Blässgans (→ 12)

Anser albifrons albifrons

En: Greater White-fronted Goose
Fr: Oie rieuse
Es: Ánsar careto
It: Oca lombardella

Status: Brutvogel im arktischen Sibirien über Grönland bis Nord-Kanada und Alaska. Regelmäßiger Durchzügler und Wintergast in Mitteleuropa.

Flügelspannweite: 135 – 165 cm

Fluggeschwindigkeit: ca. 58 km/h

Flugweise: Flugweise sehr ähnlich Saatgans, wirkt durch die geringere Körpergröße etwas graziler.

Stimme: Die ruffreudige Art ruft höher („Sopranklang") als die Graugans und im Flug typischerweise Serien wie „klili-qui klililili gak qui klilili" oder „kwiri-krra" (a). Beim Start oder bei schnellen Flugmanövern entsteht ein rhythmisch knatterndes Geräusch durch die Luftströmungen am Flügel.

Ähnliche Arten: siehe Saatgans

Zusatzinfos: Formationsflug S. 508, Stationäres Luftbremsen S. 510, Start vom Wasserspiegel und Anwassern S. 514

Beobachtungstipps: siehe Saatgans

Graugans (→ 14)

Anser anser

En: Greylag Goose
Fr: Oie cendrée
Es: Ánsar común
It: Oca selvatica

Status: Regelmäßiger Brutvogel in weiten Teilen Mitteleuropas. Regelmäßiger Wintergast und Durchzugsgast vor allem während des Herbstzuges.

Flügelspannweite: 147 – 180 cm

Fluggeschwindigkeit: ca. 62 km/h

Flugweise: Flugweise sehr ähnlich Saatgans, die Flügelschläge sind allerdings etwas langsamer und schwerer.

Stimme: Ruft im Flug oft gänsetypisches „gagaga“. Die Luft, die durch die Schwungfederspitzen strömt, erzeugt im Streckenflug einen leise pfeifenden Flugschall, bei Start, Landung und schnellen Flugmanövern sind oft schnarrende Fluggeräusche zu hören.

Ähnliche Arten: siehe Saatgans

Zusatzinfos: Formationsflug S. 508, Stationäres Luftbremsen S. 510, Start vom Wasserspiegel und Anwassern S. 514

Beobachtungstipps: In vielen Ballungsgebieten und darüber hinaus leben heute ganzjährig Gänse (neben Graugänsen auch einige andere Arten), die teilweise recht gut an Menschen gewöhnt sind und sich leicht beobachten lassen.

Streifengans (→ 15)

Anser indicus

En: Bar-headed Goose
Fr: Oie à tête barrée
Es: Ánsar indio
It: Oca indiana

Status: Kleine etablierte Brutpopulationen in den Niederlanden, Belgien und Bayern, die auch weiter umherstreifen. Gefangenschaftsflüchtlinge.

Flügelspannweite: 140 – 160 cm

Schneegans (→ 16)

Anser [caerulescens] caerulescens

En: Snow Goose
Fr: Oie des neiges
Es: Ánsar nival
It: Oca delle nevi

Status: Sehr seltener Gast aus Nordamerika, im 19. Jh., auch aus Sibirien. Kleine etablierte Brutpopulation in Neuss. Gefangenschaftsflüchtlinge.

Flügelspannweite: 132 – 165 cm

Rothalsgans (→ 18)

Branta ruficollis

En: Red-breasted Goose
Fr: Bernache à cou roux
Es: Barnacla cuelliroja
It: Oca collorosso

Status: Seltener, heute regelmäßiger Wintergast im Norden und Osten, sonst Ausnahmegast. Mit Gefangenschaftsflüchtlingen ist zu rechnen.

Flügelspannweite: 116 – 135 cm

Ringelgans (→ 19)

Branta bernicla bernicla

En: Brant Goose
Fr: Bernache cravant
Es: Barnacla carinegra
It: Oca colombaccio

Status: Brutvogel in der nordamerikanischen Tundra, in Grönland, Spitzbergen und Sibirien. Regelmäßiger Wintergast an den deutschen Küsten.

Flügelspannweite: 110 – 120 cm

Fluggeschwindigkeit: ca. 64 km/h

Flugweise: Elegantes, schlankes Flugbild und schnellerer Flügelschlag als bei der Weißwangengans. Der Kopf wird gerade vorgestreckt und die spitzen Flügel wirken etwas nach hinten gebogen. Da die Großgefiedermauser mit zeitweiliger Flugunfähigkeit noch in den arktischen Brutgebieten stattfindet, sind die Vögel bei uns immer flugfähig. Im Trupp wird seltener als bei den großen Gänsen die Keilformation gezeigt, dafür häufig unregelmäßige, gekrümmte Bänder.

Stimme: Im Vergleich zu anderen Gänsen eher schweigsam. Im Flug kurz abgehackt „ak“ oder „ek“ sowie ein dumpfes

„rott-rorott“ (a) und leises hohes „kri“ oder „jik“. Pfeifend-wetzender Flugschall durch die Luftströmungen am Flügel.

Ähnliche Arten: Andere Gänsearten mit Schwarz an Kopf und Hals sind Kanadagans (größer) und Weißwangengans (siehe Fotos).

Zusatzinfos: Formationsflug S. 508, Stationäres Luftbremsen S. 510, Start vom Wasserspiegel und Anwassern S. 514

Beobachtungstipps: Besonders eindrucksvolle Beobachtungsmöglichkeiten ergeben sich im Herbst im Wattenmeer. An einigen Stellen gibt es „Ringelganstage" speziell zur Beobachtung der eintreffenden Schwärme sogar als touristisches Angebot.

Kanadagans (→21)

Branta canadensis

En: Canada Goose
Fr: Bernache du Canada
Es: Barnacla canadiense grande
It: Oca cana

Status: Kanadagänse sind in weiten Teilen Nordamerikas verbreitet. Seit dem 20. Jahrhundert in Teilen Europas eingebürgert und in Mitteleuropa bestehen regelmäßige Brutvorkommen.

Flügelspannweite: 160 – 183 cm

Fluggeschwindigkeit: ca. 60 km/h

Flugweise: Die Flugweise erinnert stark an Grau- und Saatgans. Die Flügelschläge sind kräftig und eher langsam und der Hals wird gerade nach vorne gestreckt.

Stimme: Kanadagänse haben eine nasal trompetende Stimme und sind stimmfreudig. Im Flug rufen sie zweisilbig ansteigend „a-hong" oder „a-i", auch tief rollend „rorr" oder „ra-rarr". Der Start geht in der Regel ebenfalls mit einer Serie lauter Rufe einher (a). Bei schnellen Flugmanövern ist oft ein pfeifend-schwirrender Flugschall zu hören.

Ähnliche Arten: siehe Saatgans

Zusatzinfos: Formationsflug S. 508, Stationäres Luftbremsen S. 510, Start vom Wasserspiegel und Anwassern S. 514

Beobachtungstipps: wie Graugans

Weißwangengans (→ 23)

Branta leucopsis

En: Barnacle Goose
Fr: Bernache nonnette
Es: Barnacla cariblanca
It: Oca facciabianca

Status: Brutvogel der arktischen Tundra, neuerdings auch Brutvorkommen vom Ostseeraum bis Belgien. Regelmäßiger Wintergast an der Nordseeküste.

Flügelspannweite: 132 – 145 cm

Fluggeschwindigkeit: ca. 61 km/h

Flugweise: Flugweise ähnlich Ringelgans, aber mit langsameren und etwas schwereren Flügelschlägen. Die Zuzügler mausern noch in den arktischen Brutgebieten das Großgefieder und verbringen die damit verbundene Flugunfähigkeit dort. Die Vögel der Population im Ostseeraum mausern in den dortigen Brutgebieten.

Stimme: Der einsilbige, fast bellende Ruf „rak", „kak" oder „guack" wird auch im Flug geäußert. Besonders beim Auffliegen eines großen Trupps entsteht erheblicher Lärm, aus dem die bellenden Rufe der einzelnen Individuen herausklingen (a). Schnarrendes Fluggeräusch der Schwungfederspitzen bei schnellen Flugmanövern und Starts.

Ähnliche Arten: Andere Gänsearten mit Schwarz an Kopf und Hals sind Kanadagans (größer) und Ringelgans (siehe Fotos).

Zusatzinfos: Formationsflug S. 508, Stationäres Luftbremsen S. 510, Start vom Wasserspiegel und Anwassern S. 514

Beobachtungstipps: Weißwangengänse lassen sich in den Vogelschutzgebieten an Nord- und Ostseeküste gut beobachten, insbesondere zur Herbstzugzeit.

Nilgans (→25)

Alopochen aegyptiaca

En: Egyptian Goose
Fr: Ouette d'Égypte
Es: Ganso del Nilo
It: Oca egiziana

Status: Regelmäßiges Vorkommen südlich der Sahara und im Niltal. Nach Einbürgerungen in Großbritannien und den Niederlanden heute als Neozoon Brutvogel in vielen Teilen Mitteleuropas.

Flügelspannweite: 134 – 154 cm

Flugweise: Fliegt mit gestrecktem Hals und kräftigen, relativ schnellen Flügelschlägen. Während der Großgefiedermauser im Spätsommer sind die Vögel etwa einen Monat lang flugunfähig.

Stimme: Zu Beginn des gemeinsamen Fluges ruft das Männchen ausdauernd „wräd-wräd-wräd“, das Weibchen nur kurz „honk“, öfter auch gereiht (a).

Ähnliche Arten: Auch die Rostgans hat schwarzweiße Flügelzeichnung und einen bräunlichen Körper. Zur Unterscheidung siehe Fotos.

Zusatzinfos: Stationäres Luftbremsen S. 510, Start vom Wasserspiegel und Anwassern S. 514

Beobachtungstipps: Als Neozoon hat die Nilgans in den letzten Jahrzehnten an etlichen Gewässern Mitteleuropas, beispielsweise in den Flusssystemen von Rhein und Elbe, Fuß gefasst und ist dort nicht schwer zu finden.

Brandgans (→26)

Tadorna tadorna

En: Common Shelduck
Fr: Tadorne de Belon
Es: Tarro blanco
It: Volpoca

Status: Brutvogel an den meisten europäischen Küsten und im eurasischen Binnenland von der Türkei ostwärts. Zahlenmäßig starker Mausergast im Wattenmeer, Überwinterer weniger häufig. Einzelvögel (darunter auch Gefangenschaftsflüchtlinge) regelmäßig im Binnenland.

Flügelspannweite: 110 – 133 cm

Fluggeschwindigkeit: ca. 55 km/h

Flugweise: Fliegt mit gestrecktem Hals und oft tief ausladenden Flügelschlägen und leicht nach hinten gewinkelten Flügelspitzen. Im Spätsommer während der Großgefiedermauser, zu der eigene traditionelle Mauserplätze aufgesucht werden, sind Brandgänse für 25-30 Tage flugunfähig.

Stimme: Brandgänse sind generell ruffreudig. Das Männchen ruft auch im Flug hoch pfeifend und wenig weit tragend „tiju-tiju-tirrr-tju", während die Weibchen eine sonorere Stimme haben (a). Ihr Alarmruf im Flug klingt wie „arrak" oder „arek". Die Vögel fliegen mit pfeifend-schwirrendem Flugschall.

Ähnliche Arten: Die Eiderente kann im Flug ähnlich kontrastreich wirken, hat aber eine ganz andere Kopfform und zeigt bei näherer Betrachtung auch deutliche Färbungsunterschiede.

Zusatzinfos: Formationsflug S. 508, Stationäres Luftbremsen S. 510, Start vom Wasserspiegel und Anwassern S. 514

Beobachtungstipps: Obwohl es auch im Binnenland immer wieder Brandgänse zu beobachten gibt, bieten sich die besten Beobachtungsmöglichkeiten an den flachen Meeresküsten.

Rostgans (→27)

Tadorna ferruginea

En: Ruddy Shelduck
Fr: Tadorne casarca
Es: Tarro canelo
It: Casarca

Status: Ältere Nachweise als Ausnahmegast wohl z. T. Wildvögel. Lokale Brutansiedlungen durch Einbürgerung und heute wohl die meisten wildlebenden Vögel Abkömmlinge von Gefangenschaftsflüchtlingen.

Flügelspannweite: 121 – 145 cm

Flugweise: Wendiger und agiler Flug mit gestrecktem Hals und kräftigen Flügelschlägen. Im Spätsommer während der Großgefiedermauser, zu der sogar von den wohl überwiegend auf Gefangenschaftsflüchtlinge zurückgehenden mitteleuropäischen Vögeln eigene traditionelle Mauserplätze aufgesucht werden, sind Rostgänse für etwa einen Monat flugunfähig.

Stimme: Auch im Flug laute, weit tragende nasal-trompetende Rufe wie „ang“, „aeng“ oder „arörrr“ aus einem breiten Repertoire (a). Vor allem zur Brutzeit im Umfeld der Brutplätze sehr flug- und dabei ruffreudig.

Ähnliche Arten: Auch die Nilgans hat schwarzweiße Flügelzeichnung und einen bräunlichen Körper. Zur Unterscheidung siehe Fotos.

Zusatzinfos: Stationäres Luftbremsen S. 510, Start vom Wasserspiegel und Anwassern S. 514

Beobachtungstipps: Vor allem zu Beginn der Brutzeit im zeitigen Frühjahr sind Rostgänse sehr auffällig, wenn sie potenzielle Brutplätze in Gebäudenischen abseits der Gewässer geräuschvoll erkunden und diese im wendigen Flug umkreisen. Vor allem entlang des Rheins und in Süddeutschland ergeben sich dann gute Beobachtungsmöglichkeiten.

Mandarinente (→ 31)

Aix galericulata

En: Mandarin Duck
Fr: Canard mandarin
Es: Pato mandarín
It: Anatra mandarina

Status: Neozoon mit sehr kleinem Brutbestand, aber einige Konzentrationspunkte in den Niederlanden und aus ehemaligen Zoobeständen.

Flügelspannweite: 68 – 74 cm

Marmelente (→ 32)

Marmaronetta angustirostris

En: Marbled Duck
Fr: Marmaronette marbrée
Es: Cerceta pardilla
It: Anatra marmorizzata

Status: Ausnahmegast, neuerdings wohl auch einige Nachweise von Gefangenschaftsflüchtlingen.

Flügelspannweite: 63 – 67 cm

Schnatterente (→ 33)

Anas strepera

En: Gadwall
Fr: Canard chipeau
Es: Ánade friso
It: Canapiglia

Status: Als Brutvogel holarktisch in den gemäßigteren Zonen verbreitet. Im Winter in Mitteleuropa außerdem Zuzügler aus Nordosten und Osten.

Flügelspannweite: 84 – 95 cm

Fluggeschwindigkeit: ca. 75 km/h

Flügelschlagfrequenz: ca. 7 Flügelschläge / Sekunde

Flugweise: Flug ähnlich Stockente. Fliegt schnell und mit raschen, eher flachen Flügelschlägen und gestrecktem Hals.

Stimme: Im Flug im Trupp „krr krr krr…“-Rufe sowie „trrek“ oder „füd“ und in Reihen „räb räb räb…“. Das Weibchen äußert anhaltendes Quaken und im Abflug ein schnelles Gackern (a).

♂
Brust im Prachtkleid grau gesperbert
weißer Flügelspiegel
rostroter Bereich

Unterflügeldecken weiß
♀
unterer Gesichtsbereich hell
weißer Bauch
dunkle Brust

Ähnliche Arten: Siehe Stockente. Die wenig farbigen Männchen der Schnatterente können mit Weibchen anderer Entenarten verwechselt werden. Die Flügelzeichnung liefert wertvolle Unterscheidungshilfen.

Zusatzinfos: Formationsflug S. 508, Stationäres Luftbremsen S. 510, Start vom Wasserspiegel und Anwassern S. 514

Beobachtungstipps: Vor allem während des Herbstzuges und in der frühen Winterzeit können an größeren Gewässern und im Brackwasser Schnatterenten in größerer Zahl beobachtet werden. Zu anderen Jahreszeiten sind sie eher selten und wenig auffällig.

Pfeifente (→ 35)

Anas [penelope] penelope

En: Eurasian Wigeon
Fr: Canard siffleur
Es: Silbón europeo
It: Fischione

Status: Als Brutvogel nur lokal und einzeln an der Küste, gelegentlich auch Einzelbruten im Binnenland. Durchzügler und Überwinterer sehr zahlreich an der Küste, im Binnenland regelmäßig in kleiner Zahl.

Flügelspannweite: 75 – 86 cm

Stimme: Vom Männchen ertönen sowohl am Boden wie im Flug weit hallende an- und absteigende Pfiffe (li). Von fliegenden Pfeifenten hört man einen schnellen fistelnden Flugschall (re).

Spießente (→ 37)

Anas acuta

En: Northern Pintail
Fr: Canard pilet
Es: Ánade rabudo norteño
It: Codone

Status: Brutvogel in der Nordhälfte Eurasiens und in großen Teilen Nordamerikas. Regelmäßiger Durchzügler und Wintergast in Mitteleuropa.

Flügelspannweite: 80 – 95 cm

Fluggeschwindigkeit: ca. 74 km/h (normaler Streckenflug)

Flügelschlagfrequenz: ca. 8 Flügelschläge / Sekunde

Flugweise: Wie Stockente. Durch den kleinen Kopf und die verlängerten Schwanzfedern wirken Spießenten mit ihrem schnellen Flug besonders „windschnittig".

Stimme: Im Flug überwiegend schweigsam, doch hört man vom Männchen bei der Werbung einen voll klingenden Pfiff, vom Weibchen ein dumpfes Rattern (a).

Ähnliche Arten: Siehe Stockente

Zusatzinfos: Formationsflug S. 508, Stationäres Luftbremsen S. 510, Start vom Wasserspiegel und Anwassern S. 514

Beobachtungstipps: Im Herbst und Frühwinter an größeren Gewässern gut zu beobachten, allerdings selten in größeren Zahlen und daher unter Umständen nicht sehr auffällig.

Stockente (→ 38)

Anas platyrhynchos

En: Mallard
Fr: Canard colvert
Es: Ánade azulón
It: Germano reale

Status: Häufiger Brutvogel und regelmäßiger Wintergast.

Flügelspannweite: 81 – 99 cm

Fluggeschwindigkeit: ca. 67 km/h (normaler Streckenflug)

Flügelschlagfrequenz: ca. 7 Flügelschläge / Sekunde

Flugweise: Flugweise ähnlich derjenigen der anderen Gründelenten, wobei die Flügelschläge etwas kräftiger wirken. Der Hals wird im Flug gerade vorgestreckt. Aus Kleinstgewässern und von Land können Stockenten fast senkrecht auffliegen, bei der Landung wird aber in der Regel die Gleitlandung („Wassern") bevorzugt. Aus größerer Höhe auf Gewässern einfallende Stockenten verlieren die Flughöhe durch etwas gaukeligen Gleitflug mit charakteristisch bogenförmig abwärts gekrümmten Flügeln. Flüge im Schwarm erfolgen fast nie in echter Keilform, sondern eher in lockeren, oft gekrümmten Bändern. Während der nachbrutzeitlichen Großgefiedermauser sind Enten für wenige Wochen flugunfähig.

Stimme: Im Gegensatz zur großen Stimmfreude am Boden sind Stockenten im Flug eher schweigsam. Im Landeanflug ist häufig ein schnarrendes „wääk, wääk, wääk" zu hören, vom Weibchen ebenfalls ein anhaltendes Quaken vor dem Abflug (a). Durch die Luftströmungen am Flügel kommt es zum typischen Geräusch von Entenflug („wich wich wich ...").

Ähnliche Arten: Die Männchen der Gründelentenarten (Gattung *Anas*) sind im Prachtkleid in der Regel problemlos unterscheidbar, die Unterscheidung der Weibchen kann dagegen manchmal schwierig sein. Oft hilft der Blick auf den Flügelspiegel, siehe Fotos.

Zusatzinfos: Steigflug S. 495, Formationsflug S. 508, Stationäres Luftbremsen S. 510, Start vom Wasserspiegel und Anwassern S. 514

Beobachtungstipps: Stockenten, vor allem fliegende, lassen sich am besten an Stränden, in Häfen oder in Parkanlagen beobachten, wo sie meist eine geringe Fluchtdistanz haben. Dabei fallen oft auch abnorm gefärbte Individuen auf, die auf Domestikationseffekte und Einkreuzung anderer Arten oder von Zuchtrassen hinweisen.

Krickente (→41)

Anas crecca

En: Eurasian Teal
Fr: Sarcelle d'hiver
Es: Cerceta común
It: Alzavola

Status: Brutvorkommen von West- und Nordeuropa bis Westsibirien und regelmäßiger Wintergast in Mitteleuropa.

Fluggeschwindigkeit: ca. 71 km/h (normaler Streckenflug)

Flugweise: Wie Stockente, aber höhere Fluggeschwindigkeit und deutlich schnellerer Flügelschlag. Im Schwarm werden oft schnelle Manöver geflogen, die dann jeweils verschiedene Gefiederpartien aufblitzen lassen und etwas an Limikolenschwärme erinnern.

Stimme: Der typische Krickentenruf der Männchen, ein hohes melodisches „krlik", „krilük" oder „jilik" ist auch im Flug zu hören, dazu manchmal ein kurzes Rattern der Weibchen (a).

Ähnliche Arten: Siehe Stockente

Zusatzinfos: Formationsflug S. 508, Stationäres Luftbremsen S. 510, Start vom Wasserspiegel und Anwassern S. 514

Beobachtungstipps: Im Herbst und Winter treten Krickenten oft in großen Trupps in Meeresbuchten oder Flachwasserzonen von Binnengewässern auf.

Knäkente (→44)

Anas querquedula

En: Garganey
Fr: Sarcelle d'été
Es: Cerceta carretona
It: Marzaiola

Status: Regelmäßiger, aber zahlenmäßig eher seltener Brutvogel in ganz Mitteleuropa und regelmäßiger Durchzügler. Überwinterungsgebiete liegen in Afrika.

Flügelspannweite: 60 – 63 cm

Flugweise: Wie Stockente

Stimme: Weibchen rufen beim Abfliegen häufig kurz „ga" oder „ek", oft geäußerter Flugruf der Männchen ist ein trocken ratterndes „trrr" oder „rrrp" (a).

Ähnliche Arten: Siehe Stockente

Zusatzinfos: Formationsflug S. 508, Stationäres Luftbremsen S. 510, Start vom Wasserspiegel und Anwassern S. 514

Beobachtungstipps: Knäkenten leben recht versteckt und treten fast nie in größeren Schwärmen auf, daher erfordert es etwas Glück, sie abseits bekannter Brutplätze zu beobachten. In Flachwasserzonen von Binnengewässern oder flach überfluteten Wiesen während des Frühjahrsdurchzuges im April bestehen oft gute Chancen.

Löffelente (→47)

Anas clypeata

En: Northern Shoveler
Fr: Canard souchet
Es: Cuchara común
It: Mestolone

Status: Über die Holarktis weit verbreiteter, aber seltener Brutvogel in Mitteleuropa. Regelmäßiger Wintergast.

Flügelspannweite: 70 – 85 cm

Flügelschlagfrequenz: ca. 7 Flügelschläge / Sekunde

Flugweise: Wie Stockente, wirkt im Flug durch den breiten Schnabel aber sehr kopflastig.

Stimme: Eher wenig ruffreudig. Männchen rufen im Flug manchmal gereiht „ak ekekekekek" (a). Im Streckenflug durch die Luftströmungen am Flügel ein pfeifendes Fluggeräusch („wiwiwi…").

Ähnliche Arten: Siehe Stockente, der vorne deutlich verbreiterte Schnabel ist allerdings sogar im Flug auffällig.

Zusatzinfos: Formationsflug S. 508, Stationäres Luftbremsen S. 510, Start vom Wasserspiegel und Anwassern S. 514

Beobachtungstipps: Die relativ seltene Art ist auf dem Herbst- und Frühjahrsdurchzug in kleinen Trupps oder Paaren in Flachwasserzonen der Binnengewässer zu finden.

Kolbenente (→48)

Netta rufina

En: Red-crested Pochard
Fr: Nette rousse
Es: Pato colorado
It: Fistione turco

Status: Stark aufgesplittertes Brutgebiet von Spanien über Mitteleuropa ostwärts bis China. Regelmäßiger Brutvogel v. a. im süddeutschen Raum und in angrenzenden Gebieten. Dort auch große Mauser- und Winterbestände.

Flügelspannweite: 84 – 88 cm

Flugweise: Fliegt schnell, mit getrecktem Hals und schnellen, eher flachen Flügelschlägen. Tauchenten der Gattungen Netta, Aythya u. a. können nicht senkrecht auffliegen, sondern benötigen einen Startanlauf vor dem Abheben. Zur Landung ist ebenfalls ein Ausgleiten auf dem Wasser erforderlich. Entsprechend landen Tauchenten nur ausnahmsweise auf dem Land. Während der nachbrutzeitlichen Großgefiedermauser sind Tauchenten wenige Wochen lang flugunfähig.

Stimme: Wenig stimmfreudig im Flug. Weibchen rufen im Flug v. a. in Abwehrsituationen (z. B. Verfolgungsflüge durch Männchen während der Balz) hohl „wu-wu-wu". Die Männchen lassen entsprechend ein nasales „brät" hören (a).

Ähnliche Arten: Einzige heimische Ente mit rotem Schnabel, allerdings nicht in allen Kleidern. Zur Identifizierung der Weibchen siehe Fotos.

Zusatzinfos: Formationsflug S. 508, Start vom Wasserspiegel und Anwassern S. 514

Beobachtungstipps: Hervorragende Beobachtungsmöglichkeiten von mehreren tausend Kolbenenten, teils aus eindrucksvoller Nähe, bieten im Herbst und Winter die Flachwasserzonen des Bodensees.

Tafelente (→ 50)

Aythya ferina

En: Common Pochard
Fr: Fuligule milouin
Es: Porrón europeo
It: Moriglione

Status: In den meisten Teilen Mitteleuropas seltener Brutvogel, an größeren Binnengewässern aber zahlenmäßig starker Wintergast.

Flügelspannweite: 72 – 82 cm

Fluggeschwindigkeit: ca. 85 km/h

Flugweise: siehe Kolbenente

Stimme: Im Flug meist schweigsam. Die Weibchen lassen jedoch bei Verfolgungsflügen ein anhaltend wiederholtes durchdringendes „rarr-rarr…" hören (a). Durch Luftströmungen am Flügel entsteht ein klingend-pfeifendes Fluggeräusch.

Ähnliche Arten: Die Männchen der Tauchentenarten (Gattung *Aythya*) sind im Prachtkleid in der Regel problemlos unterscheidbar, die Unterscheidung der Weibchen kann dagegen manchmal schwierig sein. Ein genauer Blick auf die Flügelzeichnung kann weiterhelfen.

Zusatzinfos: Formationsflug S. 508, Start vom Wasserspiegel und Anwassern S. 514

Beobachtungstipps: In Flachwasserzonen großer Gewässer sind im Winterhalbjahr Tafelenten aus Nordosteuropa und Sibirien in teils sehr großen Trupps zu beobachten. Vor allem der Einflug der großen Schwärme in Ruhe- oder Nahrungsgebiete ist dabei sehr eindrucksvoll.

Ringschnabelente (→ 53)

Aythya collaris

En: Ring-necked Duck
Fr: Fuligule à collier
Es: Porrón acollarado
It: Moretta dal collare

Status: Ausnahmegast

Flügelspannweite: 61 – 75 cm

Moorente (→ 54)

Aythya nyroca

En: Ferruginous Duck
Fr: Fuligule nyroca
Es: Porrón pardo
It: Moretta tabaccata

Status: Lückenhaftes Brutareal von Mittel- und Südeuropa ostwärts bis Sibirien und China. In Mitteleuropa seltener Brutvogel und zahlenmäßig schwacher Gastvogel.

Flügelspannweite: 63 – 67 cm

Flugweise: siehe Kolbenente

Stimme: Im Flug meist schweigsam. Die Weibchen lassen im Flug ein anhaltend wiederholtes nasales „rerr" hören (a).

Ähnliche Arten: siehe Reiherente

Zusatzinfos: Formationsflug S. 508, Start vom Wasserspiegel und Anwassern S. 514

Beobachtungstipps: Kleine, kräftig bewachsene Gewässer bieten Brutplätze für die seltene Moorente. Dort sind naturgemäß Beobachtungen nicht immer einfach. Auch außerhalb der Brutzeit selten in großen Trupps und zwischen anderen Tauchenten oft schwer zu entdecken. Zur Beobachtung dieser Art benötigt man etwas Glück und den Rat lokal erfahrener Vogelkundler.

Reiherente (→55)

Aythya fuligula

En: Tufted Duck
Fr: Fuligule morillon
Es: Porrón moñudo
It: Moretta

Status: Brutvogel in der Nordhälfte Eurasiens von Großbritannien bis Kamtschatka, auch in Mitteleuropa regelmäßiger Brutvogel und zahlenmäßig starker Wintergast.

Flügelspannweite: 68 – 73 cm

Fluggeschwindigkeit: ca. 76 km/h

Flügelschlagfrequenz: ca. 8 Flügelschläge / Sekunde

Flugweise: siehe Kolbenente

Stimme: Im Flug meist schweigsam. Von den Weibchen ist jedoch wie bei den anderen Tauchenten vor und während des Fluges ein gereihtes „karr“ zu hören (a). Durch Luftströmungen am Flügel entsteht ein schwach pfeifendes Fluggeräusch.

Ähnliche Arten: Weibliche Reiherenten können relativ leicht mit den Weibchen der selteneren Bergente und Moorente verwechselt werden, siehe Fotos.

Zusatzinfos: Formationsflug S. 508, Start vom Wasserspiegel und Anwassern S. 514

Beobachtungstipps: In Flachwasserzonen großer Gewässer sind im Winterhalbjahr Reiherenten aus Nordosteuropa und Sibirien in teils sehr großen Trupps zu beobachten. Vor allem der Einflug der großen Schwärme in Ruhe- oder Nahrungsgebiete ist dabei sehr eindrucksvoll.

Bergente (→ 56)

Aythya marila

En: Greater Scaup
Fr: Fuligule milouinan
Es: Porrón bastardo
It: Moretta grigia

Status: Sporadischer lokaler Brutvogel und Sommergast im Norden. Sehr häufiger Durchzügler und Wintergast im Norden, vor allem Ostsee, regelmäßig in geringer Zahl Wintergast im Binnenland.

Flügelspannweite: 72 – 84 cm

Eiderente (→ 58)

Somateria mollissima

En: Common Eider
Fr: Eider à duvet
Es: Éider común
It: Edredone

Status: Brutvogel an den Meeresküsten von Nordamerika, Nordeuropa bis Sibirien. Regelmäßiger Durchzügler und Wintergast in mitteleuropäischen Küstengewässern.

Flügelspannweite: 80 – 108 cm

Fluggeschwindigkeit: ca. 64 km/h

Flugweise: Der Flug mit konstanten Flügelschlägen wirkt träger als bei anderen Entenarten und erinnert etwas an Gänse. Der Kopf wird oft leicht abwärts gehalten, der Hals wie bei allen Entenvögeln gerade vorgestreckt. Starts und Landungen erfordern jeweils eine entsprechende Start- und Landestrecke. Die Vögel landen daher fast immer auf dem Wasser. Während der nachbrutzeitlichen Großgefiedermauser sind Eiderenten wenige Wochen lang flugunfähig. Im Verband fliegen Eiderenten oft in gebogenen Reihen hintereinander, bei längeren Flügen gegen den Wind über der Meeresoberfläche halten sich diese Ketten oft sehr dicht über dem Wasser, steigen aber ab und zu perlschnurartig auf und lassen sich wieder tiefer sinken.

Stimme: Im Flug meist schweigsam, jedoch entsteht durch Luftströmungen am Flügel ein für viele Entenarten typisches pfeifendes Fluggeräusch.

Ähnliche Arten: Die Färbung der Weibchen kann zu Verwechslungen mit anderen Entenweibchen führen, die typische Kopf-/Schnabelform ist aber charakteristisch und in der Regel auch im Flug gut erkennbar.

Zusatzinfos: Formationsflug S. 508, Start vom Wasserspiegel und Anwassern S. 514

Beobachtungstipps: Eiderenten sind ganzjährig gut an den Meeresküsten zu beobachten, bei entsprechendem Seegang und Wind auch nahe an Küstenbauwerken oder in Häfen.

Eiderente

Prachteiderente (→ 59)

Somateria spectabilis

En: King Eider
Fr: Eider à tête grise
Es: Éider real
It: Re degli edredoni

Status: Ausnahmegast an den Küsten.
Flügelspannweite: 85 – 93 cm

Scheckente (→ 60)

Polysticta stelleri

En: Steller's Eider
Fr: Eider de Steller
Es: Éider menor
It: Edredone di Steller

Status: Ausnahmegast im Winterhalbjahr an der Küste.
Flügelspannweite: 85 – 93 cm

Kragenente (→61)

Histrionicus histrionicus

En: Harlequin Duck
Fr: Arlequin plongeur
Es: Pato arlequín
It: Moretta arlecchino

Status: Ausnahmegast.

Flügelspannweite: 63 – 69 cm

Eisente (→ 62)

Clangula hyemalis

En: Long-tailed Duck
Fr: Harelde kakawi
Es: Pato havelda
It: Moretta codona

Status: Brutvogel der Arktis von Eurasien und Nordamerika, regelmäßiger Wintergast in Küstenmeeren des nördlichen Mitteleuropas, vereinzelt auch südlich davon.

Flügelspannweite: 73 – 79 cm

Fluggeschwindigkeit: ca. 79 km/h

Flugweise: Sehr agiler schneller Flieger mit dauerhaften, schnellen Flügelschlägen, der in Trupps auffällige Flugmanöver und oft in dichter Folge Landungen und Starts zeigt (dabei sind Eisenten ans Wasser gebunden und landen in aller Regel nicht auf dem Land).

Stimme: Während die Eisente am Boden bzw. auf dem Wasser häufig zu hören ist, ist sie im Flug meist schweigsam. Durch Luftströmungen am Flügel entsteht ein deutlich pfeifender Flugschall.

Ähnliche Arten: Der in fast allen Kleidern präsente, spitze Schwanz aus verlängerten Steuerfedern hilft oft, die Art trotz komplexer Abfolge im Jahreslauf sehr verschiedener Kleider sicher zu erkennen. Weitere Merkmale siehe Fotos.

Zusatzinfos: Formationsflug S. 508, Start vom Wasserspiegel und Anwassern S. 514

Beobachtungstipps: Eisenten überwintern in großer Zahl vor allem auf der Ostsee, allerdings nicht immer nahe an der Küste.

Trauerente (→ 63)

Melanitta nigra

En: Common Scoter
Fr: Macreuse noire
Es: Negrón común
It: Orchetto marino

Status: Brutvogel in Island, Großbritannien und Fennoskandien bis Nordsibirien. Regelmäßiger Wintergast in den nördlichen Küstengewässern Mitteleuropas, in kleiner Zahl auch südlich davon.

Flügelspannweite: 79 – 90 cm

Fluggeschwindigkeit: ca. 80 km/h

Flugweise: Flugweise ähnlich Eiderente.

Stimme: Männchen rufen im Flug hoch nasal „kiit kiit kiit…“ (a). Insbesondere bei älteren Männchen ist die 10. Handschwinge durch einen stark verschmälerten äußeren Teil zur Schallschwinge ausgestaltet, die beim Abflug durch die Luftströmung für einen trillernden Flugschall sorgt. Im Streckenflug tritt der für viele Entenarten typische, pfeifende Flugschall auf.

Ähnliche Arten: Die dunklen Meeresenten (Trauer- und Samtente sowie einige sehr seltene Gastarten) sind im Flug oft einfacher als im Schwimmen zu unterscheiden, siehe Fotos.

Zusatzinfos: Formationsflug S. 508, Start vom Wasserspiegel und Anwassern S. 514

> **Beobachtungstipps:** Auf Nord- und Ostsee können teils sehr große Überwinterungstrupps liegen. Sie sind aber manchmal nur von Schiffen aus oder mit guter optischer Ausrüstung von Land aus zu beobachten.

Brillenente (→ 65)

Melanitta perspicillata

En: Surf Scoter
Fr: Macreuse à front blanc
Es: Negrón careto
It: Orco marino dagli occhiali

Status: Ausnahmegast an der Küste

Flügelspannweite: 78 – 92 cm

Samtente (→66)

Melanitta fusca

En: Velvet Scoter
Fr: Macreuse brune
Es: Negrón especulado
It: Orco marino

Status: Brutvogel von Fennoskandien bis Sibirien und im Kaukasus. In Mitteleuropa regelmäßiger Gast an der Nord- und Ostseeküste, selten auch südlicher.

Flügelspannweite: 90 – 99 cm

Fluggeschwindigkeit: ca. 72 km/h

Flugweise: Flugweise ähnlich Eiderente.

Stimme: Grundsätzlich im Flug eher schweigsam. Weibchen zeigen einen Revierflug mit Rufen wie „brà-a-a brà-a-a brà-a-a ...“. Samtenten entwickeln zwar keine Schallschwinge wie männliche Trauerenten, erzeugen im Flug durch Luftströmungen am Flügel jedoch ein lauteres rhythmisches Pfeifen als die Schellente. Beim Start laufen sie mit klatschendem Geräusch über das Wasser (a).

Ähnliche Arten: siehe Trauerente.

Zusatzinfos: Formationsflug S. 508, Start vom Wasserspiegel und Anwassern S. 514

Beobachtungstipps: Siehe Trauerente

Schellente (→68)

Bucephala clangula

En: Common Goldeneye
Fr: Garrot à œil d'or
Es: Porrón osculado
It: Quattrocchi

Status: Holarktisch verbreiteter Brutvogel mit regelmäßigen Vorkommen auch in Deutschland und angrenzenden Gebieten. Regelmäßiger Wintergast auch weiter südlich im Binnenland.

Flügelspannweite: 65 – 80 cm

Fluggeschwindigkeit: ca. 73 km/h

Flugweise: Der schnelle Flug mit konstanten, raschen Flügelschlägen wirkt etwas unruhig. Schellenten landen selten auf dem Land und sind bei Start und Landung stark ans Wasser gebunden. Da die Art in Baumhöhlen brütet, benötigen jedoch die Weibchen eine gewisse Manövrierfähigkeit im langsamen Flug, um solche Höhlen ansteuern zu können. Nach der Brutzeit schließt sich die Großgefiedermauser mit wenigen Wochen Flugunfähigkeit an, zuvor können jedoch über viele hundert Kilometer entfernte Mausergebiete aufgesucht werden.

Stimme: Ruf der Weibchen auch im Flug „graar grar". Schallschwingen (Schwungfedern mit deutlich verengtem äußerem Teil) in der Flügelspitze sorgen durch ihre Bewegungen im Luftstrom für das namensgebende Klingeln („wi wi wi") (a) vor allem beim Auffliegen vom Wasser.

Ähnliche Arten: Aufgrund der charakteristischen Kopfform kann die Schellente in Mitteleuropa allenfalls mit Ausnahmegästen verwechselt werden.

Zusatzinfos: Stationäres Luftbremsen S. 510, Start vom Wasserspiegel und Anwassern S. 514

Beobachtungstipps: Abseits der Brutplätze (nährstoffarme Waldseen im Norden und Osten) vor allem im Winter auf eisfreien Binnengewässern und an den Küsten gut zu beobachten. Vor allem durch das charakteristische Fluggeräusch oft auch zwischen anderen Wasservögeln gut zu entdecken.

Spatelente (→69)

Bucephala islandica

En: Barrow's Goldeneye
Fr: Garrot d'Islande
Es: Porrón islándico
It: Quattrocchi d'Islanda

Status: Ausnahmeerscheinung, in aller Regel Gefangenschaftsflüchtlinge

Flügelspannweite: 67 – 84 cm

Zwergsäger (→71)

Mergus albellus

En: Smew
Fr: Harle piette
Es: Serreta chica
It: Pesciaiola

Status: Brutvogel in der Taiga von Nordschweden bis Ostsibirien. Regelmäßiger Wintergast an Küsten- und Binnengewässern in Mitteleuropa.

Flügelspannweite: 55 – 69 cm

Flugweise: Flug schnell mit konstanten, raschen Flügelschlägen und gerade vorgestrecktem Hals. Ein recht agiler, unsteter und häufiger Flieger, der häufige Ortswechsel fliegend vollzieht. Landet fast nie auf dem Land, Weibchen fliegen aber zur Brut genutzte Baumhöhlen an.

Stimme: Im Flug meist schweigsam.

Ähnliche Arten: Die Männchen im Prachtkleid sind unverkennbar, die Weibchen können mit einer weiblichen Schellente verwechselt werden, die allerdings kein helles Kinn hat.

Zusatzinfos: Start vom Wasserspiegel und Anwassern S. 514

> **Beobachtungstipps:** Im Winter in kleiner Zahl in Flachwasserbereichen kleiner Binnengewässer zu finden. Sind Zwergsäger in der Nähe, fallen sie in der Regel durch den häufigen, fliegenden Ortswechsel auf.

Mittelsäger (→ 72)

Mergus serrator

En: Red-breasted Merganser
Fr: Harle huppé
Es: Serreta mediana
It: Smergo minore

Status: Holarktisch verbreitete Art mit mitteleuropäischen Brutvorkommen in Norddeutschland, Großbritannien und nördlich davon. Regelmäßiger Wintergast an der Ostsee, zahlenmäßig viel schwächer in anderen Teilen Mitteleuropas.

Flügelspannweite: 70 – 86 cm

Fluggeschwindigkeit: ca. 72 km/h

Flugweise: Im Flug wird der Körper langgestreckt und der Hals gerade nach vorne gehalten. Die schnellen und sehr flachen Flügelschläge erinnern an Haubentaucher. Während der Großgefiedermauser im Spätsommer sind die Vögel für wenige Wochen flugunfähig.

Stimme: Das Weibchen ruft bei Abflug und Landung oft gereiht „rag rag rag ...“ (a), ansonsten im Flug eher schweigsam.

Ähnliche Arten: Die Weibchen von Mittel- und Gänsesäger sind sich sehr ähnlich. Ansonsten können Säger von den anderen Entenarten durch den schmalen Fischfresserschnabel gut unterschieden werden.

Zusatzinfos: Start vom Wasserspiegel und Anwassern S. 514

Beobachtungstipps: Mittelsäger können regelmäßig und zuverlässig in Herbst und Winter an der Ostseeküste beobachtet werden.

Gänsesäger (→73)

Mergus merganser

En: Common Merganser
Fr: Grand Harle
Es: Serreta grande
It: Smergo maggiore

Status: Brutvogel in mittleren und nördlichen Bereichen der Holarktis, soweit Bäume vorhanden sind. Brutvorkommen auch in Mitteleuropa, wo der Gänsesäger auch regelmäßiger Wintergast an den Küsten und auf Binnengewässern ist.

Flügelspannweite: 82 – 97 cm

Fluggeschwindigkeit: ca. 71 km/h (normaler Streckenflug)

Flügelschlagfrequenz: ca. 8 Flügelschläge / Sekunde

Flugweise: Sehr ähnlich Mittelsäger mit geringfügig langsamerem Flügelschlag.

Stimme: Im Flug meist schweigsam. Der Abflug vom Wasser geht mit schnellen klatschenden Laufgeräuschen vor sich (a).

Ähnliche Arten: Siehe Mittelsäger

Zusatzinfos: Start vom Wasserspiegel und Anwassern S. 514

Beobachtungstipps: An der Küste und auf Binnenseen überwinternd und dann auch in größeren Ansammlungen gut zu beobachten.

Haselhuhn (→79)

Tetrastes bonasia

En: Hazel Grouse
Fr: Gélinotte des bois
Es: Grévol común
It: Francolino di monte

Status: Seltener Brut- und Jahresvogel in Wäldern einiger Mittelgebirge und der Alpen sowie in Skandinavien und Osteuropa.

Flügelspannweite: 48 – 54 cm

Flügelschlagfrequenz: Im Flattersprung ca. 20 Flügelschläge / Sekunde.

Flugweise: In der Regel zu Fuß unterwegs, auch hoch in Bäumen auf Ästen, aber flugfreudiger als die anderen Raufußhühner. Fliegt meist im Flatterflug, kann aber auch kurze Strecken mit leicht bogenförmig abwärts gekrümmten Flügeln gleiten. Abflug und Gleiten häufig mit gespreiztem Schwanz.

Stimme: Beim Aufbaumen äußert das Haselhuhn ein „Plittern“, hat aber ansonsten keine typischen Flugrufe. Die Flügel werden für burrende Instrumentallaute beim Flattersprung und bei Revierflügen eingesetzt (a).

Ähnliche Arten: Die anderen waldbewohnenden Hühner sind deutlich größer, andere kleine Hühnerarten bewohnen andere Lebensräume.

Zusatzinfos: Steigflug S. 495

Beobachtungstipps: In naturnahen alpinen und Mittelgebirgswäldern, beispielsweise im Nationalpark Bayerischer Wald, gibt es mit Glück und ggf. professionellen Tipps die Möglichkeit, die schwer zu beobachtenden Haselhühner zu sehen.

Alpenschneehuhn (→ 81)

Lagopus muta

En: Rock Ptarmigan
Fr: Lagopède alpin
Es: Lagópodo alpino
It: Pernice bianca

Status: Verbreiteter Brut- und Jahresvogel in der Alpinstufe der Alpen, Pyrenäen, Schottlands und Skandinaviens.

Flügelspannweite: 54 – 60 cm

Flugweise: Fliegt mit meist gespreiztem Schwanz im Flatterflug mit gelegentlichen Gleitphasen. Bei Störung versuchen die Vögel erst, sich wegzudrücken und fliegen dann nötigenfalls geräuschvoll auf. Wenn mehrere Alpenschneehühner zusammen fliegen, tun sie das meist in lockeren Ketten.

Stimme: Alpenschneehühner können einen typischen Singflug (mit stark gespreiztem schwarzem Schwanz) zeigen: sonor knarrend „arr-árr-ar-arr-arr ak ak ak" oder „aorrää-ä-ä-ärr" (a) oder auch bellend „ou-a a' a'..." sowie ein hölzernes Knarren nach der Landung. Während der Singfluges, aber auch bei Start und Landung wird durch die Luftströmung am Flügel ein burrendes Geräusch erzeugt. Im Streckenflug pfeifend-brummendes Flügelschlaggeräusch.

Ähnliche Arten: In den Alpen im weißen Wintergefieder unverkennbar (in Nordeuropa können Vorkommensgebiete mit denjenigen des ähnlichen Moorschneehuhns überlappen), das braune Gefiederkleid kann mit weiblichen Birk- und Auerhühnern verwechselt werden (siehe Fotos).

Zusatzinfos: Steigflug S. 495

Beobachtungstipps: Alpenschneehühner lassen sich am besten bei alpinen Wanderungen oberhalb der Baumgrenze entdecken.

Birkhuhn (→82)

Tetrao tetrix

En: Black Grouse
Fr: Tétras lyre
Es: Gallo lira común
It: Fagiano di monte

Status: Seltener Brut- und Jahresvogel in kleinen, an Moore gebundenen Vorkommen im Tiefland sowie einer kopfstärkeren Alpenpopulation.

Flügelspannweite: 65 – 80 cm

Flugweise: Schneller, direkter Flatterflug mit gelegentlichen Gleitphasen. Der Start erfolgt mit und ohne Störung immer recht geräuschvoll. Fliegt in der Regel nicht im Verband. Wenig flugfreudig, eher zu Fuß unterwegs.

Stimme: Das Birkhuhn hat keine eigentlichen Flugrufe, äußert jedoch während der Balz einen charakteristischen Flattersprung, bei dem die Luftströmung am Flügel für ein burrendes Geräusch sorgt. Vor dem Abflug hört man vom Hahn ein kurzes „guk" (a).

Ähnliche Arten: Auerhuhn, die Weibchen auch mit dem Alpenschneehuhn (siehe Fotos)

Zusatzinfos: Steigflug S. 495

> **Beobachtungstipps:** In den wenigen Gebieten Mitteleuropas, die heute noch Birkhühner beherbergen, sollten sie so wenig wie möglich gestört werden, insbesondere gilt das für die Balzplätze. Mit etwas Glück lassen sie sich bei Touren in bekannten Birkhuhngebieten vom Weg aus beobachten.

Auerhuhn (→ 83)

Tetrao urogallus

En: Western Capercaillie
Fr: Grand Tétras
Es: Urogallo común
It: Gallo cedrone

Status: Brut- und Jahresvogel der Gebirgswälder und in Skandinavien. In Mitteleuropa kleine und überwiegend isolierte Vorkommen.

Flügelspannweite: 87 – 125 cm

Flugweise: wie Birkhuhn

Stimme: Im Flug meist schweigsam. Die Flügelschläge sind vor allem bei den Hähnen allerdings sehr geräuschvoll (tief burrend) und während der Balz werden unter anderem Flattersprünge mit zwei ebenfalls tief und dumpf burrenden Flügelschlagserien geäußert. Sie sind nicht selten mit dem „Kröchen“ gekoppelt, einem aggressiven Ruf (a).

Ähnliche Arten: Birkhuhn, das Weibchen auch mit dem Alpenschneehuhn (siehe Fotos).

Zusatzinfos: Steigflug S. 495

Beobachtungstipps: In den wenigen Gebieten Mitteleuropas, in denen heute noch Auerhühner leben, sollten diese so wenig wie möglich gestört werden, insbesondere gilt das für die Balzplätze. Mit etwas Glück lassen sie sich bei Touren in bekannten Auerhuhngebieten vom Weg aus beobachten. Besonders bei nassem Wetter nutzen die Vögel gerne die Waldwege und können dort entdeckt werden

Rothuhn (→ 84)

Alectoris [rufa] rufa

En: Red-legged Partridge
Fr: Perdrix rouge
Es: Perdiz roja
It: Pernice rossa

Status: Ehemaliger lokaler Brutvogel. Heute Auftreten nur nach Aussetzungen.

Flügelspannweite: 47 – 50 cm

Steinhuhn (→ 85)

Alectoris [rufa] graeca

En: Rock Partridge
Fr: Perdrix bartavelle
Es: Perdiz griega
It: Coturnice

Status: Seltener Brutvogel in den Alpen

Flügelspannweite: 46 – 53 cm

Rebhuhn (→ 87)

Perdix perdix

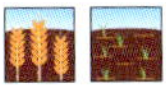

En: Grey Partridge
Fr: Perdrix grise
Es: Perdiz pardilla
It: Starna

Status: Brut- und Jahresvogel in weiten Teilen Mitteleuropas.

Flügelspannweite: 45 – 48 cm

Flugweise: Rebhühner sind wenig flugfreudig. Sie fliegen vor allem bei Störungen mit schnellen Flügelschlägen niedrig über dem Boden ab, zeigen gelegentliche kurze Gleitphasen und landen bald wieder. Die Trupps fliegen in der Regel im ungeordneten Verband.

Stimme: Auffliegende Rebühner rufen allmählich abklingend „kerr-ititit…" oder „gjig gig …" oder ähnliche Ruffolgen (a).

Ähnliche Arten: Weibliche und insbesondere jüngere Fasane können auf den ersten Blick ähnlich aussehen (siehe Fotos); Wachteln sind deutlich kleiner.

Zusatzinfos: Steigflug S. 495

Beobachtungstipps: In Offenlandlebensräumen, in denen noch Rebhühner vorkommen, findet man diese am besten, indem man ausdauernd lineare Deckungen und Saumstrukturen absucht.

Wachtel (→88)

Coturnix coturnix

En: Common Quail
Fr: Caille des blés
Es: Codorniz común
It: Quaglia

Status: Verbreiteter Brut- und Sommervogel in Mitteleuropa.

Flügelspannweite: 32 – 35 cm

Flügelschlagfrequenz: ca. 17 Flügelschläge / Sekunde

Flugweise: Wachteln fliegen tagsüber sehr ungern auf und landen meist nach wenigen Metern Flatterflug wieder, um sich durch hohe Vegetation zu drücken. Nachts sind Wachteln gute Streckenflieger, die als Zugvögel bis Afrika südlich der Sahara fliegen.

Stimme: Das kennzeichnende „pick-werwick" kann gelegentlich auch im Flug geäußert werden und vom Nachthimmel schallen (a). Beim Auffliegen rufen aufgeschreckte Vögel „reck reck ..." oder „krwie-krwie...".

Ähnliche Arten: Junge Fasane sind sehr früh bereits flugfähig und können mit Wachteln verwechselt werden (siehe Fotos).

Zusatzinfos: Steigflug S. 495

Beobachtungstipps: In naturnahen Agrarlandschaften sind Wachteln im Frühsommer häufig zu hören. Sie auch zu Gesicht zu bekommen, gelingt dagegen fast nie bzw. erfordert eine gehörige Portion Glück.

Jagdfasan (→ 89)

Phasianus colchicus

En: Common Pheasant
Fr: Faisan de Colchide
Es: Faisán vulgar
It: Fagiano comune

Status: Zu Jagdzwecken eingeführte Art aus Südostasien.

Flügelspannweite: 70 – 90 cm

Flugweise: Fliegt meist nur bei Störungen auf und dann im Wechsel von Flatterflug mit schnellen Flügelschlägen und Gleitphasen. Das Auffliegen kurz vor dem Feind erfolgt plötzlich und sehr geräuschvoll und erzielt damit oft den gewünschten Verblüffungseffekt.

Stimme: Beim überraschenden Abflug rufen Fasane laut, schnell und gereiht „ga gare gaa gag…“ oder ähnlich (a). Zur kurzen Gesangsstrophe der Männchen zählt außerdem ein burrendes Flügelschlagen, das ähnlich auch beim plötzlichen Abflug zu hören ist.

Ähnliche Arten: Weibchen können mit braunen Gefiederkleidern anderer Hühnerarten verwechselt werden (siehe Fotos), die allerdings großteils andere Lebensräume nutzen.

Zusatzinfos: Steigflug S. 495

Beobachtungstipps: Jagdfasane halten sich in vielen Teilen Mitteleuropas nur, wenn sie gehegt und regelmäßig durch neue Aussetzungen unterstützt werden. In diesen Gegenden können sie vor allem morgens auf vegetationsarmen Äckern bei der Nahrungssuche entdeckt werden.

Zwergtaucher (→91)

Tachybaptus ruficollis

En: Little Grebe
Fr: Grèbe castagneux
Es: Zampullín común
It: Tuffetto

Status: Verbreiteter Brutvogel und regelmäßiger Gastvogel in Mitteleuropa.

Flügelspannweite: 40 – 45 cm

Flugweise: Selten im Flug zu sehen. Fliegt mit nach hinten gestreckten Beinen mit auffällig großen Füßen, die tiefer als der Kopf gehalten werden, und leicht durchgebogenem Hals geradlinig und mit schnellen Flügelschlägen. Die Großgefiedermauser im Spätsommer erfolgt synchron, d.h. die Vögel sind einige Wochen flugunfähig.

Stimme: Im Flug vermutlich schweigsam.

Ähnliche Arten: Verwechslung im Ruhekleid mit den etwas größeren Schwarzhals- und Ohrentauchern möglich. Im Flug unverkennbar, sobald man sich im Klaren ist, einen Wasservogel vor sich zu haben.

Zusatzinfos: Start vom Wasserspiegel und Anwassern S. 514

Beobachtungstipps: In flachen Binnengewässern und größeren Teichen fallen Zwergtaucher im Sommerhalbjahr durch ihre charakteristischen Triller auf und lassen sich dann oft auch mit dem Fernglas finden. Im Winter lohnt es sich, Bojenfelder und Häfen größerer eisfreier Gewässer abzusuchen.

Schlichtkleid

Rothalstaucher (→ 93)

Podiceps grisegena

En: Red-necked Grebe
Fr: Grèbe jougris
Es: Somormujo cuellirrojo
It: Svasso collorosso

Status: Lückig verbreiteter, spärlicher Brutvogel, im Nordosten regelmäßiger, im Süden und Westen sehr seltener und gelegentlicher Brutvogel; regelmäßiger Durchzügler und Wintergast, im Binnenland nur in sehr geringer Zahl.

Flügelspannweite: 77 – 85 cm

Haubentaucher (→94)

Podiceps cristatus

En: Great Crested Grebe
Fr: Grèbe huppé
Es: Somormujo lavanco
It: Svasso maggiore

Status: Verbreiteter Brut- und Gastvogel in Mitteleuropa.

Flügelspannweite: 85 – 90 cm

Flügelschlagfrequenz: ca. 8 Flügelschläge / Sekunde

Flugweise: wie Zwergtaucher

Stimme: Im Flug meist schweigsam. In steilem Winkel einfallende, auf einem Gewässer landende Vögel lassen durch die starke Luftströmungsbelastung am Flügel einen hohl sausenden Flugschall hören.

Ähnliche Arten: Durch schlanken Körperbau und typische Kopfform mit spitzem Schnabel kaum mit anderen Wasservögeln verwechselbar.

Zusatzinfos: Start vom Wasserspiegel und Anwassern S. 514

> **Beobachtungstipps:** Haubentaucher sind sehr stimmfreudig und gerne auf der offenen Wasserfläche unterwegs. Daher sind sie in Flachwasserzonen von Binnengewässern, aber auch im Winter in Meeresbuchten leicht zu finden.

Ohrentaucher (→ 95)

Podiceps auritus

En: Horned Grebe
Fr: Grèbe esclavon
Es: Zampullín cuellirrojo
It: Svasso cornuto

Status: Unregelmäßiger lokaler Brutvogel im Norden, jährlicher Durchzügler und Wintergast an der Küste, einzeln auch im Binnenland.

Flügelspannweite: 59 – 65 cm

Schwarzhalstaucher (→96)

Podiceps nigricolis

En: Black-necked Grebe
Fr: Grèbe à cou noir
Es: Zampullín cuellinegro
It: Svasso piccolo

Status: Lokal und inselartig an vegetationsreichen Gewässern verbreiteter Brutvogel und Teilzieher.

Flügelspannweite: 56 -60 cm

Flugweise: wie Zwergtaucher

Stimme: Im Flug vermutlich schweigsam.

Ähnliche Arten: im Ruhekleid sind Zwerg- und Ohrentaucher ähnlich (siehe Fotos).

Zusatzinfos: Start vom Wasserspiegel und Anwassern S. 514

Beobachtungstipps: Zur Brutzeit in flachen, bewuchsreichen Binnengewässern, im Winter auf größeren Binnengewässern und an Meeresküsten zu beobachten.

Rosaflamingo (→ 98)

Phoenicopterus roseus

En: Greater Flamingo
Fr: Flamant rose
Es: Flamenco común
It: Fenicottero

Status: Regelmäßiger Brutvogel im Mittelmeerraum. Nördlich der Alpen gelegentliche Einflüge und Zooflüchter.

Flügelspannweite: 140 – 165 cm

Fluggeschwindigkeit: ca. 55 km/h (gemischter Schlag- und Gleitflug auf dem Zug, mit reinem Schlagflug ohne Zug-Kontext ca. 49 km/h)

Flügelschlagfrequenz: ca. 4 Flügelschläge / Sekunde

Flugweise: Höchst pittoreskes Flugbild mit weit nach vorne getrecktem Hals und gerade nach hinten stehenden Beinen. Der Mittelteil mit den flach schlagenden Flügeln bewegt sich dabei leicht auf und ab, während sich Kopf und Beine auf einer geraden Bahn zu bewegen scheinen. Beim Starten wird in der Regel Anlauf genommen und auch nach der Landung folgen einige Laufschritte zum Abbremsen. Fliegen Flamingos im Verband, so tun sie das oft in Ketten.

Stimme: Im Flug werden oft ausdauernd zweisilbige tiefe „gragra"- oder „gradat"-Rufe geäußert, die aber auch individuell stark variieren und höher wie „gidi" oder „kürüg" klingen können (a). Durch Luftströmungen am Flügel entsteht beim Flügelschlag ein pfeifender Flugschall.

Ähnliche Arten: Andere Flamingoarten können als Gefangenschaftsflüchter oder deren Nachkommen in der freien Natur in Mitteleuropa auftreten. Sie lassen sich in der Regel durch die Schnabelzeichung gut unterscheiden.

Zusatzinfos: Formationsflug S. 508

Beobachtungstipps: Am besten lassen sich Flamingos in flachen Lagunen im Mittelmeerraum beobachten. In Deutschland besteht eine gemischte Brutkolonie verschiedener, wohl überwiegend auf Gefangenschaftsflüchtlinge zurückgehender Arten im Zwillbrocker Venn westlich von Vreden.

Chileflamingo (→ 99)

Phoenicopterus [ruber] chilensis

En: Chilean Flamingo
Fr: Flamant du Chili
Es: Flamenco chileno
It: Fenicottero del Cile

Status: Gelegentliche Gefangenschaftsflüchtlinge, einziger Brutplatz in Mitteleuropa seit 1983 im Zwillbrocker Venn, Einzelbruten von Mischpaaren auch in Bayern.

Flügelspannweite: 127 – 153 cm

Sterntaucher (→ 101)

Gavia stellata

En: Red-throated Loon
Fr: Plongeon catmarin
Es: Colimbo chico
It: Strolaga minore

Status: In Mitteleuropa regelmäßiger, aber seltener Durchzügler und Wintergast.

Flügelspannweite: 106 – 116 cm

Fluggeschwindigkeit: ca. 67 km/h

Flugweise: Fliegt geradlinig mit tiefen Flügelschlägen, die langsamer als beim Haubentaucher, aber etwas schneller als bei Pracht- und Eistaucher sind. Die Füße werden nach hinten gestreckt und der Hals ist leicht durchgedrückt, wobei häufig der Schnabel etwas nach oben zeigt. Während der Großgefiedermauser August/September sind die Vögel einige Wochen flugunfähig.

Stimme: Im Flug werden hauptsächlich zur Brutzeit laute, monotone und etwas gänseartige Rufe wie „graa-grak-grak…“ geäußert (a).

Ähnliche Arten: Andere Seetaucher, Kormoran und Haubentaucher (siehe Fotos).

Zusatzinfos: Start vom Wasserspiegel und Anwassern S. 514

Beobachtungstipps: Im Winter an Meeresküsten und in geringer Zahl gelegentlich auf großen Binnengewässern zu beobachten.

Prachttaucher (→102)

Gavia arctica

En: Black-throated Loon
Fr: Plongeon arctique
Es: Colimbo ártico
It: Strolaga mezzana

Status: In Mitteleuropa regelmäßiger, aber seltener Durchzügler und Wintergast; in der Ostsee regelmäßig Übersommerer.

Flügelspannweite: 110 – 130 cm

Fluggeschwindigkeit: ca. 69 km/h

Flugweise: Fliegt geradlinig mit langsamen und weniger tiefen Flügelschlägen als der Sterntaucher. Die Füße werden nach hinten gestreckt und der Hals ist leicht durchgedrückt.

Stimme: Im Flug können gänseartige Rufe wie „gaga", „gak", „gewók" oder „ou-ick" zu hören sein, allerdings fast ausschließlich zur Brutzeit.

Prachtkleid

Ähnliche Arten: Andere Seetaucher, Kormoran und Haubentaucher (siehe Fotos).

Zusatzinfos: Start vom Wasserspiegel und Anwassern S. 514

Beobachtungstipps: Im Winter an Meeresküsten und in geringer Zahl auf großen Binnengewässern zu beobachten.

Eistaucher (→ 103)

Gavia [immer] immer

En: Common Loon
Fr: Plongeon huard
Es: Colimbo grande
It: Strolaga maggiore

Status: Seltener bis spärlicher Durchzügler und Wintergast an der Küste, im Binnenland einzeln und meist unregelmäßig.

Flügelspannweite: 127 – 147 cm

Gelbschnabeltaucher (→104)

Gavia [immer] adamsii

En: Yellow-billed Loon
Fr: Plongeon à bec blanc
Es: Colimbo de Adams
It: Strolaga beccogiallo

Status: Sehr seltener, unregelmäßiger Durchzügler und Wintergast an den Küsten und im Binnenland.

Flügelspannweite: 137 – 152 cm

Schlichtkleid

Prachtkleid

Buntfuß-Sturmschwalbe (→ 105)

Oceanites oceanicus

En: Wilson's Storm Petrel
Fr: Océanite de Wilson
Es: Paíño de Wilson
It: Uccello delle tempeste di Wilson

Status: Ausnahmegast

Flügelspannweite: 38 – 42 cm

Sturmschwalbe (→ 107)

Hydrobates pelagicus

En: European Storm Petrel
Fr: Océanite tempête
Es: Paíño europeo
It: Uccello delle tempeste

Status: Fast regelmäßig an der Nordseeküste, seltener Ostsee. Im Binnenland seltener Ausnahmegast mit Nachweisen in vielen Landesteilen.

Flügelspannweite: 36 – 39 cm

Madeirawellenläufer (→ 108)

Oceanodroma castro

En: Band-rumped Storm Petrel
Fr: Océanite de Castro
Es: Paíño de Madeira
It: Uccello delle tempeste di Castro

Status: Extreme Ausnahmeerscheinung.

Flügelspannweite: 44 – 46 cm

Wellenläufer (→ 109)

Oceanodroma leucorhoa

En: Leach's Storm Petrel
Fr: Océanite cul-blanc
Es: Paíño boreal
It: Uccello delle tempeste codaforcuta

Status: Seltener Gastvogel an der Nordseeküste, Ausnahmegast in der Ostsee und im Binnenland.

Flügelspannweite: 45 – 48 cm

Schwarzbrauenalbatros (→111)

Thalassarche melanophris

En: Black-browed Albatross
Fr: Albatros à sourcils noirs
Es: Albatros ojeroso
It: Albatros sopracciglineri

Status: Ausnahmegast

Flügelspannweite: 213 – 246 cm

Jugendkleid

Eissturmvogel (→112)

Fulmarus glacialis

En: Northern Fulmar
Fr: Fulmar boréal
Es: Fulmar boreal
It: Fulmaro

Status: Regelmäßiger Brutvogel auf Helgoland und an anderen atlantischen Seevogelfelsen.

Flügelspannweite: 102 – 112 cm

Flugweise: Gleitet weite Strecken über der Meeresoberfläche mit gerade ausgestreckten Flügeln, dazwischen erfolgen einige schnelle, flache Flügelschläge.

Stimme: Im Flug wird gelegentlich ein tiefes „kuu" geäußert.

Ähnliche Arten: Möwen sehen ähnlich aus, zeigen aber eine ganz andere Flugweise.

Zusatzinfos: Dynamisches Segeln S. 496, instationäres Luftbremsen S. 497

Beobachtungstipps: An Seevogelfelsen im Atlantik, auch auf Helgoland, sind Eissturmvögel von Frühjahr bis Herbst anwesend und können von Land oder von Schiffen aus gut beobachtet werden.

Bulwersturmvogel (→116)

Bulweria bulwerii

En: Bulwer's Petrel
Fr: Pétrel de Bulwer
Es: Petrel de Bulwer
It: Berta di Bulwer

Status: Ausnahmeerscheinung

Flügelspannweite: 68 – 73 cm

Großer Sturmtaucher (→117)

Puffinus gravis

En: Great Shearwater
Fr: Puffin majeur
Es: Pardela capirotada
It: Berta dell'Atlantico

Status: Ausnahmegast an der Nordseeküste.

Flügelspannweite: 100 – 118 cm

Dunkler Sturmtaucher (→118)

Puffinus griseus

En: Sooty Shearwater
Fr: Puffin fuligineux
Es: Pardela sombría
It: Berta grigia

Status: Regelmäßiger seltener Gastvogel an der Nordseeküste, vor allem im Herbst, in der Ostsee und im Binnenland Ausnahmegast.

Flügelspannweite: 94 – 109 cm

Atlantiksturmtaucher (→119)

Puffinus [puffinus] puffinus

En: Manx Shearwater
Fr: Puffin des Anglais
Es: Pardela pichoneta
It: Berta minore atlantica

Status: An der Nordseeküste unregelmäßiger, seltener Gast, vor allem im Herbst, in der Ostsee und im Binnenland Ausnahmeerscheinung.

Flügelspannweite: 76 – 89 cm

Balearensturmtaucher (→ 120)

Puffinus [puffinus] mauretanicus

En: Balearic Shearwater
Fr: Puffin des Baléares
Es: Pardela balear
It: Berta balearica

Status: Seltener Gast in der Nordsee, Sommerhalbjahr. Sonst Ausnahmeerscheinung.

Flügelspannweite: 76 – 93 cm

Mittelmeersturmtaucher (→ 121)

Puffinus [puffinus] yelkouan

En: Yelkouan Shearwater
Fr: Puffin yelkouan
Es: Pardela mediterránea
It: Berta minore

Status: Extrem seltene Ausnahmeerscheinung.

Flügelspannweite: 76 – 93 cm

Sepiasturmtaucher (→ 122)

Puffinus [diomedea] diomedea

En: Scopoli's Shearwater
Fr: Puffin cendré
Es: Pardela cenicienta mediterránea
It: Berta maggiore mediterranea

Status: Ausnahmegast, auch an der Nordseeküste sehr selten.

Flügelspannweite: 100 – 125 cm

Stimme: Über der Kolonie erzeugen die anfliegenden Altvögel im Frühjahr ein beindruckendes Rufkonzert.

Kleiner Sturmtaucher (→ 124)

Puffinus baroli

En: Barolo Shearwater
Fr: Puffin de Macaronésie
Es: Pardela de Barolo
It: Berta della Macaronesia

Status: Ausnahmegast, wenige Nachweise.

Flügelspannweite: 58 – 67 cm

Rosapelikan (→125)

Pelecanus onocrotalus

En: Great White Pelican
Fr: Pélican blanc
Es: Pelícano común
It: Pellicano comune

Status: Regelmäßiger Brutvogel auf dem Balkan und ums Kaspische Meer, in Mitteleuropa Zooflüchter.

Flügelspannweite: 270 – 360 cm

Fluggeschwindigkeit: ca. 58 km/h (gemischter Schlag- und Gleitflug)

Flügelschlagfrequenz: ca. 3 Flügelschläge / Sekunde

Flugweise: Fliegt mit schweren, mächtigen Flügelschlägen oder im Gleitflug und ist ein guter Thermiksegler. Der Hals wird S-förmig gekrümmt und der Kopf auf diese Weise weit nach hinten genommen. Fliegende Gruppen meist geordnet, oft V-Formation oder schräg versetzte Bänder. Zum Fischfang können Sturzflüge aus einigen Metern Höhe und entsprechender Eintauchtiefe gezeigt werden.

Stimme: Im Flug meist schweigsam.

Ähnliche Arten: Andere Pelikanarten (siehe Fotos), ansonsten aber unverkennbar am mächtigen Schnabel.

Zusatzinfos: Segelflug S. 499, Sturzflug S. 507, Start vom Wasserspiegel und Anwassern S. 514

> **Beobachtungstipps:** Beobachtungsmöglichkeiten bestehen in der Umgebung der Pelikankolonien im östlichen Mittelmeer- und Schwarzmeerraum.

Krauskopfpelikan (→ 127)

Pelecanus crispus

En: Dalmatian Pelican
Fr: Pélican frisé
Es: Pelícano ceñudo
It: Pellicano riccio

Status: Ausnahmegast, Wildvögel extrem schwer von Gefangenschaftsflüchtlingen zu unterscheiden.

Flügelspannweite: 310 – 345 cm

Basstölpel (→ 129)

Sula bassana

En: Northern Gannet
Fr: Fou de Bassan
Es: Alcatraz atlántico
It: Sula

Status: Regelmäßiger Brutvogel auf Helgoland und in Kolonien rund um die Nordsee.

Flügelspannweite: 165 – 180 cm

Flugweise: Gleitet mit sehr schmalen und meist leicht angewinkelten Flügeln über der Meeresoberfläche, wobei regelmäßig schnelle, gleichmäßige und eher flache Flügelschläge eingeschoben werden. Der Beutefang erfolgt mit pfeilschnellen Sturzflügen mit nach hinten zusammengelegten Flügeln.

Stimme: Meist im Zusammenhang mit innerartlichen Rangeleien sind auch im Flug über der Kolonie Rufe wie „arräh“ oder „urräh“ zu hören. Vor dem Abflug äußern die Altvögel in Imponierhaltung ein stöhnendes leises „rro-e“ oder „rurr“ (a).

Ähnliche Arten: Möwen haben eine andere Flügelform, einen anderen Flugstil und sind deutlich kleiner.

Zusatzinfos: Dynamisches Segeln S. 496, Sturzflug S. 507, Start vom Wasserspiegel und Anwassern S. 514

Beobachtungstipps: An Seevogelfelsen im Atlantik, auch auf Helgoland, sind Basstölpel von Frühjahr bis Herbst anwesend, außerhalb der Brutzeit auch im westlichen Mittelmeerraum.

Zwergscharbe (→130)

Phalacrocorax pygmeus

En: Pygmy Cormorant
Fr: Cormoran pygmée
Es: Cormorán pigmeo
It: Marangone minore

Status: Seltener Brutvogel mit zunehmendem Bestand in Ungarn, Norditalien und dem Balkan. Sonst seltener Gastvogel.

Flügelspannweite: 80 – 90 cm

Kormoran (→132)

Phalacrocorax carbo

En: Great Cormorant
Fr: Grand Cormoran
Es: Cormorán grande
It: Cormorano

Status: Regelmäßiger Brutvogel, Durchzügler und Wintergast an der Küste und im Binnenland.

Flügelspannweite: 130 – 160 cm

Fluggeschwindigkeit: ca. 55 km/h (normaler Streckenflug)

Flügelschlagfrequenz: ca. 5 Flügelschläge / Sekunde

Flugweise: Gänseartiger, geradliniger Flug mit leicht durchgekrümmtem Hals und relativ schnellen Flügelschlägen. Kürzere Gleitphasen werden eingeschoben.

Stimme: In der Brutkolonie rufen anfliegende Vögel am Nest „akakak“ oder ein an Männerlachen erinnerndes „äkakak-äkakak-äkakak“ (a). Ansonsten im Flug schweigsam.

Ähnliche Arten: Krähenscharbe (siehe Fotos).

Zusatzinfos: Start vom Wasserspiegel und Anwassern S. 514

Beobachtungstipps: An allen größeren und vielen kleineren Binnengewässern sind außerhalb der Brutzeit Kormorane zu finden. Vor allem im Umfeld von Brut- und Schlafbäumen lässt sich die Flugweise der an- und abfliegenden Vögel gut studieren.

Krähenscharbe (→133)

Phalacrocorax aristotelis

En: European Shag
Fr: Cormoran huppé
Es: Cormorán moñudo
It: Marangone dal ciuffo

Status: In Mitteleuropa nur an der Nordsee regelmäßiger Gast. Nächste Brutvorkommen Schottland, Südnorwegen und Adria.

Flügelspannweite: 90 – 115 cm

Fluggeschwindigkeit: ca. 55 km/h

Flugweise: Ähnlich Kormoran, aber Hals weniger durchgebogen und keine Gleitphasen im Flug. Der Bauchbereich hängt etwas deutlicher durch. Beim Flug über dem Meer bleiben Krähenscharben konsequenter über dem Meer und umfliegen Landzungen eher, statt über sie abzukürzen.

Stimme: Im Flug meist schweigsam.

Ähnliche Arten: Kormoran (siehe Fotos).

Zusatzinfos: Start vom Wasserspiegel und Anwassern S. 514

Beobachtungstipps: An Meeresküsten der Nord- und Ostsee lassen sich oft im Bereich von Felsen oder Betonverbauungen zwischen rastenden Kormoranen auch einige kleinere Krähenscharben finden.

Sichler (→135)

Plegadis falcinellus

En: Glossy Ibis
Fr: Ibis falcinelle
Es: Morito común
It: Mignattaio

Status: Sehr seltener Gast.

Flügelspannweite: 80 – 95 cm

Waldrapp (→ 136)

Geronticus eremita

En: Northern Bald Ibis
Fr: Ibis chauve
Es: Ibis eremita
It: Ibis eremita

Status: Ehemaliger Brutvogel. Ausnahmsweise Nachweise von Gefangenschaftsflüchtlingen und wiedereingebürgerten Vögeln.

Flügelspannweite: 125 – 135 cm

Heiliger Ibis (→137)

Threskiornis aethiopicus

En: African Sacred Ibis
Fr: Ibis sacré
Es: Ibis sagrado
It: Ibis sacro

Status: Gefangenschaftsflüchtlinge, bereits mit einzelnen Bruten.

Flügelspannweite: 112 – 124 cm

Löffler (→ 138)

Platalea leucorodia

En: Eurasian Spoonbill
Fr: Spatule blanche
Es: Espátula común
It: Spatola

Status: Regelmäßiger Brutvogel und Sommergast an der Nordseeküste in Norditalien und auf dem Balkan.

Flügelspannweite: 115 – 135 cm

Fluggeschwindigkeit: ca. 51 km/h (auf dem Zug)

Flügelschlagfrequenz: ca. 4 Flügelschläge / Sekunde

Flugweise: Fliegt mit kräftigen regelmäßigen Flügelschlägen und leicht durchgebogenem Hals mit kurzen Gleitphasen. Formationsflug in der Gruppe.

Stimme: Im Flug in der Regel stumm, bei Abflug nach Störung rufen Löffler oft nasal „ädädädäd". Während des Streckenflugs hört man aus der Nähe pfeifend-wischenden rhythmischen Flugschall (a).

Ähnliche Arten: Weiße Reiherarten; die Schnabelform ist allerdings unverkennbar.

Zusatzinfos: Formationsflug S. 508

Beobachtungstipps: An der Nordsee gibt es eine Reihe von Brutkolonien, in deren Umfeld (z. B. Hauke-Haien-Koog, Texel) Löffler im Sommerhalbjahr beobachtet werden können. Weitere Brutvorkommen im südöstlichen Mitteleuropa (Neusiedler See, Kroatien, Balkan).

Rohrdommel (→ 140)

Botaurus stellaris

En: Eurasian Bittern
Fr: Butor étoilé
Es: Avetoro común
It: Tarabuso

Status: Lokal verbreiteter Brut- und Sommervogel, z. T. Jahresvogel oder Wintergast.

Flügelspannweite: 125 – 135 cm

Fluggeschwindigkeit: ca. 32 km/h

Flugweise: Im Flug werden die großen Füße nach hinten gestreckt und der Hals bogenförmig zurückgekrümmt. Die Flügelschläge sind regelmäßig und etwas schneller als beim Graureiher und Gleitphasen sind selten.

Stimme: Im Flug tiefes raues „kräö" ähnlich einer Großmöwe (a).

Ähnliche Arten: Im Flug erinnert die Rohrdommel auf den ersten Bick an eine braune Eule, die großen Füße und der lange Schnabel machen sie aber eigentlich unverkennbar. Nachtreiher im braunen Jugendkleid können zu Verwechslungen führen (siehe Fotos).

Beobachtungstipps: In den Brutgebieten in großen Schilfgebieten können Rohrdommeln immer wieder auch kurze Strecken über das Schilf fliegend beobachtet werden. In Wintergebieten nutzen sie oft schilfreiche Gräben und kleine Gewässer, aus denen man sie gelegentlich unbeabsichtigt aufscheucht.

Zwergdommel (→141)

Ixobrychus minutus

En: Little Bittern
Fr: Blongios nain
Es: Avetorillo común
It: Tarabusino

Status: Lokal verbreiteter Brut- und Sommervogel mit Wintergebieten in Afrika südlich der Sahara.

Flügelspannweite: 52 – 58 cm

Flugweise: Geradliniger Flug mit schnell flatterndem Flügelschlag. Die Füße stehen hinten über den Schwanz hinaus, der Hals wird zurückgekrümmt.

Stimme: Als eigentlicher Flugruf ist von der Zwergdommel ein kurzes raues, manchmal gereihtes „gräk" zu hören. Wahrscheinlich ist dies derselbe Ruf, den man auch als Erregungsruf vom Vogel aus dem Schilfbestand hört (a).

Ähnliche Arten: Könnte aufgrund der Größe und des Lebensraumes mit einer Ralle oder einem Watvogel verwechselt werden. Proportionen und Färbung sind aber typisch (siehe Fotos).

Beobachtungstipps: An den Brutgebieten in größeren Schilfgebieten sind Zwergdommeln auch tagsüber oft fliegend zu beobachten.

Nachtreiher (→ 143)

Nycticorax nycticorax

En: Black-crowned Night Heron
Fr: Bihoreau gris
Es: Martinete común
It: Nitticora

Status: Im Osten und Südosten Mitteleuropas häufiger Brutvogel und Sommergast, bei uns seltener Gast- und Brutvogel.

Flügelspannweite: 105 – 112 cm

Fluggeschwindigkeit: ca. 40 km/h (auf dem Zug)

Flügelschlagfrequenz: ca. 3 Flügelschläge / Sekunde

Flugweise: Fliegt mit steifen, regelmäßigen Flügelschlägen und seltenen Gleitphasen. Der Kopf wird mit gekrümmtem Hals zurückgelegt und der Schnabel leicht abwärts gehalten. Fliegt in der Regel nur in der Dämmerung und nachts, außer bei Störungen. Im Verband fliegen Nachtreiher meist eher als ungeordneter Haufen, gelegentlich in Reihen.

Stimme: Vor allem bei den abendlichen Flügen zu Nahrungsgebieten rufen Nachtreiher rau und quakend „ark“ oder „wark“ (a).

Ähnliche Arten: Im Jugendkleid besteht Verwechslungsgefahr mit der Rohrdommel.

Beobachtungstipps: Tagsüber meist unbeweglich in der Deckung am Wasser stehend, in der Abenddämmerung leichter zu entdecken, vor allem, wenn die Vögel mit ihrem charakteristischen Ruf auf sich aufmerksam machen.

Rallenreiher (→144)

Ardeola ralloides

En: Squacco Heron
Fr: Crabier chevelu
Es: Garcilla cangrejera
It: Sgarza ciuffetto

Status: Regelmäßiger Brutvogel in Mitteleuropa nur in Ungarn, ansonsten östlich davon und vereinzelt im Mittelmeerraum. Im Süden Mitteleuropas unregelmäßiger Gast, vor allem im späten Frühjahr und Frühsommer.

Flügelspannweite: 80 – 92 cm

Kuhreiher (→145)

Bubulcus ibis

En: Western Cattle Egret
Fr: Héron garde-bœufs
Es: Garcilla bueyera
It: Airone guardabuoi

Status: Einzelne Bruten in Belgien und den Niederlanden. Sonst vereinzelte Gastvögel (zunehmend), doch teilweise sicher Gefangenschaftsflüchtlinge, da es auch freifliegende Brutkolonien in Zoos gibt.

Flügelspannweite: 88 – 96 cm

Graureiher (→ 146)

Ardea cinerea

En: Grey Heron
Fr: Héron cendré
Es: Garza real
It: Airone cenerino

Status: Häufiger und weit verbreiteter Butvogel und Teilzieher.

Flügelspannweite: 175 – 195 cm

Fluggeschwindigkeit: ca. 40 km/h (auf dem Zug)

Flügelschlagfrequenz: ca. 3 Flügelschläge / Sekunde

Flugweise: Fliegt geradlinig mit steifen, etwas ruckartigen und eher flachen Flügelschlägen und mit zurückgekrümmtem Hals. Kann wie alle Reiher senkrecht auffliegen und geht dazu zunächst etwas „in die Knie", um dann hochzuspringen. Fliegt in der Gruppe selten im Formationsflug.

Stimme: Im Flug rufen Graureiher häufig ein weit tragendes, hartes und etwas schrilles „kraai" oder „kraik" (a).

Ähnliche Arten: Kraniche sind ähnlich groß und ähnlich gefärbt, fliegen aber nie mit gekrümmtem Hals.

Zusatzinfos: Stationäres Luftbremsen S. 510

Beobachtungstipps: Graureiher lassen sich an allen Binnengewässern finden, oft auch auf Wiesen und an Gräben, manchmal direkt an Straßenrändern.

Purpurreiher (→ 148)

Ardea purpurea

En: Purple Heron
Fr: Héron pourpré
Es: Garza imperial
It: Airone rosso

Status: Lokaler Brut- und Sommervogel, außerhalb der Brutgebiete selten.

Flügelspannweite: 120 – 150 cm

Fluggeschwindigkeit: ca. 39 km/h (auf dem Zug)

Flügelschlagfrequenz: ca. 3 Flügelschläge / Sekunde

Flugweise: Ähnlich Graureiher, der Hals wird noch stärker nach unten durchgekrümmt. Purpurreiher fliegen sehr selten im Verband und wenn, dann ungeordnet.

Stimme: Viel seltener als beim Graureiher kann vom Purpurreiher der Flugruf in Form eines sonoren „arr" zu hören sein (a).

Ähnliche Arten: Graureiher sind ähnlich groß, aber anders gefärbt und proportioniert.

Zusatzinfos: Stationäres Luftbremsen S. 510

Beobachtungstipps: Purpurreiher brüten in großen Schilfgebieten an wenigen Stellen Mitteleuropas. Im nördlichen Mittelmeerraum (z. B. Podelta, Comacchio-Gebiet) sind sie zahlreicher und daher leichter zu beobachten.

Silberreiher (→149)

Casmerodius albus

En: Great Egret
Fr: Grande Aigrette
Es: Garceta grande
It: Airone bianco maggiore

Status: Regelmäßiger Wintergast, sporadischer Brutvogel in Deutschland, verbreiteter Brutvogel in der pannonischen Tiefebene.

Flügelspannweite: 140 – 170 cm

Fluggeschwindigkeit: ca. 37 km/h (auf dem Zug)

Flügelschlagfrequenz: ca. 3 Flügelschläge / Sekunde

Flugweise: Sehr ähnlich Graureiher, aber Flügelschläge gleichmäßiger und tiefer.

Stimme: Krächzende oder rau ratternde Rufe „kraa“ oder mehrsilbig „krarara“, „krrrrk“ oder auch „pririri“ können im Flug, aber auch im Stehen geäußert werden (a).

Ähnliche Arten: Verwechslungsgefahr besteht mit dem Seidenreiher, der allerdings wesentlich kleiner ist.

Zusatzinfos: Stationäres Luftbremsen S. 510

Beobachtungstipps: Silberreiher sind vor allem außerhalb der Brutzeit in Offenlandlebensräumen in Mitteleuropa weit verbreitet und durch ihr rein weißes Gefieder leicht zu entdecken.

Schmuckreiher (→ 150)

Egretta thula

En: Snowy Egret
Fr: Aigrette neigeuse
Es: Garceta nívea
It: Garzetta nivea

Status: Ausnahmegast, nur ein Präparat aus Deutschland aus dem frühen 20. Jh.

Flügelspannweite: 95 – 100 cm

Seidenreiher (→151)

Egretta garzetta

En: Little Egret
Fr: Aigrette garzette
Es: Garceta común
It: Garzetta

Status: Seltener Gast; regelmäßiger Brutvogel in den westlich und südlich an Mitteleuropa angrenzenden Gebieten.

Flügelspannweite: 86 – 95 cm

Flügelschlagfrequenz: ca. 4 Flügelschläge / Sekunde

Flugweise: Agiler, wendiger Flug mit raschen, etwas steifen Flügelschlägen und wenigen Gleitphasen. Beim Flug in der Gruppe meist ungeordneter Schwarm.

Stimme: Seidenreiher sind abseits der Brutkolonie eher schweigsam. Im Flug lassen sie gelegentlich ein gedehntes „raaak“ hören (a).

Ähnliche Arten: Von anderen kleinen weißen Reihern durch die schwarzen Beine mit gelben Zehen unterscheidbar (siehe auch Fotos). Der Silberreiher ist deutlich größer.

Beobachtungstipps: Seidenreiher sind in Mitteleuropa nördlich der Alpen eine Seltenheit. Gut beobachten lassen sie sich in Feuchtgebieten einschließlich Küstensümpfen im Mittelmeerraum und in Südosteuropa.

Schwarzstorch (→153)

Ciconia nigra

En: Black Stork
Fr: Cigogne noire
Es: Cigüeña negra
It: Cicogna nera

Status: Lokal verbreiteter Brut- und Sommervogel; unauffälliger, aber auch seltener als Weißstorch.

Flügelspannweite: 144 – 155 cm

Fluggeschwindigkeit: ca. 55 km/h (gemischter Schlag- und Gleitflug)

Flügelschlagfrequenz: ca. 3 Flügelschläge / Sekunde

Flugweise: Segelt häufig und lange mit gerade nach vorne gestrecktem Kopf. Im Schlagflug langsame, gleichmäßige und tiefe Flügelschläge, meist mit eingeschobenen Gleitphasen. Fliegt seltener in Gruppen als der Weißstorch.

Stimme: Der Flugruf des Schwarzstorches, ein melodisches „fuo" oder fast bussardartiges „püju", ist selten zu hören.

Ähnliche Arten: Nur Schwarzstorch und Kranich sind ähnlich groß, aber anders gefärbt. Reiher fliegen mit zurückgekrümmtem Hals.

Zusatzinfos: Segelflug S. 499

Beobachtungstipps:
Schwarzstörche leben sehr versteckt und werden am ehesten durch Zufall oder an regelmäßig benutzten Nahrungsplätzen im Brutrevier entdeckt. Zur Wegzugzeit, vor allem im August, lohnt es im südlicheren Mitteleuropa auch, an sonnigen Tagen gegen Mittag den Himmel nach segelnden Schwarzstörchen abzusuchen.

Schwarzstorch Jugendkleid

Weißstorch (→ 154)

Ciconia ciconia

En: White Stork
Fr: Cigogne blanche
Es: Cigüeña blanca
It: Cicogna bianca

Status: In den Niederungen verbreiteter, lokal häufiger Brutvogel und Sommergast.

Flügelspannweite: 155 – 165 cm

Fluggeschwindigkeit: ca. 49 km/h (gemischter Schlag- und Gleitflug, im reinen Schlagflug um 35 km/h)

Flügelschlagfrequenz: ca. 3 Flügelschläge / Sekunde

Flugweise: Segelt häufig und lange mit gerade nach vorne gestrecktem Kopf. Im Schlagflug langsame, gleichmäßige und tiefe Flügelschläge, meist mit eingeschobenen Gleitphasen. Der Segelflug in der Gruppe erfolgt weitgehend ungeordnet und ohne Formationsflug.

Stimme: Erwachsene Weißstörche gebrauchen ihre Stimme kaum und das gilt auch für den Flug. Das charakteristische Schnabelklappern kann aber auch im An- oder Überflug von Artgenossen geäußert werden (a).

Ähnliche Arten: Im Flug ist eine Verwechslung mit Pelikanen möglich, ansonsten sind nur Schwarzstorch und Kranich ähnlich groß, aber anders gefärbt. Reiher fliegen mit zurückgekrümmtem Hals.

Zusatzinfos: Segelflug S. 499, Gleitflug S. 502

Beobachtungstipps: Besonders eindrucksvolle Beobachtungen sind in der Umgebung sogenannten „Storchendörfer" zur Zeit der Jungenaufzucht möglich, wenn intensiver Flugverkehr zwischen Horsten und Nahrungsgebieten stattfindet.

Fischadler (→155)

Pandion haliaetus

En: Western Osprey
Fr: Balbuzard pêcheur
Es: Águila pescadora
It: Falco pescatore

Status: Regelmäßiger Brutvogel vor allem im nordöstlichen Mitteleuropa. Regelmäßiger Durchzügler im gesamten Gebiet.

Flügelspannweite: 145 – 170 cm

Fluggeschwindigkeit: ca. 49 km/h (gemischter Schlag- und Gleitflug, reiner Schlagflug bei ca. 41 km/h)

Flügelschlagfrequenz: ca. 3 Flügelschläge / Sekunde

Flugweise: Fliegt mit schweren, gleichmäßigen Flügelschlägen. Bewegt sich häufig auch im Segelflug. Der Gleitflug erfolgt in typischer Haltung mit abwärts gebogenen Flügeln und leicht nach vorne gezogenem Handgelenk. Hält im schwerfällig wirkenden Rüttelflug Ausschau nach Fischen, die er dann im Sturzflug im Wasser fängt. Im Rahmen der Balz werden in großer Höhe Girlandenflüge gezeigt.

Stimme: Während des Balzfluges ruft das Männchen hoch pfeifend melancholisch „djiiib djiiib", „ü - iilp u-iilp" oder „tüü-

tüü-tülip“ (a). Vögel, die sich im Flug verfolgen, rufen zwitschernd „di ji bibibijüp“.

Ähnliche Arten: am ehesten mit anderen Adlern zu verwechseln, aber Flugweise und Färbung recht eindeutig (siehe Fotos)

Zusatzinfos: Segelflug S. 499, Beutefang vom Wasser S. 502, Gleitflug S. 502, Hochziehen schwerer Beute S. 504

Beobachtungstipps: Vor allem in den nordöstlichen deutschen Bundesländern und in Polen sind Fischadler als Brutvögel relativ gut verbreitet und entsprechend auch gut zu beobachten. In anderen Teilen Mitteleuropas treten Fischadler während der Durchzugszeit regelmäßig an Gewässern auf.

Gleitaar (→ 156)

Elanus cerulaeus

En: Black-winged Kite
Fr: Élanion blac
Es: Elanio común
It: Nibbio bianco

Status: Ausnahmegast

Flügelspannweite: 75 – 87 cm

Bartgeier (→ 158)

Gypaetus barbatus

En: Bearded Vulture
Fr: Gypaète barbu
Es: Quebrantahuesos
It: Gipeto

Status: Nach Wiederansiedlung regelmäßiger Brut- und Jahresvogel in den Alpen. Weitere Vorkommen in den Pyrenäen, auf Korsika und dem Südbalkan.

Flügelspannweite: 250 – 282 cm

Flugweise: Fliegt sehr lange im Segelflug, die sehr seltenen Flügelschläge sind langsam und tief. Im Gleitflug werden die Handflügel oft etwas abwärts gehalten. Während der Flugbalz können beachtliche Manöver bis hin zu Überschlägen gezeigt werden.

Stimme: Während der Flugbalz ruft das Männchen ein pfeifendes „fiiij“ oder „tilip tlep tilip jek“, manchmal auch trillernd „tijijijiji“ (a).

Ähnliche Arten: Aufgrund der Größe und des keilförmigen Schwanzes eigentlich unverwechselbar.

Zusatzinfos: Segelflug S. 499, Gleitflug S. 502

Beobachtungstipps: Dank Wiedereinbürgerungsaktionen sind heute an vielen Stellen der Alpen wieder Bartgeier zu beobachten.

Schmutzgeier (→ 159)

Neophron percnopterus

En: Egyptian Vulture
Fr: Vautour percnoptère
Es: Alimoche común
It: Capovaccaio

Status: Ausnahmegast

Flügelspannweite: 155 – 180 cm

Wespenbussard (→160)

Pernis apivorus

En: European Honey Buzzard
Fr: Bondrée apivore
Es: Abejero europeo
It: Falco pecchiaiolo

Status: Lückig verbreiteter, nicht häufiger Brut- und Sommervogel. Regelmäßiger, teilweise häufiger Durchzügler.

Flügelspannweite: 130 – 150 cm

Fluggeschwindigkeit: ca. 44 km/h (gemischter Schlag- und Gleitflug, reiner Gleitflug bei ca. 51 km/h, reiner Schlagflug bei ca. 36 km/h)

Flügelschlagfrequenz: ca. 3 Flügelschläge / Sekunde

Flugweise: Flügelschlag etwas langsamer und tiefer als beim Mäusebussard, wobei beim Abschlag der Kopf etwas angehoben wird. Häufig im Segelflug, in der Gleitphase oft mit leicht abgewinkeltem Handflügel, aber horizontal gehaltenen bis leicht abwärts gebogenen Flügeln. Rüttelt selten. Auf dem Zug können Wespenbussarde in größeren Gruppen auftreten, die aber eine ungeordnete Aggregation bilden, keine Flugformation.

Stimme: Im Flug äußert der Wespenbussard oft ein hohes melodisches Pfeifen „wühe…" oder „dülilü…", sowie gedehnt „düh" oder „tülü" (a). Ziehende Wespenbussarde sind allerdings in der Regel stumm.

Ähnliche Arten: Mäusebussard (siehe Fotos)

Zusatzinfos: Segelflug S. 499

> **Beobachtungstipps:** Zur Zugzeit können Wespenbussarde in größeren Aggregationen an Konzentrationsstellen des Greifvogelzuges (Landengen, Meerengen, Pässe usw.) beobachtet werden.

♂ adult

Schlangenadler (→ 161)

Circaetus gallicus

En: Short-toed Snake Eagle
Fr: Circaète Jean-le-Blanc
Es: Culebrera europea
It: Biancone

Status: In Ungarn, Polen und der Slowakei sehr seltener Brutvogel, sonst lokal einzelne Übersommerer, nach Nordwesten hin zunehmend seltener und außergewöhnlicher Gastvogel.

Flügelspannweite: 170 – 185 cm

Stimme: Während des Balzflugs hört man vom Schlangenadler anhaltend wiederholte rhythmische Rufe wie „kü-kü…" (a).

Mönchsgeier (→162)

Aegypius monachus

En: Cinereous Vulture
Fr: Vautour moine
Es: Buitre negro
It: Avvoltoio monaco

Status: Ausnahmegast, z. T. aus Wiedereinbürgerungsprojekten.

Flügelspannweite: 250 – 295cm

Gänsegeier (→163)

Gyps fulvus

En: Griffon Vulture
Fr: Vautour fauve
Es: Buitre leonado
It: Grifone

Status: Seltener Gast in Deutschland, regelmäßige Brutvorkommen im Mittelmeerraum.

Flügelspannweite: 240 – 280 cm

Fluggeschwindigkeit: ca. 59 km/h (gemischter Schlag- und Gleitflug, reiner Gleitflug bei ca. 58 km/h)

Flügelschlagfrequenz: ca. 1 Flügelschlag / Sekunde

Flugweise: Ausdauernder Segel- und Gleitflieger, den man in aller Regel mit ausgebreiteten Flügeln kreisen oder gleiten sieht und der nur ausnahmsweise kürzere Strecken im Schlagflug zurücklegt. Außer bei Störungen erheben sich Gänsegeier nur in die Luft, wenn Hoffnung auf warme Aufwinde (Thermik) besteht, also in der Regel ab dem späten Vormittag bis zum mittleren Nachmittag. Der Start erfolgt bevorzugt von einer erhöhten Warte aus. Wo dies nicht möglich ist, muss der schwere Vogel einige Hüpfer Anlauf nehmen, ehe er abheben kann. Gänsegeier leben gesellig und können daher auch in Gruppen fliegend beobachtet werden, wobei sie aber keine Flugformation einnehmen.

Stimme: Im Flug schweigsam.

Ähnliche Arten: Die Kombination von einem hell abgesetzten Kopf mit einer Flügelunterseite, die vorne kontrastreich hell und hinten ungebändert und dunkel ist, zeigt keine andere europäische Geierart und auch keine der großen Adlerarten. Bei Störchen fällt der deutlich längere Hals auf.

Zusatzinfos: Segelflug S. 499, Gleitflug S. 502, Start von erhöhten Plätzen S. 506, Hangaufwindsegeln S. 511.

Beobachtungstipps: In Gegenden mit Gänsegeiervorkommen (z. B. Mittelmeerländer) lohnt es sich, an sonnigen Tagen ab etwa 10 Uhr vormittags den Himmel nach den großen Vögeln abzusuchen.

Habichtsadler (→ 164)

Aquila fasciata

En: Bonelli's Eagle
Fr: Aigle de Bonelli
Es: Águila perdicera
It: Aquila di Bonelli

Status: Ausnahmegast

Flügelspannweite: 165 – 180 cm

Stimme: Vom fliegenden Habichtsadler kann man wiederholte zusammengesetzte Einzelrufe wie „ahüüje" zu hören bekommen (a).

Zwergadler (→165)

Aquila pennata

En: Booted Eagle
Fr: Aigle botté
Es: Águila calzada
It: Aquila minore

Status: Seltener Gastvogel im Sommer

Flügelspannweite: 100 – 121 cm

Steinadler (→ 166)

Aquila chrysaetos

En: Golden Eagle
Fr: Aigle royal
Es: Águila real
It: Aquila reale

Status: Regelmäßiger Brut- und Jahresvogel in den Alpen, weitere Brutvorkommen in Spanien, Apennin, Balkan, Skandinavien und Osteuropa.

Flügelspannweite: 190 – 210 cm

Fluggeschwindigkeit: ca. 47 km/h (gemischter Schlag- und Gleitflug, reiner Gleitflug bei ca. 54 km/h, steilere Gleitflüge bis über 80 km/h)

Flugweise: Meist im Segelflug unterwegs, wobei in der Gleitphase die Flügel häufig halb angelegt werden. Beim Kreisen werden die Flügel leicht angehoben, d. h. in eine leichte V-Stellung gebracht. Schlagflug mit schweren, tiefen und gleichmäßigen Schlägen. Der Beutefang erfolgt meist im niedrigen Suchflug und raschem Stoßflug oder aus dem Ansitz heraus.

Stimme: Während der Flugbalz sind quietschende Rufe zu hören, ansonsten ein raues gedehntes bussardartiges „hijäh" oder keckernde Rufreihen (a).

Ähnliche Arten: Andere Adler (die aber in den alpinen Lebensräumen nicht vorkommen) und Mäusebussard, der aber viel kleiner ist.

Zusatzinfos: Segelflug S. 499, Gleitflug S. 502, Hochziehen schwerer Beute S. 504

Beobachtungstipp: An sonnigen Tagen mit günstiger Thermik lässt sich in den Alpen bei sorgfältigem Absuchen des Himmels zur Mittagszeit recht zuverlässig ein Steinadler entdecken. Besonders während der Balz im Februar/März ergeben sich gute Möglichkeiten.

langflügelig
im Immaturkleid sind die weißen Felder des Jugendkleids noch sichtbar
im Immaturkleid noch Teile der Jugend-Schwanzzeichnung (weiß mit schwarzer Endbinde sichtbar)
langer Schwanz
immatur

Hand- und Armschwingen dunkel und mehr oder weniger gebändert
bei adulten Steinadlern deutlich goldfarben
Steuerfedern dunkel graubraun und mehr oder weniger stark gebändert
adult

Schelladler (→ 167)

Aquila [clanga] clanga

En: Greater Spotted Eagle
Fr: Aigle criard
Es: Águila moteada
It: Aquila anatraia maggiore

Status: Sehr seltener Brutvogel in Ostpolen, sonst sehr seltener Sommergast und Durchzügler, sehr vereinzelt Wintergast, im Allgemeinen Ausnahmeerscheinung.

Flügelspannweite: 155 – 182 cm

Schreiadler (→168)

Aquila pomarina

En: Lesser Spotted Eagle
Fr: Aigle pomarin
Es: Águila pomerana
It: Aquila anatraia minore

Status: Sporadisch verbreiteter Brut- und Sommervogel im Osten Mitteleuropas, außerhalb der Brutgebiete seltener Gastvogel.

Flügelspannweite: 134 – 170 cm

Fluggeschwindigkeit: ca. 53 km/h (gemischter Schlag- und Gleitflug, reiner Schlagflug bei ca. 42 km/h)

Flügelschlagfrequenz: ca. 3 Flügelschläge / Sekunde

Flugweise: Meist im Segelflug unterwegs. Handflügelteil beim Gleitflug etwas abwärts abgewinkelt. Flügelschläge gleichmäßig, kräftig und tief. Während der Balz zeigt das Männchen Girlandenflüge.

Stimme: Das Männchen ruft im Balzflug hell pfeifend und langgezogen „wiiik...“. Der typische Schreiadlerruf ist ein weit tragendes, melodisches „tjück“ oder „jük“, entweder einzeln (a) oder über etwa 10 Silben, wobei die letzten etwas ansteigen.

Ähnliche Arten: Im ähnlichen Lebensraum kann der seltenere Schelladler auftauchen (siehe Fotos). Steinadler leben in anderen Lebensräumen und Bussarde sind deutlich kleiner.

Zusatzinfos: Segelflug S. 499, Gleitflug S. 502, Hochziehen schwerer Beute S. 504

> **Beobachtungstipps:** In den nordöstlichen Bundesländern in weitläufigen Ebenen gibt es noch einige Brutpaare des Schreiadlers.

Steppenadler (→ 170)

Aquila nipalensis

En: Steppe Eagle
Fr: Aigle des steppes
Es: Águila esteparia
It: Aquila delle steppe

Status: Sehr seltener Ausnahmegast, dabei wohl oft auch entflogene Vögel aus Gefangenschaft.

Flügelspannweite: 165 – 200 cm

Kaiseradler (→ 171)

Aquila [heliaca] heliaca

En: Eastern Imperial Eagle
Fr: Aigle impérial
Es: Águila imperial oriental
It: Aquila imperiale

Status: Sehr seltener Brutvogel in Ungarn, Österreich und der Slowakei. Sonst meist Ausnahmegast.

Flügelspannweite: 185 – 220 cm

Spanischer Kaiseradler (→ 172)

Aquila adalberti

En: Spanish Imperial Eagle
Fr: Aigle ibérique
Es: Águila imperial ibérica
It: Aquila imperiale iberica

Status: In Mitteleuropa extreme Ausnahmeerscheinung.

Flügelspannweite: 190 – 220 cm

Rohrweihe (→ 173)

Circus aeruginosus

En: Western Marsh Harrier
Fr: Busard des roseaux
Es: Aguilucho lagunero occidental
It: Falco di palude

Status: Spärlicher Brut- und Sommervogel, im Süden und Westen lokal und lückenhaft, im Norden und Osten flächig verbreitet. Nicht brütende Sommergäste und Durchzügler.

Flügelspannweite: 110 – 130 cm

Fluggeschwindigkeit: ca. 42 km/h (gemischter Schlag- und Gleitflug, reiner Gleitflug bei ca. 45 km/h, reiner Schlagflug bei ca. 36 km/h)

Flügelschlagfrequenz: ca. 3 Flügelschläge / Sekunde

Flugweise: Gleitet oft im niedrigen Suchflug, dabei werden die Flügel weihentypisch in Form eines flachen V nach oben gehalten und der Körper kippt immer wieder etwas zur Seite. Bei der Rohrweihe besteht dieses V typischerweise aus steiler gestelltem Armflügel- und flacher gestelltem Handflügelteil. Die Flügelschläge sind weich und tief.

Stimme: Während der Flugbalz ruft das Männchen ein nasales, etwas gepresstes „hijäe“, „quiä“ oder „kijäh“ (a).

Ähnliche Arten: Die typische schlanke, langschwänzige Körperform der Weihen ist auch bei Korn- und Wiesenweihe zu finden (siehe Fotos)

Zusatzinfos: Gleitflug S. 502

> **Beobachtungstipps:** Rohrweihen lassen sich tagsüber zur Brutzeit über großen Schilfgebieten gut bei der Nahrungssuche beobachten.

Kornweihe (→ 174)

Circus cyaneus

En: Hen Harrier
Fr: Busard Saint-Martin
Es: Aguilucho pálido
It: Albanella reale

Status: In weiten Teilen Mitteleuropas seltener Brut- und Sommer- oder auch Jahresvogel. Regelmäßiger Wintergast aus nordischen Populationen

Flügelspannweite: 99 – 121 cm

Fluggeschwindigkeit: ca. 41 km/h (gemischter Schlag- und Gleitflug)

Flügelschlagfrequenz: ca. 3 Flügelschläge / Sekunde

Flugweise: Oft im niedrigen Gleitflug mit V-förmig aufwärts gehaltenen Flügeln, wobei die Spitzen oftmals noch etwas mehr aufwärts gebogen sind, und einer etwas gaukelnden Flugweise. Flügelschläge zwischen den Gleitphasen sind tief und weich. Während der Flugbalz zeigt das Männchen den sog. Girlandenflug mit Abstürzen, gelegentlich Körperrollen und raschem Aufsteigen.

♀ adult

Jugendkleid

Stimme: Männchen rufen während der Flugbalz wiederholt pfeifend „pija“, „psiji krije“ „piiu“ oder „fiije“ (a), manchmal auch lange meckernde Reihen „kje-kje-kje...“ oder „drö-dö-dö...“

Ähnliche Arten: Die typische schlanke, langschwänzige Körperform der Weihen ist auch bei Rohr- und Wiesenweihe zu finden. Besonders hohe Ähnlichkeit besteht zur Wiesenweihe (siehe Fotos).

Zusatzinfos: Gleitflug S. 502

Beobachtungstipps: Im Winter bilden Kornweihen regional größere Schlafplätze (bis über 50 Tiere), meist in schilfreichen Feuchtgebieten. Aus wenige 100 m Entfernung lassen sie sich beim abendlichen Einflug gut beobachten, ohne zu stören.

Steppenweihe (→ 175)

Circus macrourus

En: Pallid Harrier
Fr: Busard pâle
Es: Aguilucho papialbo
It: Albanella pallida

Status: Seltener Durchzügler, jährlich Nachweise. Zunehmende Nachweise auch durch bessere Bestimmungskenntnisse. Als Brutvogel sehr seltene Ausnahmeerscheinung in bisher wenigen Jahren.

Flügelspannweite: 95 – 120 cm

Wiesenweihe (→176)

Circus pygargus

En: Montagu's Harrier
Fr: Busard cendré
Es: Aguilucho cenizo
It: Albanella minore

Status: Seltener lokaler Brut- und Sommervogel, regelmäßiger Durchzügler.

Flügelspannweite: 105 – 120 cm

Fluggeschwindigkeit: ca. 39 km/h (gemischter Schlag- und Gleitflug, reiner Gleitflug bei ca. 45 km/h, reiner Schlagflug bei ca. 30 km/h)

Flügelschlagfrequenz: ca. 3 Flügelschläge / Sekunde

Flugweise: Ähnlich Kornweihe, aber der Körper vor allem der Männchen wirkt dabei besonders leicht und vom Wind beeinflusst. Die Flügelschläge zwischen den Gleitphasen sind tief und weich. Männchen und Weibchen zeigen als Schauflüge wellige Flüge in größerer Höhe.

Stimme: Während der Flugbalz rufen Männchen keckernd „igegegek-chchchch", „tschek-tschek-tschek…" oder nasal „tji-tji-tji…" (a).

Ähnliche Arten: Die typische schlanke, langschwänzige Körperform der Weihen ist auch bei Steppen- und Kornweihe zu finden. Besonders hohe Ähnlichkeit besteht bei beiden Geschlechtern zu letzterer (siehe Fotos).

Zusatzinfos: Gleitflug S. 502

Beobachtungstipps: In einigen Teilen Deutschlands brüten Wiesenweihen in Getreidefeldern und lassen sich dort auch gut beobachten. Ansonsten fallen sie vor allem während der Durchzugszeit auf – hin und wieder sogar in der offenen, eher eintönigen Agrarlandschaft.

mehr Schwarz
in den Hand-
schwingen als bei
Kornweihe
Armdecken
teilweise mit Braun
schwarze Linie
Wiesenweihe
♂ adult

Wiesenweihe
♀ adult
Querbänderung auch
auf Unterflügeldecken
breites helles Band
geht bis zum Körper
kein heller
Halbmond,
aber dunkler
Ohrfleck

Habicht (→177)

Accipiter gentilis

En: Northern Goshawk
Fr: Autour des palombes
Es: Azor común
It: Astore

Status: Verbreiteter Brut- und Jahresvogel im gesamten Mitteleuropa.

Flügelspannweite: 135 – 165 cm

Fluggeschwindigkeit: ca. 35 km/h (gemischter Schlag- und Gleitflug, Sturzflug bis über 100 km/h)

Flügelschlagfrequenz: ca. 5 Flügelschläge / Sekunde

Flugweise: Wenige locker wirkende Flügelschläge und Gleitstrecken mit kaum merklichem Höhenverlust wechseln sich beim Streckenflug regelmäßig ab. Häufig auch im Segelflug zu beobachten. Die Jagd erfolgt im sehr schnellen und sehr wendigen niedrigen Flug unter Ausnutzung von Deckung und Überraschungseffekt.

Stimme: Im Flug ist der Habicht eher schweigsam, auch wenn er vor allem im Horstkontext ein breites Rufrepertoire hat, zum Beispiel das „Gickern" (a).

Ähnliche Arten: Der Sperber ist ähnlich geformt und gefärbt, aber kleiner – wobei Habicht Männchen und Sperber Weibchen nahezu gleich groß sein können (siehe Fotos).

Zusatzinfos: instationäres Luftbremsen S. 497, Segelflug S. 499, Gleitflug S. 502, Hochziehen schwerer Beute S. 504

Beobachtungstipps: Habichte lassen sich vor allem im Hoch- und Spätsommer bei guter Thermik oft kreisend am Himmel entdecken. Ansonsten sind die Beobachtungen meist überraschende und kurze Begegnungen.

Kurzfangsperber (→ 178)

Accipiter brevipes

En: Levant Sparrowhawk
Fr: Épervier à pieds courts
Es: Gavilán griego
It: Sparviere levantino

Status: Ausnahmegast im östlichen Mitteleuropa.

Flügelspannweite: 65 – 75 cm

Sperber (→ 179)

Accipiter nisus

En: Eurasian Sparrowhawk
Fr: Épervier d'Europe
Es: Gavilán común
It: Sparviere

Status: Verbreiteter, teils häufiger Brut- und Jahresvogel im gesamten Mitteleuropa. Häufiger Wintergast.

Flügelspannweite: 55 – 70 cm

Fluggeschwindigkeit: ca. 41 km/h (gemischter Schlag- und Gleitflug, reiner Schlagflug bei ca. 36 km/h)

Flügelschlagfrequenz: ca. 5 Flügelschläge / Sekunde

Flugweise: Typische Streckenflugweise sind wenige (3 bis 4) schnelle Flügelschläge mit Höhengewinn und Gleitphasen mit merklichem Höhenverlust im Wechsel. Der Sperber ist einer der kleinsten auch regelmäßig segelnden Greifvögel. Die Jagd erfolgt durch sehr niedrig über dem Boden erfolgendes Anpirschen im Flug und dann sehr schnelle und wendige Überraschungsangriffe, teils auch direkt in Gebüsch hinein und sogar zu Fuß weiter. Männchen zeigen zur Flugbalz Girlandenflug.

Stimme: Während des Girlandenfluges ist vom Männchen ein weiches, am Ende hochgezogenes „gjü-gjü ..." oder „kji-kji ..." zu hören. Bei Störung am Horst lassen sie auch spitze „kji-kji..."-Reihen erklingen (a).

Ähnliche Arten: Der Habicht ist ähnlich geformt und gefärbt, aber größer, wobei Habicht Männchen und Sperber Weibchen nahezu gleich groß sein können (siehe Fotos).

Zusatzinfos: instationäres Luftbremsen S. 497, Segelflug S. 499, Gleitflug S. 502

Beobachtungstipps: Sperber jagen im Winter auch in Siedlungen an Vogelfutterstellen und sind dann – meist sehr überraschend und unvorhersagbar – gut zu beobachten.

Rotmilan (→ 180)

Milvus milvus

En: Red Kite
Fr: Milan royal
Es: Milano real
It: Nibbio reale

Status: Brutvogel in weiten Teilen Mitteleuropas, meist Zugvogel mit Winterquartieren im Mittelmeerraum, teilweise aber auch Standvogel.

Flügelspannweite: 175 – 195 cm

Fluggeschwindigkeit: ca. 36 km/h (gemischter Schlag- und Gleitflug, reiner Gleitflug bei ca. 53 km/h)

Flügelschlagfrequenz: ca. 3 Flügelschläge / Sekunde

Flugweise: Viel mehr als bei Bussarden ist bei segelnden Milanen die Flügelvorderkante zwischen Arm- und Handflügelteil geknickt. Während der ausgedehnten Segel- und Gleitflugphasen fällt die fast unablässige Korrektur der Raumlage durch den Schwanz auf. Schwanz und Kopf sind oft leicht abwärts gerichtet, was dem Vogel ein „buckeliges“ Aussehen gibt. Der Flug ist agil und etwas drachenartig (englische Bezeichnung „Kite“ = Drachen), die Flügelschläge wirken „lässig abwinkend“.

Stimme: Im Flug wie auch sitzend wird der typische melodisch-pfeifend bis miauende und in der Tonhöhe wechselnde Milanruf „hijüüüüüüüüü hie hie“ (a) sowie eine Reihe ähnlich klingender Laute, aber auch abgehacktere Laute wie „pie te pie teche che“ geäußert.

Ähnliche Arten: Rot- und Schwarzmilan wie auch Bussarde und die braunen Kleider der Weihen sind vor allem bei ungünstigem Blickwinkel nicht immer leicht zu unterscheiden (siehe Fotos).

Zusatzinfos: Segelflug S. 499, Gleitflug S. 502, Hochziehen schwerer Beute S. 504, Sturzflug S. 507, Hangaufwindsegeln S. 511

Beobachtungstipps: In offenen, strukturreichen Landschaften lassen sich zur Mittagszeit am Himmel segelnde Rotmilane gut beobachten. Dabei werden sie durchaus auch von Pflügen, Heuernte oder ähnlichem angezogen.

Schwarzmilan (→181)

Milvus migrans

En: Black Kite
Fr: Milan noir
Es: Milano negro
It: Nibbio bruno

Status: Verbreiteter Brut- und Sommervogel mit Winterquartieren südlich der Sahara.

Flügelspannweite: 160–180 cm

Fluggeschwindigkeit: ca. 44 km/h (gemischter Schlag- und Gleitflug, reiner Gleitflug bei ca. 48 km/h, reiner Schlagflug bei ca. 42 km/h)

Flügelschlagfrequenz: ca. 3 Flügelschläge / Sekunde

Flugweise: Ähnlich Rotmilan, segelt viel mit horizontal gestreckten Flügeln, wobei wie beim Rotmilan die geknickte Vorderkante auffällt. Die Nahrungssuche erfolgt im langsamen, weihenartigen Suchflug, die Flügelschläge sind weicher als beim Rotmilan und langsamer als beim Mäusebussard. Schwarzmilane können wendig zwischen Baumkronen fliegen, Sturzflüge mit eng angelegten Flügeln ausführen und Beute (z. B. tote Fische) auch von der Wasseroberfläche abgreifen.

Stimme: Das wiehernd-trillernde „ppiee-gügügügüg" oder „kliee wiwiwiwi…" oder „wijijijiji" wird sowohl im Flug als auch im Sitzen geäußert (a).

Ähnliche Arten: Rot- und Schwarzmilan wie auch Bussarde und die braunen Kleider der Weihen sind vor allem bei ungünstigem Blickwinkel nicht immer leicht zu unterscheiden (siehe Fotos).

Zusatzinfos: Segelflug S. 499, Gleitflug S. 502, Hochziehen schwerer Beute S. 504, Sturzflug S. 507, Hangaufwindsegeln S. 511

Beobachtungstipps: Entweder bei der Nahrungssuche (z.B. bei der Heuernte oder an organischen Abfällen) oder beim abendlichen Anflug zu Schlafplätzen, an denen sich größere Gruppen zusammenfinden können, gelingen eindrucksvolle Beobachtungen des Schwarzmilans.

Bindenseeadler (→ 182)

Haliaeetus leucoryphus

En: Pallas's Fish Eagle
Fr: Pygargue de Pallas
Es: Pigargo de Pallas
It: Aquila di mare di Pallas

Status: Extrem seltene Ausnahmeerscheinung, ein Nachweis in Polen. Einzelne Gefangenschaftsflüchtlinge.

Flügelspannweite: 180 – 205 cm

Seeadler (→ 183)

Haliaeetus albicilla

En: White-tailed Eagle
Fr: Pygargue à queue blanche
Es: Pigargo europeo
It: Aquila di mare

Status: Regelmäßiger Brut- und Jahresvogel im Nordosten Mitteleuropas, in den übrigen Gebieten teils regelmäßiger Gast.

Flügelspannweite: 200 – 245 cm

Fluggeschwindigkeit: ca. 47 km/h (gemischter Schlag- und Gleitflug)

Flugweise: Ausdauernder Segelflieger mit weit ausgespreizten Handschwingen und oft aufgefächertem Schwanz. Die Flügel werden dabei horizontal bis leicht aufgewölbt gehalten, wobei der Armflügel etwas gehoben, der Handflügelteil etwas gesenkt wird. Flügelschläge sind tief und gemächlich. Die eigentlich gerade Flugbahn führt bisweilen abrupt etwas nach oben oder sinkt etwas ab. Steile Sturzflüge aus großer Höhe und kurzzeitige Rüttelflüge sind möglich.

Stimme: Die eigentlich sehr ruffreudige Art hat keinen typischen Flugruf. Bisweilen ist ein „kjii kja kja…“ vom Horst aus oder im Flug zu hören (a).

Ähnliche Arten: Verwechslungsmöglichkeit mit anderen großen Adlerarten, wobei aufgrund der Lebensräume bei uns nur der Schreiadler und ausnahmsweise der Schelladler in Frage kommt (siehe Fotos).

Zusatzinfos: Segelflug S. 499, Gleitflug S. 502, Hochziehen schwerer Beute S. 504, 9 Sturzflug, Rüttelflug S. 513

Beobachtungstipps: Im Norden und Osten Deutschlands können Seeadler bei günstiger Thermik oft am Himmel kreisend beobachtet werden. Lohnenswert ist auch das Absuchen von Watt- und Schlickflächen, auf denen oft Seeadler ruhen.

Mäusebussard (→ 184)

Buteo buteo

En: Common Buzzard
Fr: Buse variable
Es: Busardo ratonero
It: Poiana

Status: Verbreiteter und häufiger Brut- und Jahresvogel, außerdem häufiger Wintergast und Durchzügler.

Flügelspannweite: 113 – 128 cm

Fluggeschwindigkeit: ca. 40 km/h (gemischter Schlag- und Gleitflug, reiner Gleitflug bei ca. 41 km/h, reiner Schlagflug bei ca. 35 km/h)

Flügelschlagfrequenz: ca. 4 Flügelschläge / Sekunde

Flugweise: Ausdauernder Segelflieger mit leicht aufwärts gehaltenem Armflügelteil und etwas abwärts gehaltenem Handflügelteil (von vorne gesehen wie ein flaches M). Im Gleitflug wird der Armflügelteil etwas vorgeschoben und der Handflügelteil etwas eingeklappt. In dieser Haltung können hohe Geschwindigkeiten erreicht werden. Die Flügelschläge sind relativ schnell und etwas steif. Beute wird oft aus dem Flug gegriffen, wobei der Stoßwinkel eher schräg und nur ausnahmsweise senkrecht ist und die Geschwindigkeit moderat bleibt. Flugbalz des Männchens im Girlandenflug.

Stimme: Im Flug, auch beim Schauflug des Männchens über seinem Revier, ist charakteristisch das etwas miauende, nasale „hijä“ oder „hijiäääää“ zu hören (a).

Ähnliche Arten: Vor allem aufgrund der hohen Färbungsvariabilität sind Raufußbussard (in Mitteleuropa nur im Winter), Wespenbussard (andere Proportionen) und Mäusebussard nicht immer leicht zu unterscheiden.

Zusatzinfos: Segelflug S. 499, Gleitflug S. 502

Beobachtungstipps:
Mäusebussarde sind ganzjährig anwesend und nicht selten. Besonders auffällig sind sie im zeitigen Frühjahr während der Balz, da sie dann auch recht ruffreudig sind und häufig über ihren Brutrevieren kreisen.

Adlerbussard (→ 185)

Buteo [buteo] rufinus

En: Long-legged Buzzard
Fr: Buse féroce
Es: Busardo moro
It: Poiana codabianca

Status: Sehr seltener Brutvogel in Ungarn, zunehmende Nachweise auch in Österreich und Deutschland. Sonst Ausnahmeerscheinung.

Flügelspannweite: 126 – 148 cm

Raufußbussard (→186)

Buteo lagopus

En: Rough-legged Buzzard
Fr: Buse pattue
Es: Busardo calzado
It: Poiana calzata

Status: In Mitteleuropa regelmäßiger Durchzügler und Wintergast mit Brutvorkommen in Skandinavien.

Flügelspannweite: 120 – 150 cm

Fluggeschwindigkeit: ca. 38 km/h

Flugweise: Ausdauernder Segelflieger mit leicht aufwärts gehaltenem Armflügelteil und dann horizontal gehaltenem Handflügelteil. Die Flügelschläge sind langsamer als beim Mäusebussard. Raufußbussarde zeigen regelmäßig auch Rüttelflug. Beute wird oft in weihenartigem, niedrigem Gleitflug mit dazwischengeschobenen Rüttelphasen gesucht.

Stimme: Im Winter sind Raufußbussarde schweigsam, während sie in Horstnähe ein im Gegensatz zum Mäusebussard mehr pfeifendes „hiii-jü“ (a) und eine Reihe weiterer Rufe äußern.

Ähnliche Arten: Siehe Mäusebussard.

Zusatzinfos: Segelflug S. 499, Gleitflug S. 502, Rüttelflug S. 513

Beobachtungstipps: Raufußbussarde lassen sich im Winter in weitläufigen offenen Landschaften im Norden Mitteleuropas beobachten, vor allem bei starken Wintereinbrüchen in den nordosteuropäischen und westsibirischen Brutgebieten.

Wanderfalke (→ 187)

Falco peregrinus

En: Peregrine Falcon
Fr: Faucon pèlerin
Es: Halcón peregrino
It: Falco pellegrino

Status: Regelmäßiger Brut- und Jahresvogel in Mitteleuropa, außerdem wenig auffällige Durchzügler und Wintergäste aus Osteuropa und Sibirien.

Flügelspannweite: 80 – 120 cm

Fluggeschwindigkeit: ca. 44 km/h (auf dem Zug, Sturzfluggeschwindigkeiten bis 184 km/h belegt, angeblich noch höhere Geschwindigkeiten)

Flugweise: Im Streckenflug wechseln sich kräftige Flügelschläge mit kürzeren Gleitstrecken ab. Der Handflügelteil wird oft etwas nach hinten abgewinkelt. Wanderfalken können aber auch in der Thermik segeln. Bekannt ist die Art für ihre extrem schnellen Sturzflüge auf die (in der Regel fliegende) Beute, bei denen mit angelegten Flügeln aus großer Höhe (oder sogar nach anfänglich noch beschleunigenden Flügelschlägen) kurzfristig Geschwindigkeiten über 200 km/h möglich sein sollen. Während der Balzflüge kreisen die Partner in großer Höhe, das Männchen stürzt auf das Weibchen, das sich auf den Rücken wirft.

Stimme: Vor allem in Horstnähe ruffreudig, insbesondere auch beim Anflug: klagend „gääi-gääi ...“ (a) oder „kwää-kwää ...“ mit anschwellender Lautstärke oder schrill „gjih gjih ...“.

Ähnliche Arten: Neben anderen, in Mitteleuropa sehr seltenen Großfalkenarten ist unter Umständen eine Verwechslung mit dem Baumfalken als weiterer Art mit typischer „Falkenkappe“ möglich (siehe Fotos).

Zusatzinfos: instationäres Luftbremsen S. 497, Segelflug S. 499, Gleitflug S. 502, Sturzflug S. 507

Beobachtungstipps: Am zuverlässigsten lassen sich Wanderfalken in der Umgebung des Horstes beobachten. Dies können Felsen und Steinbrüche sein (hier unbedingt auf ausreichenden Abstand achten, um nicht zu stören), aber auch Kirchen und Industriegebäude. Auch ein Blick in eine der zahlreichen im Internet zugänglichen Webcams an Falkenbrutplätzen lohnt.

Gerfalke (→ 188)

Falco [rusticolus] rusticolus

En: Gyrfalcon
Fr: Faucon gerfaut
Es: Halcón gerifalte
It: Girfalco

Status: Im Norden in Küstennähe sehr seltener Gast im Winterhalbjahr, im Binnenland in der Regel Ausnahmegast. Häufiger Flüchtlinge und entflogene Hybriden aus Gefangenschaftszucht.

Flügelspannweite: 120 – 135 cm

adult

Jugendkleid

Würgfalke (→ 189)

Falco [rusticolus] cherrug

En: Saker Falcon
Fr: Faucon sacre
Es: Halcón sacre
It: Sacro

Status: Sehr seltener Brutvogel in der pannonischen Tiefebene, sonst nur ausnahmsweise. Seltener Gastvogel und entkommene Gefangenschaftsflüchtlinge.

Flügelspannweite: 102 – 129 cm

Lannerfalke (→ 190)

Falco [rusticolus] biarmicus

En: Lanner Falcon
Fr: Faucon lanier
Es: Halcón borní
It: Lanario

Status: Ausnahmegast in Tschechien und der Slowakei. Sonst einzelne Gefangenschaftsflüchtlinge.

Flügelspannweite: 90 – 115 cm

Merlin (→191)

Falco columbarius

En: Merlin
Fr: Faucon émerillon
Es: Esmerejón
It: Smeriglio

Status: Im mitteleuropäischen Tiefland regelmäßiger Durchzügler und Wintergast, im Alpenvorland spärlich.

Flügelspannweite: 50 – 67 cm

Flügelschlagfrequenz: ca. 6 Flügelschläge / Sekunde

Flugweise: Sehr wendiger Flug mit raschen Flügelschlägen und nur kurzen Gleitphasen. Möglicherweise zur Tarnung nutzt der Kleinvogeljäger gelegentlich einen drosselartigen Schlagflug im Singvogel-Flugtyp (einige weiche Flügelschläge, dann kurze Pause, dann wieder Flügelschläge usw.). Pirscht sich oft niedrig über dem Boden an.

Stimme: Im Winter im Flug wie sitzend überwiegend schweigsam, im Horstkontext schrilles Kickern (a) als Alarmruf sowie einige quietschige, manchmal stotternde Laute.

Ähnliche Arten: Das Weibchen ist dem weiblichen Turmfalken ähnlich (siehe Fotos), eine Verwechslung mit dem (allerdings rundflügeligen) Sperbermännchen ist ebenfalls möglich.

Zusatzinfos: instationäres Luftbremsen S. 497

Beobachtungstipps: Im Winter treten Merline bei uns gelegentlich in Heidelandschaften und offenem Buschland auf. Sie sind in dieser Zeit aber Einzelgänger und nur mit Glück zu entdecken.

Eleonorenfalke (→ 192)

Falco eleonorae

En: Eleonora's Falcon
Fr: Faucon d'Éléonore
Es: Halcón de Eleonora
It: Falco della Regina

Status: Ausnahmegast.

Flügelspannweite: 110 – 130 cm

Baumfalke (→ 193)

Falco subbuteo

En: Eurasian Hobby
Fr: Faucon hobereau
Es: Alcotán europeo
It: Lodolaio

Status: Verbreiteter, aber nicht häufiger Brut- und Sommervogel.

Flügelspannweite: 74 – 84 cm

Fluggeschwindigkeit: ca. 41 km/h (auf dem Zug, Sturzflüge bis max 108 km/h beschrieben)

Flügelschlagfrequenz: ca. 5 Flügelschläge / Sekunde

Flugweise: Fliegt mit kräftigen, etwas verzögert wirkenden, zackigen Flügelschlägen und dazwischenliegenden Gleitphasen. Thermiksegeln ist möglich und vor allem auf dem Zug in einigen Abschnitten die Hauptfortbewegungsart. Bei der Jagd auf Fluginsekten sind eher wendige, agile Flugweisen mit viel Schlag- und Rüttelflug zu sehen. In der typischen Flugsilhouette sind die Handflügel deutlich nach hinten abgewinkelt. Balzflüge beider Partner und Herabstoßen des Männchens auf das fliegende oder sitzende Weibchen. Beuteübergabe an das Weibchen erfolgt oft im Flug.

Stimme: Im Horstkontext auch im Flug ruffreudig, ansonsten eher schweigsam. Scharfer „ki-tschik" oder „kitt"…"-Ruf im Flug, ansonsten vor allem rasche Rufreihen wie „gügügigi…" oder „kjikjikjik…" (a). Während der Stoßflüge erzeugt hohe Luftströmung einen dumpfen Flugschall an den Schwungfedern.

Ähnliche Arten: Siehe Wanderfalke; auch eine Verwechslung mit Turmfalken ist möglich (siehe Fotos).

Zusatzinfos: instationäres Luftbremsen S. 497, Segelflug S. 499, Gleitflug S. 502, Sturzflug S. 507, Hangaufwindsegeln S. 511, Rüttelflug S. 513

Beobachtungstipps: Besonders eindrucksvoll ist es, wenn im Spätsommer die Altvögel mit den Jungtieren über Feuchtgebieten und meist unweit des Brutplatzes Luftjagd auf Libellen betreiben. An Schwalbenschlafplätzen im Herbst holt sich nicht selten auch der Baumfalke unter den einfallenden Schwalben ein Beutetier.

Jugendkleid

Rotfußfalke (→194)

Falco vespertinus

En: Red-footed Falcon
Fr: Faucon kobez
Es: Cernícalo patirrojo
It: Falco cuculo

Status: Brut- und Sommervogel im südöstlichen Mitteleuropa.

Flügelspannweite: 65 – 78 cm

Fluggeschwindigkeit: ca. 46 km/h

Flügelschlagfrequenz: ca. 5 Flügelschläge / Sekunde

Flugweise: Wendiger Flug mit vielen Gleitphasen, weniger schnell als Turmfalke mit ähnlich lockeren Flügelschlägen. Rotfußfalken können auch rütteln. Auf der Jagd nach Luftinsekten ist eine häufige Strategie, zunächst mit einigen raschen Flügelschlägen Höhe zu gewinnen, und dann im Abwärtsgleiten die Beute zu fangen. Oft wird während der Jagd auch kurz auf dem Boden gelandet. Die Art ist sehr gesellig, die Trupps bewegen sich jedoch ungeordnet und ohne klare Formation.

Stimme: Nur in der Kolonie stimmfreudig. Das Männchen äußert im Flug ein hohes, wimmerndes „kju kju kju...“, ähnlich das Weibchen (a), außerdem eher weiche Rufreihen „gji gji ...“ oder ähnlich und lahnende Rufe „jiiiih....“ beim Männchen und „geeee....“ beim Weibchen.

Ähnliche Arten: Sofern die Lichtverhältnisse die Gefiederfärbung erkennen lassen, ist allenfalls bei Vögeln im Jugendkleid eine Verwechslung mit dem Baumfalken möglich (siehe Fotos).

Zusatzinfos: instationäres Luftbremsen S. 497, Gleitflug S. 502, Hangaufwindsegeln S. 511, Rüttelflug S. 513

Beobachtungstipps: Rotfußfalken sind typische Bewohner Osteuropas. Zur Zugzeit lassen sich jedoch Einzeltiere und kleine Gruppen mit Glück auch einmal bei uns beobachten.

Rötelfalke (→195)

Falco naumanni

En: Lesser Kestrel
Fr: Faucon crécerellette
Es: Cernícalo primilla
It: Grillaio

Status: Regelmäßiger Brutvogel im Mittelmeerraum. In Mitteleuropa Ausnahmegast

Flügelspannweite: 65 – 78 cm

Stimme: Die Rufe des Männchens, während des Fluges am Brutplatz in der Kolonie geäußert, klingen ganz anders als die des Turmfalken: ein trocken-hölzernes „tschet-tschet" u. ä.

Turmfalke (→ 196)

Falco tinnunculus

En: Common Kestrel
Fr: Faucon crécerelle
Es: Cernícalo vulgar
It: Gheppio

Status: Regelmäßiger und häufiger Brut- und Jahresvogel.

Flügelspannweite: 65 – 82 cm

Fluggeschwindigkeit: ca. 36 km/h (im normalen Streckenflug, auf dem Zug ca. 44 km/h)

Flügelschlagfrequenz: ca. 5 Flügelschläge / Sekunde

Flugweise: Im Streckenflug lange Phasen mit lockeren, aber etwas hastig wirkenden Flügelschlägen und kurzen Gleitflugabschnitten. Auch Segelflug in der Thermik kommt vor, wobei allerdings immer wieder Flügelschlagphasen eingeschoben werden müssen. Sehr charakteristisch bei der Nahrungssuche ist der häufige Rüttelflug mit schräg gestellter Körperachse und hängendem Schwanz. Die Geschwindigkeit, mit der dann auf eine Beute am Boden zugestoßen wird, ist eher gering. Als Teil der Balz werden Flugjagden beider Geschlechter veranstaltet und Scheinstöße der Männchen auf die Weibchen. Das Männchen zeigt außerdem Schauflüge mit seitlich geneigtem Körper.

Turmfalke ♂ adult

Stimme: Im Sitzen wie im Flug werden vor allem bei Erregung in Nestnähe verschiedene Rufreihen geäußert, wie „kli-kli-kli ...“ oder „kji-kji-kji ...“ (a), auch „tük tük“ und Ähnliches.

Ähnliche Arten: Bei Jagd im Rüttelflug im Bereich menschlicher Siedlungen eigentlich unverkennbar. Unter Umständen sind Verwechslungen mit anderen kleineren Falkenarten und dem Kuckuck möglich (siehe Fotos).

Zusatzinfos: instationäres Luftbremsen S. 497, Segelflug S. 499, Gleitflug S. 502, Sturzflug S. 507, Hangaufwindsegeln S. 511, Rüttelflug S. 513

Beobachtungstipps: In der offenen Feldflur, oft gar nicht weit entfernt vom Siedlungsrand, lassen sich rüttelnde Turmfalken relativ leicht entdecken und beobachten.

Zwergtrappe (→ 197)

Tetrax tetrax

En: Little Bustard
Fr: Outarde canepetière
Es: Sisón común
It: Gallina prataiola

Status: Ehemaliger, seltener Brutvogel bis ca. 1950, heute extrem seltener Gastvogel.

Flügelspannweite: 105 – 115 cm

Stimme: Alte Männchen erzeugen mit der Schallschwinge im Handflügel einen typischen hoch-pfeifenden und rhythmischen Flugschall (a). Er ist auch beim Flattersprung während der Balz zu hören.

Großtrappe (→ 198)

Otis tarda

En: Great Bustard
Fr: Grande Outarde
Es: Avutarda euroasiática
It: Otarda

Status: Sehr seltener Burt- und Jahresvogel in wenigen Rückzugsgebieten.

Flügelspannweite: 190 – 260 cm

Flugweise: Einer der schwersten fliegenden Vögel weltweit. Fliegt im konstanten Schlagflug mit majestätischen langsamen Flügelschlägen, nach vorne gestrecktem und leicht angehobenem Kopf. Startet gegen den Wind mit einigen zweibeinigen Sprüngen. Im Trupp oft in Reihenformation fliegend.

Stimme: Im Flug meist schweigsam.

Ähnliche Arten: In Mitteleuropa unverwechselbar.

Zusatzinfos: Formationsflug S. 508

Beobachtungstipps: Großtrappen leben nur noch in sehr wenigen Offenlandschaften, z. B. in der Puszta oder in Restvorkommen in Brandenburg. In etlichen dieser Gebiete gibt es eigens Informationspunkte und Beobachtungstürme, von wo aus sich die Vögel störungsfrei beobachten lassen.

Großtrappe, ♂

Steppenkragentrappe (→ 200)

Chlamydotis [chlamydotis] macqueenii

En: Macqueen's Bustard
Fr: Outarde de Macqueen
Es: Avutarda hubara asiática
It: Ubara asiatica

Status: Ausnahmeerscheinung.

Flügelspannweite: 135 – 170 cm

Jungfernkranich (→201)

Grus virgo

En: Demoiselle Crane
Fr: Grue demoiselle
Es: Grulla damisela
It: Damigella della Numidia

Status: Ausnahmegast, meist wohl Gefangenschaftsflüchtlinge.

Flügelspannweite: 165 – 185 cm

Stimme: Die Rufe eines fliegenden Paares in der kasachischen Steppe hören sich hölzern-ratternd an (a), anders als beim Grauen Kranich.

Kanadakranich (→202)

Grus canadensis

En: Sandhill Crane
Fr: Grue du Canada
Es: Grulla canadiense
It: Gru canadese

Status: Ausnahmegast.

Flügelspannweite: 160 – 210 cm

Kranich (→203)

Grus grus

En: Common Crane
Fr: Grue cendrée
Es: Grulla común
It: Gru

Status: Im nördlichen Mitteleuropa weit verbreiteter Brut- und Sommervogel (regelmäßig auch Überwinterungen); außerhalb der schmalen Zugkorridore seltener Gast.

Flügelspannweite: 200 – 220 cm

Fluggeschwindigkeit: ca. 52 km/h (gemischter Schlag- und Gleitflug, im reinen Schlagflug ca. 49 km/h)

Flugweise: Fliegt auch über weite Strecken im Ruderflug mit langsamem, eher flachem Flügelschlag und gerade vorgestrecktem Hals. Kranichen ist es allerdings auch möglich, größere Strecken im Segelflug zurückzulegen, bisweilen lassen sie dabei die Beine hängen. Bei Ruderflug im Verband wird in der Regel die typische V-Formation oder ein Band gebildet. Beim „Tanz", der nicht unbedingt nur im Kontext mit der Balz auftritt, kommt es in der Phase höchster Erregung zu eleganten Flattersprüngen, die bis einige Meter hoch sein können.

Stimme: Typisch sind bei ziehenden Vögeln die weit tragenden trillernden Rufe, die individuelle Unterschiede erkennen lassen (a). Beim Wegzug im Herbst hört man aus den ziehenden Trupps auch die piepsenden Jungvogelrufe (a).

Ähnliche Arten: Weißstörche und Reiher sind kleiner und anders gefärbt. Letzte fliegen außerdem mit zurückgekrümmtem Hals.

Zusatzinfos: Segelflug S. 499, Gleitflug S. 502, Formationsflug S. 508

Beobachtungstipps: Vor allem im Nordosten Deutschlands und angrenzenden Gebieten versammeln sich im Herbst eindrucksvolle Mengen von Kranichen, die beispielsweise beim abendlichen Einflug am Schlafplatz (meist ein flaches Gewässer) ein sehr eindrucksvolles Naturschauspiel bieten.

Wasserralle (→204)

Rallus aquaticus

En: Water Rail
Fr: Râle d'eau
Es: Rascón europeo
It: Porciglione

Status: Regelmäßiger Brut- und Jahresvogel in ganz Mitteleuropa, der östlichere Brutgebiete im Winter komplett räumen kann.

Flügelspannweite: 38 – 45 cm

Flügelweise: Flug mit schnellem Flügelschlag und hängenden Beinen. Die Flugetappen sind in der Regel sehr kurz und enden rasch wieder in der nächsten Deckung. Größere Flugstrecken, beispielsweise auf dem Zug, werden nur nachts zurückgelegt.

Stimme: Keine typischen Flugrufe; im Flug meist schweigsam.

Ähnliche Arten: Kann bei schlechtem Licht mit dem Teichhuhn verwechselt werden, hat aber – auch im Vergleich zu den sehr ähnlichen, selteneren Sumpfhuhnarten – einen viel längeren Schnabel.

Beobachtungstipps: Vor allem im Winterhalbjahr, wenn Kleingewässer vereisen und Schilfzonen trocken fallen, können Wasserrallen manchmal an den Vegetationskanten ziemlich offen angetroffen werden.

Wachtelkönig (→205)

Crex crex

En: Corn Crake
Fr: Râle des genêts
Es: Guión de codornices
It: Re di quaglie

Status: Unsteter Brut- und Sommervogel mit wenigen stärkeren Vorkommen und seltener Durchzügler.

Flügelspannweite: 42 – 53 cm

Flugweise: Tagsüber sind bestenfalls sehr kurze, geradlinige Flugsequenzen mit flatterndem Flügelschlag und hängenden Beinen zu beobachten. Weitere Flüge auf dem Zug finden nachts statt. Selbst beim Ausweichen vor nahen Störungen bevorzugen es Wachtelkönige, zu Fuß davon zu laufen.

Stimme: Keine typischen Flugrufe; im Flug meist schweigsam.

Ähnliche Arten: Wachteln und junge Fasane sehen beim Auffliegen aus Grünland ähnlich aus, haben aber kürzere und im Flug nicht sichtbare Beine.

Beobachtungstipps: Der Wachtelkönig ist in der Regel nur durch seinen "Krääk-krääk krääk-krääk"-Revierruf feststellbar. Um ihn einmal im Umfeld solcher Rufstellen zu Gesicht zu bekommen, benötigt man erhebliches Glück.

Kleines Sumpfhuhn (→206)

Porzana parva

En: Little Crake
Fr: Marouette poussin
Es: Polluela bastarda
It: Schiribilla

Status: Verbreiteter Brut- und Sommervogel vor allem im Osten Mitteleuropas, sonst lokal und selten. Außerhalb der Brutgebiete meist seltener und unregelmäßiger Durchzügler und Gast.

Flügelspannweite: 34 – 39 cm

Zwergsumpfhuhn (→207)

Porzana pusilla

En: Baillon's Crake
Fr: Marouette de Baillon
Es: Polluela chica
It: Schiribilla grigiata

Status: Sehr seltener lokaler Brutvogel in Ungarn, Holland, Deutschland und der Schweiz. Sehr seltener Gastvogel.

Flügelspannweite: 33 – 37 cm

Tüpfelsumpfhuhn (→208)

Porzana porzana

En: Spotted Crake
Fr: Marouette ponctuée
Es: Polluela pintoja
It: Voltolino

Status: Brut- und Sommervogel in geeigneten Lebensräumen, eher unauffälliger Durchzügler.

Flügelspannweite: 37 – 42 cm

Fluggeschwindigkeit: ca. 50 km/h

Flugweise: Tagsüber nur kurze Strecken fliegend, meistens mit nach hinten gestreckten Beinen und im geradlinigen Flatterflug. Große Flugstrecken auf dem Zug werden nachts zurückgelegt.

Stimme: Keine typischen Flugrufe; im Flug meist schweigsam.

Ähnliche Arten: Andere Sumpfhühner sehen sehr ähnlich aus, haben aber nicht die auffälligen weißen Punkte auf der Brust. Die Wasseralle hat außerdem einen längeren Schnabel.

Beobachtungstipps: Wenn durch Wasserstandsschwankungen Schlickflächen vor Schilfzonen trockenfallen, lassen sich an der Schilfkante manchmal Tüpfelsumpfhühner entdecken.

Purpurhuhn (→ 209)

Porphyrio porphyrio

En: Western Swamphen
Fr: Talève sultane
Es: Calamón común
It: Pollo sultano

Status: Ausnahmegast, auch grünrückige und grauköpfige Form, wohl meistens Gefangenschaftsflüchtlinge.

Flügelspannweite: 90 – 100 cm

Teichhuhn (→ 212)

Gallinula chloropus

En: Common Moorhen
Fr: Gallinule poule-d'eau
Es: Gallineta común
It: Gallinella d'acqua

Status: Häufiger Brut- und Jahresvogel in weiten Teilen Mitteleuropas.

Flügelspannweite: 50 – 55 cm

Flugweise: Tagsüber werden meist nur kurze Strecken fliegend mit konstant flatterndem Flügelschlag und nach hinten gestreckten Beinen zurückgelegt, der Hals ist dabei ganz leicht gekrümmt. Große Strecken auf dem Zug werden nachts geflogen. Beim Wasserstart oder bei kurzen Fluchten rennen Teichhühner patschend und z. T. mit den Flügeln aufs Wasser schlagend los.

Stimme: Kann im Flug ein gereihtes „keck keck keck“ rufen etwa wie in (a). Das Klatschen der Füße beim Wasserstart kann auch als Instrumentallaut verstanden werden.

Ähnliche Arten: Siehe Blässhuhn. Nach Körperform und Bewegungsweise ist auch das allerdings ganz anders gefärbte Tüpfelsumpfhuhn ähnlich.

Zusatzinfos: Start vom Wasserspiegel und Anwassern S. 514

Beobachtungstipps: Teichhühner sind an nährstoffreichen Binnengewässern zwar weit verbreitet, am besten beobachten lassen sie sich aber an Teichen mit etwas Deckung in Stadtparks.

Blässhuhn (→213)

Fulica atra

En: Eurasian Coot
Fr: Foulque macroule
Es: Focha común
It: Folaga

Status: Verbreiteter Brut- und Jahresvogel, sehr zahlreicher Durchzügler und Wintergast.

Flügelspannweite: 70 – 80 cm

Flügelschlagfrequenz: ca. 11 Flügelschläge / Sekunde

Flugweise: Fliegt mit konstant flatterndem Flügelschlag, leicht gekrümmtem Hals und nach hinten gestreckten Beinen. In der Regel werden tags nur kurze Strecken geflogen, längere Strecken auf dem Zug werden nachts zurückgelegt. Beim Wasserstart oder bei kurzen Fluchten rennen Blässhühner patschend und z. T. mit den Flügeln aufs Wasser schlagend los. Auch der Start von Land benötigt einen Anlauf.

Stimme: Im Flug (oft in Gewässernähe nachts zu hören) gedehnte, nasale und etwas „verschüchtert" klingende Laute wie „käid" oder „käa", oft auch in Reihen. Das Klatschen der Füße beim Wasserstart kann auch als Instrumentallaut verstanden werden.

Ähnliche Arten: Vor allem die Jugendkleider von Blässhuhn und Teichhuhn können auf den ersten Blick ähnlich wirken. Das Teichhuhn ist allerdings erheblich kleiner.

Zusatzinfos: Start vom Wasserspiegel und Anwassern S. 514

Beobachtungstipps: Blässhühner leben an fast allen nährstoffreichen Binnengewässern und lassen sich dort leicht beobachten. Fliegende Blässhühner sieht man häufig, wenn man im Winterhalbjahr Freibäder und Parks an Gewässern aufsucht, auf deren Wiesenflächen die Vögel grasen. Sie bewegen sich dann zu Fuß langsam vom Wasser weg, fliegen bei Beunruhigung aber flach über dem Boden wieder zum Wasser.

Triel (→214)

Burhinus oedicnemus

En: Eurasian Stone-curlew
Fr: Oedicnème criard
Es: Alcaraván común
It: Occhione

Status: Seltener Brut- und Sommervogel im östlichen und südlichen Mitteleuropa.

Flügelspannweite: 77 – 85 cm

Flugweise: Fliegt geradlinig mit konstanten, kräftig ausholenden Flügelschlägen. Läuft bei Störung lieber weg, als dass er wegfliegt. Beim Auffliegen oft zuerst Fluglauf. Bestandteile der Balz sind Sprünge mit geöffneten Flügeln sowie niedrige Flüge mit Gesang.

Stimme: Der typische Ruf „krülü-i" oder „chrrüliü" bekommt beim Abflug vermutlich durch die kräftigen Flügelschläge eine vibrierende Note (li). Der Gesang, eine vielsilbige Variation von „tütütrri"- und ähnlichen Lauten, wird überwiegend im Flug vorgetragen (re).

Ähnliche Arten: Unter den regelmäßig in Mitteleuropa auftretenden Arten gibt es keine Verwechslungsmöglichkeit.

Beobachtungstipps: In Mitteleuropa selten und nur an wenigen trocken-warmen Standorten mit steinigen Ackerböden oder entlang kiesiger Flussläufe. Die Art ist dämmerungsaktiv und daher am besten um Sonnenuntergang herum zu beobachten.

Austernfischer (→ 215)

Haematopus ostralegus

En: Eurasian Oystercatcher
Fr: Huîtrier pie
Es: Ostrero euroasiático
It: Beccaccia di mare

Status: Küstennah regelmäßiger und häufiger Brutvogel.

Flügelspannweite: 80 – 86 cm

Fluggeschwindigkeit: ca. 51 km/h

Flügelschlagfrequenz: ca. 6 Flügelschläge / Sekunde

Flugweise: Geradliniger Flug mit schnellen, entenartigen Flügelschlägen. Balz mit Singflug sowie Imponier- und manchmal Schwirrflügen.

Stimme: Im Flug werden vor allem oft wiederholte „kliip“- oder „kü-liep“-Rufe (li) geäußert. Der Singflug dieser Art besteht aus einer Reihe sanfter, aber lauter „tülie“- oder „dlüa“-Elemente, die im Tiefflug oder in einigen Metern über dem Boden vorgetragen werden (re).

Ähnliche Arten: Unverkennbar.

Beobachtungstipps: Auf Salz- und Feuchtwiesen an den Küsten der Nord- und Ostsee ist der Austernfischer sehr auffällig und leicht zu beobachten.

Stelzenläufer (→216)

Himantopus himantopus

En: Black-winged Stilt
Fr: Échasse blanche
Es: Cigüeñuela común
It: Cavaliere d'Italia

Status: Regelmäßiger Brutvogel in Ungarn, sonst sehr seltener und unregelmäßiger Brutvogel. Spärlicher Durchzügler.

Flügelspannweite: 67 – 83 cm

Stimme: Stelzenläufer sind vor allem während der Brutzeit rufaktiv. Sie umfliegen Störenfriede mit lang anhaltenden schrillen Rufreihen (a).

Säbelschnäbler (→ 217)

Recurvirostra avosetta

En: Pied Avocet
Fr: Avocette élégante
Es: Avoceta común
It: Avocetta

Status: An der Küste regional häufiger Brut- und Sommervogel.

Flügelspannweite: 77 – 80 cm

Flugweise: Fliegt geradlinig im konstanten Schlagflug mit gerade nach hinten gestreckten Beinen und einem leicht abwärts gerichteten Schnabel. Größere Zugstrecken werden überwiegend nachts zurückgelegt.

Stimme: Im Flug ist gelegentlich ein kurzer Ruf „sät" zu hören, beim Abflug nach Störung zunächst auch noch die typischen Erregungsrufe „kwüj" oder „klüit" (a).

Ähnliche Arten: Von weitem an eine Möwe erinnernd, aber aus der Nähe an den langen blaugrauen Beinen und dem aufgeworfenen Schnabel unverkennbar.

Beobachtungstipps: An der Nordseeküste vor allem in Kögen und auf Salzwiesen gut zu beobachten, im Binnenland erheblich seltener.

Goldregenpfeifer (→ 218)

Pluvialis apricaria

En: European Golden Plover
Fr: Pluvier doré
Es: Chorlito dorado europeo
It: Piviere dorato

Status: An den Küsten regelmäßiger Brut- und Wintergast, sehr seltener Brut- und Sommervogel in Norddeutschland.

Flügelspannweite: 67 – 76 cm

Flügelschlagfrequenz: ca. 5 Flügelschläge / Sekunde

Flugweise: Flug im ausdauernden Schlagflug mit schnelleren Flügelschlägen als beim Kiebitzregenpfeifer. Singflug des Männchens über dem Revier. Flug in der Gruppe ohne erkennbare Formation.

Stimme: Beim Abflug wird der ansonsten charakteristische, weit tragende „düh"-Ruf zu einem „drüd" (li). Im Schauflug ist ein zweiteiliger Gesang aus modulierten flötenartigen Tönen zu hören (re).

Ähnliche Arten: Kiebitzregenpfeifer (siehe Fotos).

Beobachtungstipps: Zur Durchzugszeit im Tiefland und an der Küste in großen Trupps zu finden.

Schlichtkleid

Kiebitzregenpfeifer (→ 221)

Pluvialis squatarola

En: Grey Plover
Fr: Pluvier argenté
Es: Chorlito gris
It: Pivieressa

Status: An den Küsten regelmäßiger Brut- und Wintergast.

Flügelspannweite: 71 – 83 cm

Fluggeschwindigkeit: ca. 64 km/h

Flügelschlagfrequenz: ca. 7 Flügelschläge / Sekunde

Flugweise: Flug im ausdauernden Schlagflug mit langsameren Flügelschlägen als beim Goldregenpfeifer. Singflug des Männchens über dem Revier. Flug in der Gruppe ohne erkennbare Formation.

Stimme: Kurzer zweisilbiger Flugruf „kip-ip" (li); Singflug: hohes, in reinen, aufwärts gezogenen Tönen geäußertes „düit" oder „dü-üjt" (re).

Ähnliche Arten: Goldregenpfeifer (siehe Fotos).

Beobachtungstipps: Zur Durchzugszeit im Wattenmeer zahlreich und gut zu beobachten. Im Binnenland deutlich seltener.

Jugendkleid

Kiebitzregenpfeifer Prachtkleid

Kiebitz (→ 222)

Vanellus vanellus

En: Northern Lapwing
Fr: Vanneau huppé
Es: Avefría europea
It: Pavoncella

Status: Regional häufiger, verbreiteter Brut- und Sommervogel, häufiger Durchzügler und eher schwächer auftretender Wintergast.

Flügelspannweite: 82 – 87 cm

Fluggeschwindigkeit: ca. 43 km/h (auf dem Zug)

Flügelschlagfrequenz: ca. 5 Flügelschläge / Sekunde

Flugweise: Sehr flugaktiver Watvogel. Typische lockere schaufelnde Flügelschläge, Flug etwas schaukelnd und schwankend. Sturzflüge und Trudeln kommen nicht nur im Kontext mit Balz vor, sondern manchmal auch einfach vor einer Landung. Der Balzflug besteht überwiegend aus Steilanstiegen und Sturzflügen. Beim Flug in der Gruppe ist keine klare Formation zu sehen, bestenfalls entstehen vorübergehend einzelne Ketten.

Stimme: Ein heiser knarrendes „kiarrih" stellt den typischen Flugruf dar (li). Beim Balzflug „kiüwiiht-kiüwihu-kiüwiht…"-Strophen und dumpfer rhythmischer Flugschall (li). Bei alarmiertem Flug gedehnte „kiwit"-Rufe (re).

Ähnliche Arten: Unverkennbar.

Beobachtungstipps: Die eindrucksvollsten Beobachtungen der Flugkünste des Kiebitzes gelingen in deren Brutgebieten in offenen, wiesenreichen Landschaften.

Spornkiebitz (→223)

Vanellus spinosus

En: Spur-winged Lapwing
Fr: Vanneau à éperons
Es: Avefría espinosa
It: Pavoncella armata

Status: Ausnahmegast, meist wohl Gefangenschaftsflüchtling.

Flügelspannweite: 69 – 81 cm

Stimme: Im Brutrevier wiederholte spitze Rufe im Flug, bei hoher Erregung im schnellen Staccato (a).

Steppenkiebitz (→224)

Vanellus gregarius

En: Sociable Lapwing
Fr: Vanneau sociable
Es: Avefría sociable
It: Pavoncella gregaria

Status: Sehr seltener, aber fast alljährlicher Gastvogel.

Flügelspannweite: 70 – 76 cm

Weißschwanzkiebitz (→225)

Vanellus leucurus

En: White-tailed Lapwing
Fr: Vanneau à queue blanche
Es: Avefría coliblanca
It: Pavoncella codabianca

Status: Ausnahmegast mit seit den 1970er Jahren leicht zunehmender Zahl an Nachweisen.

Flügelspannweite: 67 – 70 cm

Sandregenpfeifer (→226)

Charadrius hiaticula

En: Common Ringed Plover
Fr: Pluvier grand-gravelot
Es: Chorlitejo grande
It: Corriere grosso

Status: Brut- und Sommervogel an Nord- und Ostsee. Dort z. T. auch häufiger Durchzügler.

Flügelspannweite: 48 – 57 cm

Fluggeschwindigkeit: ca. 59 km/h (im normalen Streckenflug)

Flugweise: Flug sehr ähnlich demjenigen des Flußregenpfeifers. Das Männchen zeigt einen ausgedehnten Singflug über dem Brutrevier.

Stimme: Flugruf ist ein weiches zweisilbig ansteigendes „tü-ip" (li). Der relativ lange Reviergesang besteht aus zwei- und dreisilbigen Motiven wie „trüh-trüh" oder „dütüli dütüli" (re).

Ähnliche Arten: Die anderen kleinen Regenpfeiferarten, aber auch Strandläufer können sehr ähnlich aussehen (siehe Fotos).

Beobachtungstipps: Während der Zugzeit auf Schlammflächen an der Küste und im Binnenland zu beobachten.

Flussregenpfeifer (→ 228)

Charadrius dubius

En: Little Ringed Plover
Fr: Pluvier petit-gravelot
Es: Chorlitejo chico
It: Corriere piccolo

Status: Verbreiteter, nicht häufiger Brut- und Sommervogel, häufiger Durchzügler und Gastvögel.

Flügelspannweite: 42 – 48 cm

Flugweise: Schneller Flug mit ausdauernden, lockeren, aber schneidigen Flügelschlägen. Der Singflug des Männchens ist ausdauernd und etwas fledermausartig. Der Flug in der Gruppe erfolgt ungeordnet.

Stimme: Typischer Flugruf, oft bei Erregung, ist ein kurzes, scharfes „piu“ oder oder „pit-pi“ (li). Der ausdauernde, fledermausartige Singflug geht mit monotonen, wiederholten „griä griä griä...“ oder „dri-jü-tktk...“-Motiven einher (re).

Ähnliche Arten: Die anderen kleinen Regenpfeiferarten, aber auch Strandläufer können sehr ähnlich aussehen (siehe Fotos).

Beobachtungstipps: Als Ersatz für die selten gewordenen Kiesbänke an großen Flüssen besiedelt der Flussregenpfeifer heute auch Kiesgruben und künstliche Kiesflächen. Mit etwas Glück lässt er sich hier entdecken.

Keilschwanz-Regenpfeifer (→ 229)

Charadrius vociferus

En: Killdeer
Fr: Pluvier kildir
Es: Chorlitejo culirrojo
It: Corriere vocifero

Status: Ausnahmegast in der Schweiz, Ungarn und den Niederlanden.

Flügelspannweite: 46 – 59 cm

Seeregenpfeifer (→230)

Charadrius alexandrinus

En: Kentish Plover
Fr: Pluvier à collier interrompu
Es: Chorlitejo patinegro
It: Fratino

Status: Brut- und Sommervogel an Nord- und Ostsee. Abseits der Brutgebiete seltener Gast.

Flügelspannweite: 42 – 45 cm

Flugweise: Sehr ähnlich Sandregenpfeifer.

Stimme: Kurz vor dem Abflug und im Flug kurze Rufe wie „kip“ oder „püt“. Im Singflug ein Wechsel aus rollendem „pit-tritritritirrr...“ und scharfen „pit pit“ oder „teke teke“-Rufen (a).

Ähnliche Arten: Die anderen kleinen Regenpfeiferarten, aber auch Strandläufer können sehr ähnlich aussehen (siehe Fotos).

Beobachtungstipps: Im Wattenmeer bestehen zur Zugzeit gute Chancen, Seeregenpfeifer zu entdecken.

♂ Prachtkleid

Wüstenregenpfeifer (→ 233)

Charadrius leschenaultii

En: Greater Sand Plover
Fr: Pluvier de Leschenault
Es: Chorlitejo mongol grande
It: Corriere di Leschenault

Status: Ausnahmeerscheinung.

Flügelspannweite: 53 – 60 cm

Mornellregenpfeifer (→ 235)

Charadrius morinellus

En: Eurasian Dotterel
Fr: Pluvier guignard
Es: Chorlito carambolo
It: Piviere tortolino

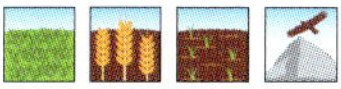

Status: Sporadisch verbreiteter Brutvogel in Mitteleuropa, regelmäßiger Brutvogel in Skandinavien. Außerhalb der Brutplätze regelmäßiger Durchzügler mit lokalen Rasttraditionen.

Flügelspannweite: 57 – 64 cm

Flugweise: Schneller Flug mit ausdauernden, verhältnismäßig raschen Flügelschlägen. Bestandteil der Balz ist auch ein Singflug des Männchens über dem Brutplatz

Stimme: Beim Abflug sind „dirrr“ oder „pürrr“-Rufe in Reihen üblich (li). Der langsame Singflug des Weibchens wird von pfeifenden kurzen Rufreihen „dü dü dü...“ oder „büd büd büd...“ begleitet (re).

Ähnliche Arten: Ist kleiner als Kiebitz- und Goldregenpfeifer und größer als Sand, Fluss- und Seeregenpfeifer (siehe Fotos).

Beobachtungstipps: Es gibt im mitteleuropäischen Binnenland einige Plätze (abgeerntete Felder, Grünland mit kurzem Bewuchs oder Hochgebirgsflächen; erfahrene Vogelbeobachter fragen), die als traditionelle Rastplätze durchziehender Mornellregenpfeifer bekannt sind. Hier und in der ungarischen Puszta bestehen im Mai und August/September Chancen, die oft wenig scheuen Vögel zu Gesicht zu bekommen.

Prärieläufer (→ 236)

Bartramia longicauda

En: Upland Sandpiper
Fr: Maubèche des champs
Es: Correlimos batitú
It: Piro piro codalunga

Status: Extremer Ausnahmegast.

Flügelspannweite: 64 – 68 cm

Regenbrachvogel (→ 237)

Numenius phaeopus

En: Whimbrel
Fr: Courlis corlieu
Es: Zarapito trinador
It: Chiurlo piccolo

Status: Regelmäßiger Durchzügler zu beiden Zugzeiten, häufig an den Küsten, in kleiner Zahl auch im Binnenland.

Flügelspannweite: 76 – 89 cm

Stimme: Sowohl bei am Boden stehenden als auch bei fliegenden Vögeln hört man die meist aus 6 bis 7 Silben bestehenden, weit klingenden Flugrufe, die je nach Rufentfernung schärfer wie „kikiki…“ oder weicher wie „bibibi…“ klingen (a).

Großer Brachvogel (→ 239)

Numenius arquata

En: Eurasian Curlew
Fr: Courlis cendré
Es: Zarapito real
It: Chiurlo maggiore

Status: Regional regelmäßiger, aber zunehmend seltenerer Brutvogel, vor allem an der Küste regelmäßiger und häufiger Durchzügler, z. T. Überwinterer.

Flügelspannweite: 80 – 100 cm

Fluggeschwindigkeit: ca. 50 km/h

Flügelschlagfrequenz: ca. 5 Flügelschläge / Sekunde

Flugweise: Relativ langsamer Flug mit kontinuierlichen Flügelschlägen, der etwas an eine Möwe erinnert. Vor der Landung sind teilweise sehr lange Gleitflüge mit geöffneten Flügeln möglich. Reviermarkierung durch wellenförmigen Flug, außerdem zeigt das Männchen einen Balzflug. Beim Flug in der Gruppe tritt ansatzweise Formationsflug auf, mindestens ab und zu in Form von Ketten. Flüge während des Zuges finden überwiegend nachts statt.

Stimme: Im Flug sind oft Doppelrufe wie „chlüi-küj" (li). Das charakteristische, ansteigende trillernde Flöten ist ein Element des Balzfluges des Männchens, wird aber von beiden Partnern auch bei Aggression und in anderem Kontext, häufig während des Landens geäußert (re).

Ähnliche Arten: Der etwas kleinere Regenbrachvogel hat einen gestreiften Kopf.

Zusatzinfos: Formationsflug S. 508

Beobachtungstipps: Die trillernden Flüge im Brutrevier (meist in feuchtem Grünland) sind ein lohnendes Naturerlebnis, sofern man die Möglichkeit hat, hier störungsfrei zu beobachten. Ansonsten bilden Brachvögel außerhalb der Brutzeit größere Gruppen und bisweilen sehr kopfstarke Schlafplätze.

Uferschnepfe (→ 240)

Limosa limosa

En: Black-tailed Godwit
Fr: Barge à queue noire
Es: Aguja colinegra
It: Pittima reale

Status: In Teilen Mitteleuropas verbreiteter, aber zunehmend seltenerer Brutvogel und Sommergast.

Flügelspannweite: 70 – 82 cm

Flugweise: Fliegt geradlinig mit gerade nach vorne gestrecktem Kopf und konstantem Flügelschlag, der etwas schneller als beim Brachvogel ist. Der Singflug des Männchens besteht aus raschem Aufstieg, Taumelflug und senkrechten Abstürzen, während der Balz kommen auch Verfolgungsflüge zwischen den Geschlechtern vor. Flüge während des Zuges finden nachts statt.

Stimme: Flugruf ist ein nasales „geg" oder „gereg", auch in gereihter Form (li). Der Gesang wird fast ausschließlich im Flug vorgetragen und besteht aus langen Reihen von kräftigen „tojo-grüjt tojo-grüjt"-Motiven und Ähnlichem (re).

Ähnliche Arten: Pfuhlschnepfe und Uferschnepfe sind sich in einigen Kleidern sehr ähnlich (siehe Fotos).

> **Beobachtungstipps:** Brutplätze der Uferschnepfe liegen in Feuchtwiesen und Niedermooren, überwiegend im Norden Deutschlands und angrenzender Gebiete. Vor allem die Balz ist sehr lohnenswert zu beobachten.

Pfuhlschnepfe (→241)

Limosa lapponica

En: Bar-tailed Godwit
Fr: Barge rousse
Es: Aguja colipinta
It: Pittima minore

Status: Regelmäßiger und häufiger Durchzügler und Wintergast an der Küste. Im Binnenland selten.

Flügelspannweite: 70 – 80 cm

Fluggeschwindigkeit: ca. 66 km/h

Flügelschlagfrequenz: ca. 7 Flügelschläge / Sekunde

Flugweise: Schneller Flug mit konstanten, tiefen Flügelschlägen mit oft gebogenen Flügeln. Im Schwarm auch bei engeren Manövern dicht beieinander fliegend. Das Männchen zeigt im Brutgebiet Singflüge, der Zug findet nachts statt.

Stimme: Flugruf, oft im Erregungskontext, ein- oder mehrsilbiges „gä-däd" (li). Im Singflug lang anhaltend und abwechslungsreich nach Einleitung „tui-tui..." oder „gigegige..." langsame und jodelnde Motive wie „dä-gid-dä-gid" (re) u. ä.

Ähnliche Arten: Pfuhlschnepfe und Uferschnepfe sind sich in einigen Kleidern sehr ähnlich (siehe Fotos).

> **Beobachtungstipps:** Pfuhlschnepfen treten im Mai und im Spätsommer vor allem an den Küsten regelmäßig als Durchzügler auf, im Binnenland sind sie erheblich seltener zu beobachten.

Waldschnepfe (→ 244)

Scolopax rusticola

En: Eurasian Woodcock
Fr: Bécasse des bois
Es: Chocha perdiz
It: Beccaccia

Status: Brut- und Sommervogel in weiten Teilen Mitteleuropas.

Flügelspannweite: 56 – 60 cm

Flugweise: Beim Auffliegen oder im Streckenflug mit raschem („burrendem“) Flügelschlag unterwegs, wobei der Kopf etwas hochgehalten wird und der Schnabel schräg abwärts zeigt. Im Balzflug werden die runden Flügel steif und etwas mechanisch wirkend unterhalb der Horizontalen rasch geschlagen. Größere Wanderungen finden nachts statt.

Stimme: Aufgescheuchte Vögel können „dschäd“ oder „ädsch“ rufen. Der Singflug findet etwa auf Baumkronenhöhe statt und besteht aus dem charakteristischen „Quorren“ und „Pitzen“ (a, ähnlich „orp orp orp pizt“).

Zwergschnepfe (→ 245)

Lymnocryptes minimus

En: Jack Snipe
Fr: Bécassine sourde
Es: Agachadiza chica
It: Frullino

Status: Regelmäßiger Durchzügler in lokal aber meist kleinen Zahlen.

Flügelspannweite: 38 – 42 cm

Flugweise: Die Zwergschnepfe fliegt bei Annäherung erst sehr spät auf (vertraut ansonsten auf ihre Tarnung), fliegt dann ziemlich geradlinig und mit raschen Flügelschlägen, aber doch fledermausartig, um meistens in der Nähe wieder zu landen. Größere Streckenflüge finden nachts statt. Im Brutgebiet zeigt das Männchen einen komplexen Flug aus raschem Aufstieg, Bögen, Sturzgleiten mit Gesang und erneutem teilweisem Aufstieg.

Stimme: Beim Abflug kann ein „ätsch“ oder ein trillerartiger „grrä“-Ruf zu hören sein (a). Der Gesang, gedämpfte, etwas klappernde „goggetogok“ oder „krokede-de...“ -Rufe, kann im Flug oder am Boden vorgetragen werden.

Doppelschnepfe (→ 246)

Gallinago media

En: Great Snipe
Fr: Bécassine double
Es: Agachadiza real
It: Croccolone

Status: Seltener Brutvogel in Ostpolen, ehemaliger Brutvogel Deutschlands. Sehr seltener, aber wohl regelmäßiger Durchzügler im Osten, sonst sehr unregelmäßig oder Ausnahmegast.

Flügelspannweite: 47 – 50 cm

Bekassine (→ 247)

Gallinago gallinago

En: Common Snipe
Fr: Bécassine des marais
Es: Agachadiza común
It: Beccaccino

Status: In Mitteleuropa regelmäßig, aber nur noch sporadisch verbreiteter Brutvogel, regelmäßiger Durchzügler und lokaler Überwinterer.

Flügelspannweite: 44 – 47 cm

Fluggeschwindigkeit: ca. 62 km/h

Flügelschlagfrequenz: ca. 7 Flügelschläge / Sekunde

Flugweise: Schneller Flug mit raschen Flügelschlägen, bei Störungen oft mit Zickzackverlauf. Aufgescheuchte Vögel bleiben lange in der Luft und können typischerweise sehr hoch am Himmel aufsteigen. Flüge während des Zuges finden nachts statt.

Stimme: Aufgescheuchte Vögel fliegen unter „etsch"-Rufen ab (li). Statt des bei Limikolen häufigen Singfluges erzeugt die Bekassine im Brutrevier in schräg abwärts führenden Sturzflügen mit den im Luftstrom vibrierenden äußeren Schwanzfedern einen wummernd-meckernden Laut (re), der ihr den Beinamen „Himmelsziege" eingebracht hat. Auch das Weibchen kann diesen Instrumentallaut erzeugen, zeigt aber kürzere Sturzflüge.

Odinshühnchen (→ 249)

Phalaropus lobatus

En: Red-necked Phalarope
Fr: Phalarope à bec étroit
Es: Falaropo picofino
It: Falaropo beccosottile

Status: In Mitteleuropa regelmäßiger Durchzügler in kleiner Zahl.

Flügelspannweite: 31 – 41 cm

Fluggeschwindigkeit: ca. 47 km/h

Flugweise: Eher geradliniger Flug mit schnellen konstanten Flügelschlägen. Das Weibchen zeigt im Brutgebiet einen Balz- und Singflug. Nachtzieher.

Stimme: Beim Abflug kurzes „pit“ oder gepresste Rufgruppen wie „tik tik tek…“ (a). Wenig ausgeprägter Balzflug der Weibchen (auch in Gruppen) mit Rufen wie „äd äd“ oder „wedü wedü“.

Ähnliche Arten: Junge Vögel und Vögel im Schlichtkleid sind bei Thor- und Odinshühnchen nicht immer sicher unterscheidbar.

Thorshühnchen (→250)

Phalaropus fulicaria

En: Red Phalarope
Fr: Phalarope à bec large
Es: Falaropo picogrueso
It: Falaropo beccolargo

Status: In Mitteleuropa vor allem an der Küste regelmäßiger Durchzügler, im Binnenland seltener Gast.

Flügelspannweite: 37 – 44 cm

Fluggeschwindigkeit: ca. 45 km/h

Flugweise: Der Flug ist sehr ähnlich demjenigen des Odinshühnchens.

Stimme: Der Flugruf ist ein kurzes und scharfes „zik“ oder Rufreihen wie „kikiki...“ (a). Den wenig ausgeprägten, schmetterlingsartigen Balzflug zeigt nur das Weibchen (auch in der Gruppe), das dabei ein hell surrendes „brrrip“ hervorbringt.

Ähnliche Arten: Junge Vögel und Vögel im Schlichtkleid sind bei Thor- und Odinshühnchen nicht immer sicher unterscheidbar.

Schlichtkleid

Dunkler Wasserläufer (→251)

Tringa erythropus

En: Spotted Redshank
Fr: Chevalier arlequin
Es: Archibebe oscuro
It: Totano moro

Status: In Mitteleuropa regelmäßiger Durchzug der Brutvögel aus Nordskandinavien und Sibirien.

Flügelspannweite: 61 – 67 cm

Flugweise: Fliegt mit weitgehend konstantem Flügelschlag mit einigen kurzen Gleitphasen und etwas bogenförmig abwärts gehaltenen und

eher flach schlagenden Flügeln. Singflug bei der Balz, Zug findet überwiegend nachts statt.

Stimme: Der zweisilbige, abfallende und ansteigende Erregungsruf „tju-witt" (a) ist charakteristisch (und hilft zur schnellen Unterscheidung vom Rotschenkel). Der Gesang besteht aus einer raschen Abfolge rollender melodischer Silben „türrije türrije dürrie...", die im Flug geäußert werden.

Ähnliche Arten: Dunkler Wasserläufer und Rotschenkel können in Ruhe- und Juvenilkleidern sehr ähnlich sein (siehe Fotos).

Rotschenkel (→252)

Tringa totanus

En: Common Redshank
Fr: Chevalier gambette
Es: Archibebe común
It: Pettegola

Status: Sporadisch mit Schwerpunkt in Küstennähe verbreiteter, in Osteuropa flächig vorkommender Brutvogel, außerdem regelmäßiger Durchzügler.

Flügelspannweite: 59 – 66 cm

Fluggeschwindigkeit: ca. 56 km/h

Flugweise: Flug sehr ähnlich Dunkler Wasserläufer. Ziemlich flugfreudig, auch während der Nahrungssuche.

Stimme: Vor und während des Abfliegens typischer Ruf „djü-hüh" und „düüht", auch gereiht (li). Der Gesang besteht nach einem Auftakt „tjik-tjik tirrr" aus langen Reihen von „düwe-düwe-düwe..."-Elementen, die auch im Singflug vorgetragen werden können (re).

Ähnliche Arten: Dunkler Wasserläufer und Rotschenkel können in Ruhe- und Juvenilkleidern sehr ähnlich sein (siehe Fotos).

Teichwasserläufer (→ 253)

Tringa stagnatilis

En: Marsh Sandpiper
Fr: Chevalier stagnatile
Es: Archibebe fino
It: Albastrello

Status: Sehr seltener Brutvogel in Nordostpolen. Seltener Durchzügler und Gastvogel, nach Osten hin zunehmend; regional fast alljährlich.

Flügelspannweite: 55 – 59 cm

Stimme: Die im Flug geäußerten Erregungsrufe des Teichwasserläufers, während der Bruzeit im Brutrevier hervorgebracht, klingen wie „tjütjü" und sind etwas höher und schneller als beim Grünschenkel (a).

Grünschenkel (→254)

Tringa nebularia

En: Common Greenshank
Fr: Chevalier aboyeur
Es: Archibebe claro
It: Pantana

Status: Regelmäßiger und häufiger Durchzug von Vögeln aus Skandinavien und Sibirien.

Flügelspannweite: 68 – 70 cm

Fluggeschwindigkeit: ca. 44 km/h

Flügelschlagfrequenz: ca. 5 Flügelschläge / Sekunde

Flugweise: Wirkt im Flug oft etwas buckelig. Flügelschlag weitgehend konstant mit einzelnen Gleitphasen. Auf- und absteigender Balzflug, wobei in der Gleitphase Gesang vorgetragen wird. Manchmal steigt der Sänger dabei auch in größere Höhen auf und kreist oder zeigt kurze Segelflugphasen.

Stimme: Der Flugruf ist ein hartes, mehrsilbiges „kjück kjück" (a); dabei können mehrere zusammen fliegende Individuen ihre Rufe addieren. Der auch im Singflug vorgetragene Gesang besteht aus flötendem „tju-i tju-i...".

Ähnliche Arten: Verwechslungsmöglichkeit mit den anderen langbeinigen und langhalsigen Wasserläufern, die grüne Beinfarbe ist hilfreich (siehe Fotos).

Großer Gelbschenkel (→ 255)

Tringa melanoleuca

En: Greater Yellowlegs
Fr: Grand Chevalier
Es: Archibebe patigualdo grande
It: Totano zampegialle maggiore

Status: Ausnahmegast, noch nicht in Deutschland nachgewiesen.

Flügelspannweite: 70 – 74 cm

Kleiner Gelbschenkel (→ 256)

Tringa flavipes

En: Lesser Yellowlegs
Fr: Petit Chevalier
Es: Archibebe patigualdo chico
It: Totano zampegialle minore

Status: Ausnahmegast.

Flügelspannweite: 59 – 64 cm

Waldwasserläufer (→257)

Tringa ochropus

En: Green Sandpiper
Fr: Chevalier cul-blanc
Es: Andarríos grande
It: Piro piro culbianco

Status: Regelmäßiger, aber seltener Brut- und Sommervogel, regelmäßiger Durchzügler.

Flügelspannweite: 57 – 61 cm

Flügelschlagfrequenz: ca. 6 Flügelschläge / Sekunde

Flugweise: der Flug erfolgt mit etwas zackigen Flügelschlägen mit sehr oft leicht abwärts gekrümmten und nach hinten geknickten Flügeln. Beide Geschlechter zeigen Revierflüge mit Gesang. Zug findet überwiegend nachts statt.

Stimme: Charakteristischer Ruf beim Abflug „tlüit tlüijt" (auch im Streckenflug, zum Beispiel von nächtlichen Durchzüglern zu hören (li)). Der im Singflug vorgetragene Gesang ist komplex und besteht aus bis zu 20 Motiven, wobei Elemente wie „tetelüjd tetelüjd" (re) häufig sind. Es sind mehrere Strophentypen in verschiedenem Kontext bekannt.

Ähnliche Arten: Wald- und Bruchwasserläufer sind sich sehr ähnlich (siehe Fotos).

Bruchwasserläufer (→258)

Tringa glareola

En: Wood Sandpiper
Fr: Chevalier sylvain
Es: Andarríos bastardo
It: Piro piro boschereccio

Status: Sehr seltener lokaler Brut- und Sommervogel, häufiger Durchzügler.

Flügelspannweite: 56 – 57 cm

Fluggeschwindigkeit: ca. 35 km/h

Flugweise: Flug ähnlich Waldwasserläufer. Beide Geschlechter zeigen Revierflüge mit Gesang, die aus wechselnden Steig- und Gleitphasen bestehen, wobei in der Gleitphase gesungen wird. Zug findet überwiegend nachts statt. In der Gruppe zeigen Bruchwasserläufer einen geschlossenen Schwarm ohne erkennbare Formation.

Stimme: Beim Abflug helles „gib gib gib“ (li, auch im Streckenflug zu hören). Der auch im Singflug geäußerte Gesang (re) besteht aus schnellen Elementen wie „ditrü ditrü“ oder „tühjle tühjle“

Ähnliche Arten: Wald- und Bruchwasserläufer sind sich sehr ähnlich (siehe Fotos).

Schlichtkleid

Terekwasserläufer (→259)

Xenus cinereus

En: Terek Sandpiper
Fr: Chevalier bargette
Es: Andarríos del Terek
It: Piro piro del Terek

Status: Seltener Gastvogel. Jetzt alljährlich nachgewiesen, besonders an den Küsten, unregelmäßig im Binnenland.

Flügelspannweite: 36 – 45 cm

Flussuferläufer (→260)

Actitis hypoleucos

En: Common Sandpiper
Fr: Chevalier guignette
Es: Andarríos chico
It: Piro piro piccolo

Status: Verbreiteter, aber nicht häufiger Brut- und Sommervogel, häufiger und regelmäßiger Durchzügler.

Flügelspannweite: 38 – 41 cm

Fluggeschwindigkeit: ca. 33 km/h (im normalen Streckenflug)

Flugweise: Fliegt mit ruckartigen, eher flachen Flügelschlägen und dazwischengeschobenen Gleitphasen mit leicht abwärts gebogenen Flügeln oft flach über das Wasser. Im Gegensatz zu vielen anderen Watvögeln schließt er sich nicht zu großen Schwärmen zusammen und ist meist als Einzelgänger zu sehen. Allenfalls zur Zugzeit können Konzentrationen auftreten, die dann aber nur ausnahmsweise in kleineren Gruppen fliegen.

Stimme: Beim Abflug z. B. bei Störung sehr charakteristisches schneidendes „hídididi“, im weiteren Flug dann noch zwei- oder dreisilbig (li). Derselbe Ruf ist auch von nachts ziehenden Individuen zu hören. Im Brutgebiet wird ein fledermausartig schwirrender Singflug von bis zu 15 Minuten Dauer geäußert, der aus ähnlichen Elementen wie der Flugruf besteht (re).

Ähnliche Arten: Den anderen heimischen Wasserläufern fehlt der weiße Strich parallel zum dunklen Flügelhinterrand. Keine andere heimische Watvogelart zeigt den typischen Gleitflug mit den bogenförmig abwärts gehaltenen Flügeln.

Beobachtungstipps: Im Juli / August lassen sich an Gewässern mit steinigem Ufer oft Flussuferläufer beobachten. Werden sie gestört, fliegen sie meist auffällig rufend in großem Bogen flach über das Wasser zu einem anderen Uferabschnitt.

Drosseluferläufer (→261)

Actitis macularius

En: Spotted Sandpiper
Fr: Chevalier grivelé
Es: Andarríos maculado
It: Piro piro macchiato

Status: Ausnahmegast.

Flügelspannweite: 37 – 40 cm

Kampfläufer (→262)

Philomachus pugnax

En: Ruff
Fr: Combattant varié
Es: Combatiente
It: Combattente

Status: Brut- und Sommervogel in einigen Rückzugsgebieten Mitteleuropas, ansonsten häufiger Durchzügler und zunehmend regelmäßiger Überwinterer.

Flügelspannweite: 54 – 58 cm

Fluggeschwindigkeit: ca. 49 km/h (auf dem Zug)

Flügelschlagfrequenz: ca. 7 Flügelschläge / Sekunde

Flugweise: Der Flug des Kampfläufers ist eher langsam mit entspannten Flügelschlägen. Wanderungen können tags oder nachts stattfinden.

Stimme: Meistens schweigsam, nächtliche Zugrufe „kri“, „krü“, „grüit“ oder „gaga“.

Ähnliche Arten: Weibchen und Vögel im Schlichtkleid ähneln anderen Wasserläuferarten (siehe Fotos).

Beobachtungstipps: Vor allem an der Küste, in geringerer Zahl aber auch in flachen Gewässern und auf Feuchtwiesen im Binnenland, können auf dem Durchzug im Frühjahr und Herbst Kampfläufer beobachtet werden. Im April sind sogar gelegentlich Männchen im Prachtkleid dabei.

Übergang zum Prachtkleid ♂

Steinwälzer (→263)

Arenaria interpres

En: Ruddy Turnstone
Fr: Tournepierre à collier
Es: Vuelvepiedras común
It: Voltapietre

Status: Lokaler, sehr seltener Brut- und Sommervogel, regelmäßiger und häufiger Durchzügler.

Flügelspannweite: 50 – 57 cm

Fluggeschwindigkeit: ca. 54 km/h

Flugweise: Fliegt mit etwas ruckartigen, aber weitgehend konstanten Flügelschlägen. Wanderungen finden nachts statt.

Stimme: Im Flug wird unter anderem eine Folge aus 3-4 hölzern klingenden, einem langsamen Triller ähnelnden Silben wie „kök kök kök" oder „tü tü tü" geäußert (a), außerdem spitze „klie"-Alarmrufe (a).

Ähnliche Arten: Das gescheckte Erscheinungsbild im Flug unterscheidet Steinwälzer von den auch eher kurzbeinigen Strandläuferarten (siehe Fotos).

Beobachtungstipps: An Meeresküsten lohnt sich das Absuchen felsiger Strände, Buhnen und steiniger Küstenschutzwälle, wo Steinwälzer unter Umständen wenig scheu und wenig auffällig auf Nahrungssuche sein können.

Sumpfläufer (→ 264)

Limicola falcinellus

En: Broad-billed Sandpiper
Fr: Bécasseau falcinelle
Es: Correlimos falcinelo
It: Gambecchio frullino

Status: Lokal regelmäßiger, aber sehr spärlicher Durchzügler insbesondere östlich einer Linie Ostsee – Bodensee.

Flügelspannweite: 34 – 39 cm

Stimme: Die Rufe des Sumpfläufers bestehen aus kurzen „tit"-Rufen sowie Trillern wie „tirrt" oder „tuirrrt" (a).

Großer Knutt (→ 267)

Calidris tenuirostris

En: Great Knot
Fr: Bécasseau de l'Anadyr
Es: Correlimos grande
It: Piovanello gigante

Status: Extrem seltener Ausnahmegast, sehr wenige Nachweise.

Flügelspannweite: 45 – 54 cm

Schlichtkleid

Knutt (→ 268)

Calidris canutus

En: Red Knot
Fr: Bécasseau maubèche
Es: Correlimos gordo
It: Piovanello maggiore

Status: Im Wattenmeer ganzjähriger und häufiger Gastvogel.

Flügelspannweite: 45 – 54 cm

Fluggeschwindigkeit: ca. 50 km/h

Flugweise: Flug mit eher schnellen und ziemlich konstanten Flügelschlägen. Knutts können im Wattenmeer in sehr großen, dichten Schwärmen auftreten, die auffällige, raumgreifende Flugmanöver mit raschen Wendungen und Höhenwechseln durchführen. Wanderungen finden überwiegend nachts statt. Im Brutgebiet wird ein Balzflug mit Gesang gezeigt.

Stimme: Kreisender, minutenlanger Singflug mit fast brachvogelartig klingenden Flötentönen wie „wip puu mii-pu mii-pu mii", „kar lju ii", „duu ii lüü" (re). Meist zwei Motive serienweise im Wechsel. Der Zugruf ist ein gedämpftes „wid wid" (li) oder „weit weit" sowie schnatternd „gä gä".

Ähnliche Arten: Die Unterscheidung der Schlicht- und Jugendkleider der kurzbeinigen Strandläufer erfordert generell einige Erfahrung (siehe Fotos).

Beobachtungstipps: Gute Beobachtungsmöglichkeiten von großen Schwärmen von Knutts ergeben sich im August und September im Wattenmeer.

Sanderling (→269)

Calidris alba

En: Sanderling
Fr: Bécasseau sanderling
Es: Correlimos tridáctilo
It: Piovanello tridattilo

Status: An der Nordseeküste ganzjährig anzutreffender Gast und häufiger Durchzügler.

Flügelspannweite: 40 – 45 cm

Fluggeschwindigkeit: ca. 52 km/h (im normalen Streckenflug)

Flügelschlagfrequenz: ca. 9 Flügelschläge / Sekunde

Flugweise: Fliegt schnell und mit relativ raschen und ziemlich konstanten Flügelschlägen. Im Brutrevier wird ein Singflug gezeigt. Nachtzieher. Während der Zugzeit an den Rastplätzen können große, auch mit anderen Arten gemischte Schwärme auftreten, die durch ihre dichte, aber nicht in einer Formation geordnete Struktur gekennzeichnet sind.

Stimme: Schwirrender Singflug mit anhaltenden, in Phrasen aufgelösten Trillern „twi twi" oder „drrüh", „krürr krürr" usw. Beim Abflug ist ein Serie von „quä quä" oder „quä qui"-Rufen zu hören (a).

Ähnliche Arten: Die Unterscheidung der Schlicht- und Jugendkleider der kurzbeinigen Strandläufer erfordert einige Erfahrung (siehe Fotos).

Beobachtungstipps: Im Wattenmeer und auf größeren Schlickflächen im Binnenland tauchen Sanderlinge vor allem im Spätsommer bei uns auf.

Sandstrandläufer (→ 270)

Calidris pusilla

En: Semipalmated Sandpiper
Fr: Bécasseau semipalmé
Es: Correlimos semipalmeado
It: Gambecchio semipalmato

Status: Ausnahmegast

Flügelspannweite: 34 – 37 cm

Zwergstrandläufer (→ 271)

Calidris minuta

En: Little Stint
Fr: Bécasseau minute
Es: Correlimos menudo
It: Gambecchio comune

Status: Regelmäßiger, aber nicht häufiger Durchzügler an der Küste und im Binnenland.

Flügelspannweite: 34 – 37 cm

Flugweise: Siehe Sanderling.

Stimme: Der im Rüttel- und Gaukelflug vorgetragene Gesang besteht aus einer auf- und absteigenden Reihe feiner Triller. Flugrufe anders als beim Temminckstrandläufer, bei Abflug und Landung oft ein einsilbiges „tit" (a).

Ähnliche Arten: Die Unterscheidung der Schlicht- und Jugendkleider der kurzbeinigen Strandläufer erfordert generell einige Erfahrung (siehe Fotos).

> **Beobachtungstipps:** Im Wattenmeer und auf größeren Schlickflächen im Binnenland tauchen Zwergstrandläufer vor allem im Spätsommer bei uns auf.

Rotkehl-Strandläufer (→ 272)

Calidris ruficollis

En: Red-necked Stint
Fr: Bécasseau à col roux
Es: Correlimos cuellirrojo
It: Gambecchio collorosso

Status: Sehr seltener Ausnahmegast.

Flügelspannweite: 29 – 33 cm

Temminckstrandläufer (→273)

Calidris temminckii

En: Temminck's Stint
Fr: Bécasseau de Temminck
Es: Correlimos de Temminck
It: Gambecchio nano

Status: Regelmäßiger Durchzügler, v. a. an der Küste.

Flügelspannweite: 34 – 37 cm

Flugweise: Siehe Sanderling.

Stimme: Der Gesang besteht aus minutenlang in lerchenartigem Flug vorgetragenen rhythmisch ansteigenden und abfallenden Trillern, die zarter und schneller als beim Zwergstrandläufer klingen. Beim Abflug wird oft mehrfach ein trillerndes „tirr" oder „tirritit" geäußert (a).

Ähnliche Arten: Die Unterscheidung der Schlicht- und Jugendkleider der kurzbeinigen Strandläufer erfordert generell einige Erfahrung (siehe Fotos).

Beobachtungstipps: Temminckstrandläufer nutzen zur Durchzugszeit vor allem im Spätsommer das Wattenmeer oder größere Schlickflächen im Binnenland.

Prachtkleid

Wiesenstrandläufer (→274)

Calidris minutilla

En: Least Sandpiper
Fr: Bécasseau minuscule
Es: Correlimos menudillo
It: Gambecchio americano

Status: Extrem seltener Ausnahmegast.

Flügelspannweite: 33 – 35 cm

Weißbürzel-Strandläufer (→275)

Calidris fuscicollis

En: White-rumped Sandpiper
Fr: Bécasseau à croupion blanc
Es: Correlimos culiblanco
It: Gambecchio di Bonaparte

Status: Seltener Gastvogel an den Küsten, noch seltener im Binnenland.

Flügelspannweite: 40 – 45 cm

Bairdstrandläufer (→276)

Calidris bairdii

En: Baird's Sandpiper
Fr: Bécasseau de Baird
Es: Correlimos de Baird
It: Gambecchio di Baird

Status: Ausnahmegast.

Flügelspannweite: 40 – 46 cm

Graubrust-Strandläufer (→277)

Calidris melanotos

En: Pectoral Sandpiper
Fr: Bécasseau à poitrine cendrée
Es: Correlimos pectoral
It: Piovanello pettorale

Status: Seltener, aber neuerdings regelmäßiger Durchzügler.

Flügelspannweite: 42 – 49 cm

Spitzschwanz-Strandläufer (→ 278)

Calidris acuminata

En: Sharp-tailed Sandpiper
Fr: Bécasseau à queue pointue
Es: Correlimos acuminado
It: Piovanello siberiano

Status: Ausnahmegast, inzwischen auch in Deutschland nachgewiesen.

Flügelspannweite: 42 – 48 cm

Meerstrandläufer (→ 279)

Calidris maritima

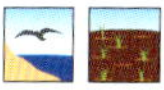

En: Purple Sandpiper
Fr: Bécasseau violet
Es: Correlimos oscuro
It: Piovanello violetto

Status: Regelmäßiger Durchzügler und Wintergast an der Küste.

Flügelspannweite: 42 – 46 cm

Flugweise: Flug etwas ruckartig, aber schnell. Im Brutrevier wird ein Singflug gezeigt. Nachtzieher. Während der Zugzeit an den Rastplätzen können große, auch mit anderen Arten gemischte Schwärme auftreten, die durch ihre dichte, aber nicht in einer Formation geordnete Struktur gekennzeichnet sind.

Stimme: Singflug aus Gleit- und Schwirrflugphase mit flötenden Strophen, die im Verlauf etwas tiefer und schneller werden „tüit tüit wütwüt… witwit…

trütrü tirtritri" (re). Ruft beim Abflug ein kurzes und eher leises „wit" oder zweisilbig „zir ri" (li).

Ähnliche Arten: Die Unterscheidung der Schlicht- und Jugendkleider der kurzbeinigen Strandläufer erfordert einige Erfahrung (siehe Fotos).

Beobachtungstipps: Meerstrandläufer findet man in Mitteleuropa mit etwas Glück während der Durchzugszeit und im Winter auf Steinen und kleinen Felsen (auch Küstenschutzbauwerken) direkt am Spülsaum des Meeres.

Meerstrandläufer Prachtkleid

Meerstrandläufer Schlichtkleid

Alpenstrandläufer (→ 280)

Calidris alpina

En: Dunlin
Fr: Bécasseau variable
Es: Correlimos común
It: Piovanello pancianera

Status: Seltener Brutvogel, häufiger Durchzügler und Wintergast

Flügelspannweite: 38 – 43 cm

Fluggeschwindigkeit: ca. 58 km/h (im normalen Streckenflug)

Flügelschlagfrequenz: ca. 9 Flügelschläge / Sekunde

Flugweise: Siehe Sanderling.

Stimme: Während des Singfluges aus Schwirr- und Gleitphasen wird während letzteren eine Reihe rauer Strophen aus „rüid", „drüür" oder „driip driip" und dann ein schnurrender Triller geäußert (a). Im Flug, wohl im Alarm-Kontext, ein rauer, nasaler Triller „trirr" oder „drrüd" (a).

Ähnliche Arten: Die Unterscheidung der Schlicht- und Jugendkleider der kurzbeinigen Strandläufer erfordert generell einige Erfahrung (siehe Fotos).

Sichelstrandläufer (→281)

Calidris ferruginea

En: Curlew Sandpiper
Fr: Bécasseau cocorli
Es: Correlimos zarapitín
It: Piovanello comune

Status: Regelmäßiger, an der Küste häufiger Durchzügler mit stärkerem Auftreten im Herbst als im Frühjahr.

Flügelspannweite: 42 – 46 cm

Flugweise: Siehe Sanderling.

Stimme: Der etwa 15 Sekunden lange Singflug besteht aus einer Abfolge verschiedener, immer länger werdender „tschik"-Elemente, dazwischen andere Laute, besonders ansteigend rollende Elemente wie „trrrüi rüi rüi". Im Flug ist oft ein kurzer heller und wenigsilbiger Triller wie „tirri" oder „dirrit" usw. zu hören (a).

Ähnliche Arten: Die Unterscheidung der Schlicht- und Jugendkleider der kurzbeinigen Strandläufer erfordert einige Erfahrung (siehe Fotos).

> **Beobachtungstipps:** Sichelstrandläufer sind regelmäßige Durchzügler an den Küsten v. a. im Spätsommer.

Rennvogel (→ 284)

Cursorius cursor

En: Cream-coloured Courser
Fr: Courvite isabelle
Es: Corredor sahariano
It: Corrione biondo

Status: Ausnahmegast.

Flügelspannweite: 51 – 57 cm

Stimme: Vom fliegenden Rennvogel im Brutgebiet hört man wechselnd ein nasales „häg“ und ein kurzes scharfes „wit“ (a).

Schwarzflügel-Brachschwalbe

Glareola nordmanni (→ 285)

En: Black-winged Pratincole
Fr: Glaréole à ailes noires
Es: Canastera alinegra
It: Pernice di mare orientale

Status: Sehr seltener Gastvogel oder Ausnahmegast.

Flügelspannweite: 60 – 68 cm

Rotflügel-Brachschwalbe (→286)

Glareola pratincola

En: Collared Pratincole
Fr: Glaréole à collier
Es: Canastera común
It: Pernice di mare

Status: In manchen Regionen Ungarns und des Mittelmeerraumes Brut- und Sommervogel.

Flügelspannweite: 60 – 65 cm

Flügelschlagfrequenz: ca. 5 Flügelschläge / Sekunde

Flugweise: Im Streckenflug ein sehr limikolenähnlicher, rascher Flug, im Jagdflug (Insektenfang in der Luft neben Bodenjagd häufig) mit agilen Flugmanövern und dem leicht wirkenden Flügelschlag eher an Seeschwalben erinnernd.

Stimme: Ruft fast nur im Flug, dann seeschwalbenartig gereiht „kip kip kip“ oder „kittig kittig“, auch eine Strophe ähnlich „wridelü widit dit“ (a).

Ähnliche Arten: Verwechslung mit dunkleren Seeschwalben ist möglich, der Schnabel ist jedoch deutlich kürzer.

Beobachtungstipps: Die Sichtung einer Brachschwalbe gelingt mit etwas Glück am ehesten im Mittelmeerraum, z. B. in der Camargue, im Comacciogebiet, in Südspanien oder auf dem Südbalkan.

Falkenraubmöwe (→ 287)

Stercorarius longicaudus

En: Long-tailed Skua
Fr: Labbe à longue queue
Es: Págalo rabero
It: Labbo codalunga

Status: Seltenste der drei kleinen Raubmöwenarten, die als Durchzügler in Mitteleuropa auftreten.

Flügelspannweite: 105 – 117 cm

Fluggeschwindigkeit: ca. 49 km/h

Flügelschlagfrequenz: Im Rüttelflug etwa 7 Flügelschläge pro Sekunde.

Flugweise: Fliegt seeschwalbenartig. Im Brutgebiet Ansitzjagd oder Suchflüge nach Beutetieren, wobei auch Rüttelflug vorkommt. Das Abjagen von Beute (siehe Schmarotzerraubmöwe) findet überwiegend im Winterquartier statt, allerdings jagen die Vögel dort auch selbst, v.a. durch Stoßtauchen. Wanderungen finden tags oder nachts statt.

Stimme: Am Brutplatz wird ein langsamer Präsentierflug gezeigt, bei dem „ku-ep“ (a) oder „kja kja kja“ gerufen wird. Bei Bedrohung des Nestes rütteln die Altvögel mit hörbarem Flügelschlag dicht über dem Störenfried (a).

Ähnliche Arten: Falken-, Schmarotzer- und Spatelraubmöwe, aber auch die größere Skua können sehr ähnlich aussehen, braune Formen erinnern außerdem sehr an Jugendkleider größerer Möwen (siehe Fotos).

Zusatzinfos: Sturzflug S. 507, Rüttelflug S. 513

Beobachtungstipps: Falkenraubmöwen sind außerhalb der Brutzeit in hohem Maße ans offene Meer gebunden und lassen sich mit Glück im Spätsommer von Schiffen aus beobachten.

Schmarotzerraubmöwe (→288)

Stercorarius parasiticus

En: Parasitic Skua
Fr: Labbe parasite
Es: Págalo parásito
It: Labbo

Status: Regelmäßiger, an der Küste häufiger Durchzügler

Flügelspannweite: 110 – 125 cm

Fluggeschwindigkeit: ca. 50 km/h

Flugweise: Geradliniger, ruhiger Flug mit regelmäßigen Schlägen und oft nach hinten gewinkelten Flügeln. Beim Abjagen von Beute bei anderen Vögeln (Seeschwalben, Möwen, Eissturmvogel, Alken) kommt es jedoch zu sehr wendigen und oft überraschenden Flugmanövern. Die Vögel beherrschen auch die Kleinvogel- und Mäusejagd aus niedrigem Suchflug heraus. Feinde am Nest werden mit hohen Sturzflügen und meist von hinten attackiert. Wanderungen finden tags oder nachts statt.

Stimme: Möwenartiges Jauchzen, aber keine typischen Flugrufe. Auf Nestfeinde hassen Schmarotzerraubmöwen mit herabgezogenen scharfen „kliu"-Rufen (a).

Ähnliche Arten: Falken-, Schmarotzer- und Spatelraubmöwe, aber auch die größere Skua können sehr ähnlich aussehen, braune Formen erinnern außerdem sehr an Jugendkleider größerer Möwen (siehe Fotos).

> **Beobachtungstipps:** Mit etwas Glück im September an den Meeresküsten und ausnahmsweise an großen Binnengewässern zu finden.

adult, helle Morphe

Spatelraubmöwe (→289)

Stercorarius pomarinus

En: Pomarine Skua
Fr: Labbe pomarin
Es: Págalo pomarino
It: Stercorario mezzano

Status: Regelmäßiger Durchzügler an der Küste, vereinzelt auch im Binnenland.

Flügelspannweite: 125 – 138 cm

Fluggeschwindigkeit: ca. 55 km/h

Flugweise: Etwas wuchtiger wirkender Flug als bei den anderen beiden kleinen Raubmöwenarten, kreist auch mit ausgebreiteten Flügeln.

Im Brutgebiet werden vor allem Lemminge im niedrigen Suchflug, aber auch im Ansitz und sogar grabend gejagt. Wanderungen finden tags oder nachts statt.

Stimme: Möwenartiges Jauchzen, aber keine typischen Flugrufe, abgesehen von kurzen piepsigen „psi" oder „kliip"-Rufen in Herbst und Winter.

Ähnliche Arten: Falken-, Schmarotzer- und Spatelraubmöwe, aber auch die größere Skua können sehr ähnlich aussehen, braune Formen erinnern außerdem sehr an Jugendkleider größerer Möwen (siehe Fotos).

Beobachtungstipps: Siehe Falkenraubmöwe.

Skua (→ 290)

Stercorarius skua

En: Great Skua
Fr: Grand Labbe
Es: Págalo grande
It: Stercorario maggiore

Status: Regelmäßiger, aber nicht häufiger Durchzügler an der Küste, im Binnenland Ausnahmeerscheinung.

Flügelspannweite: 145 – 155 cm

Flugweise: Im Streckenflug niedriger, großmöwenartiger und direkter Flug, der etwas steif wirkt. Beute wird in wendigen Flugmanövern von anderen Vogelarten bis Tölpelgröße abgejagt. Fischfang im schrägen Stoßtauchen und Vogelfang nicht selten in der Luft.

Stimme: Möwenartiges Jauchzen, aber keine typischen Flugrufe. Beim Flugangriff gegen Nestfeinde rufen sie wiederholt ein kurzes sonores „ak“ (a).

Ähnliche Arten: Falken-, Schmarotzer- und Spatelraubmöwe, aber auch die größere Skua können sehr ähnlich aussehen, braune Formen erinnern außerdem sehr an Jugendkleider größerer Möwen (siehe Fotos).

Beobachtungstipps: Vor allem im Spätsommer an der Nordseeküste zu finden. Die Skua ist allerdings die seltenste der vier in Mitteleuropa beobachtbaren Raumöwenarten.

Papageitaucher (→293)

Fratercula arctica

En: Atlantic Puffin
Fr: Macareux moine
Es: Frailecillo atlántico
It: Pulcinella di mare

Status: Unregelmäßiger Sommergast auf Helgoland, regelmäßiger Durchzügler in der Nordsee.

Flügelspannweite: 47 – 63 cm

Flugweise: Flug geradlinig und mit schnellen, schwirrenden Flügelschlägen. Zum Start wird meist von einem etwas erhöhten Punkt oder über eine Kante hinunter abgesprungen, vom Wasser ist der Start nur nach einigem Anlauf möglich. Die Flügel werden auch zum Vortrieb beim Tauchen eingesetzt.

Stimme: Im Flug meist schweigsam. Beim Flügeln und beim Landen in der Kolonie erzeugen sie hörbare Flügelschlagserien (a).

Ähnliche Arten: Durch Form und Farbe des Schnabels eigentlich unverwechselbar.

Zusatzinfos: Start vom Wasserspiegel und Anwassern S. 514, Start von erhöhten Plätzen S. 506

Beobachtungstipps: Die besten Beobachtungen sind an den Brutkolonien in Norwegen, Großbritannien, Irland und der Bretagne möglich. Teilweise stellen Besucherlenkungseinrichtungen störungsfreie Beobachtungsmöglichkeiten sicher.

Krabbentaucher (→ 294)

Alle alle

En: Little Auk
Fr: Mergule nain
Es: Mérgulo atlántico
It: Gazza marina minore

Status: Früher Brutvogel, heute unregelmäßig einzeln übersommernd bei Helgoland, in der Nordsee seltener Durchzügler, sonst Ausnahmegast.

Flügelspannweite: 34 – 38 cm

Stimme: In und über der Kolonie fliegend sind Krabbentaucher ruffreudig und erzeugen Flugschall (a).

Trottellumme (→295)

Uria aalge

En: Common Murre
Fr: Guillemot marmette
Es: Arao común
It: Uria

Status: Regelmäßiger und häufiger Brutvogel auf Helgoland, regelmäßiger Sommer- und Wintergast in Nord- und Ostsee.

Flügelspannweite: 64 – 71 cm

Flugweise: Flacher Flug über dem Meer (außer beim Anfliegen des Brutplatzes an Klippen) mit schnellen, fast schwirrenden Flügelschlägen. Die Flügel werden auch zum Vortrieb beim Tauchen eingesetzt.

Stimme: Im Flug meist schweigsam.

Ähnliche Arten: Vor allem im Flug sehr ähnlich Tordalk (siehe Fotos).

Zusatzinfos: Start vom Wasserspiegel und Anwassern S. 514, Start von erhöhten Plätzen S. 506

Beobachtungstipps: In Mitteleuropa besteht die einfachste Beobachtungsmöglichkeit im Frühjahr und Frühsommer am Lummenfels auf der Insel Helgoland.

Dickschnabellumme (→ 296)

Uria lomvia

En: Thick-billed Murre
Fr: Guillemot de Brünnich
Es: Arao de Brünnich
It: Uria di Brunnich

Status: Ausnahmegast an der Küste.

Flügelspannweite: 65 – 73 cm

Tordalk (→ 297)

Alca torda

En: Razorbill
Fr: Petit Pingouin
Es: Alca común
It: Gazza marina

Status: Regelmäßiger Brutvogel auf Helgoland, regelmäßiger Sommer- und Wintergast in Nord- und Ostsee.

Flügelspannweite: 63 – 68 cm

Flugweise: Flacher Flug über dem Meer (außer beim Anfliegen des Brutplatzes an Klippen) mit schnellen, fast schwirrenden Flügelschlägen. Die Flügel werden auch zum Vortrieb beim Tauchen eingesetzt.

Stimme: Im Flug meist schweigsam.

Ähnliche Arten: Vor allem im Flug sehr ähnlich Trottellumme (siehe Fotos).

Zusatzinfos: Start vom Wasserspiegel und Anwassern S. 514, Start von erhöhten Plätzen S. 506

Beobachtungstipps: In Mitteleuropa besteht die einfachste Beobachtungsmöglichkeit im Frühjahr und Frühsommer am Lummenfels auf der Insel Helgoland.

Tordalk Prachtkleid

Gryllteiste (→298)

Cepphus grylle

En: Black Guillemot
Fr: Guillemot à miroir
Es: Arao aliblanco
It: Uria nera

Status: Regelmäßiger Sommer- und Wintergast in der Ostsee, gelegentlich auch in der Nordsee.

Flügelspannweite: 52 – 58 cm

Flugweise: Flug über dem Meeresspiegel, jedoch teils in größerer Höhe, mit schnellen Flügelschlägen. Insgesamt gewandterer Flug als Trottellumme und Tordalk. Die Flügel werden auch zum Vortrieb beim Tauchen eingesetzt.

Stimme: Im Flug meist schweigsam.

Ähnliche Arten: Einziger Alkenvogel mit großem weißem ovalem Fleck auf dem Oberflügel, daher kaum verwechselbar.

Zusatzinfos: Start vom Wasserspiegel und Anwassern S. 514, Start von erhöhten Plätzen S. 506

Beobachtungstipps: Gute Beobachtungsmöglichkeiten an bzw. auf der Ostsee ganzjährig, besonders aber außerhalb der Brutzeit.

Elfenbeinmöwe (→301)

Pagophila eburnea

En: Ivory Gull
Fr: Mouette blanche
Es: Gaviota marfileña
It: Gabbiano eburneo

Status: Ausnahmegast an der Nordseeküste.

Flügelspannweite: 106 – 120 cm

Dreizehenmöwe (→ 302)

Rissa tridactyla

En: Black-legged Kittiwake
Fr: Mouette tridactyle
Es: Gaviota tridáctila
It: Gabbiano tridattilo

Status: Regelmäßiger Gastvogel in der Nordsee, Brutvorkommen nur auf Helgoland, dort häufig.

Flügelspannweite: 91 – 120 cm

Fluggeschwindigkeit: ca. 47 km/h

Flugweise: Sehr eleganter und wendiger Flieger. Bei starkem Wind Flug ähnlich Sturmtaucher. Nahrungssuche über dem offenen Meer im etwa 10-20 m hohen Suchflug, Jagd durch Stoßtauchen oder Absammeln von Beute von der Meeresoberfläche im Flug oder nach Landung auf dem Wasser.

Stimme: Insgesamt sehr stimmfreudig mit vielen typischen Möwenlauten, aber auch dem charakteristischen „kitti-wääk", aus dem sich der englische Artname (Kittiwake) herleitet. Als typische Flugrufe werden einzelne, nasale Laute wie „gak", „gok" oder „kja" (a) sowie ein Ruf, der fast wie ein weinender Säugling klingt, hervorgebracht.

Ähnliche Arten: Verwechslung mit anderen kleinen Möwenarten ist möglich (siehe Fotos).

Zusatzinfos: Dynamisches Segeln S. 496, Stationäres Luftbremsen S. 510

Beobachtungstipps: In Mitteleuropa besteht die einfachste Beobachtungsmöglichkeit im Frühjahr und Frühsommer am Lummenfels auf der Insel Helgoland.

Dreizehenmöwe Jugendkleid

Dreizehenmöwe Schlichtkleid

Schwalbenmöwe (→ 303)

Xema sabini

En: Sabine's Gull
Fr: Mouette de Sabine
Es: Gaviota de Sabine
It: Gabbiano di Sabine

Status: Seltener Gast im Herbst an der Nordseeküste, ausnahmsweise Ostsee und Binnenland.

Flügelspannweite: 90 – 100 cm

Rosenmöwe (→ 304)

Hydrocoleus roseus

En: Ross's Gull
Fr: Mouette rosée
Es: Gaviota rosada
It: Gabbiano di Ross

Status: Sehr seltener Gast an der Nordsee, sonst Ausnahmegast.

Flügelspannweite: 90 – 100 cm

Zwergmöwe (→305)

Hydrocoloeus minutus

En: Little Gull
Fr: Mouette pygmée
Es: Gaviota enana
It: Gabbianello

Status: Brutvogel in sehr kleiner Zahl an Nord- und Ostsee, dort aber häufiger Durchzügler und Wintergast; im Binnenland an größeren Gewässern regelmäßiger Durchzügler.

Flügelspannweite: 70 – 80 cm

Fluggeschwindigkeit: ca. 41 km/h

Flügelschlagfrequenz: ca. 4 Flügelschläge / Sekunde

Flugweise: Die leichtflügelige, elegante Flugweise erinnert an diejenige der dunklen Seeschwalbenarten. Sehr flugfreudig, praktisch alle Ortswechsel werden im Flug durchgeführt. Nimmt gerne im Flug Nahrung von der Wasseroberfläche auf, auch kleine Insekten, die allerdings auch in der Luft gefangen werden. Die Überlandwanderungen finden nachts statt.

Stimme: Während der Balz können die Serien von „ik äk ik äk…" (auch „kjä ki kjä ki")-Rufen auch im segelnden Schauflug geäußert werden (a). Die übrigen Rufe wie „kik ki ki ki" oder „gregregre" sind nicht notwendigerweise an Flug gebunden.

Ähnliche Arten: Verwechslung mit anderen kleinen Möwenarten ist möglich (siehe Fotos).

Prachtkleid

Zusatzinfos: Stationäres Luftbremsen S. 510

Beobachtungstipps: Durch sorgfältiges Absuchen der offenen Wasserfläche lassen sich im April / Mai und August bis Oktober auf dem Durchzug entlang der Küsten und an großen Binnengewässern Zwergmöwen beobachten.

Bonapartemöwe (→ 306)

Larus philadelphia

En: Bonaparte's Gull
Fr: Mouette de Bonaparte
Es: Gaviota de Bonaparte
It: Gabbiano di Bonaparte

Status: Ausnahmegast

Flügelspannweite: 90 – 100 cm

Lachmöwe (→ 307)

Larus ridibundus

En: Black-headed Gull
Fr: Mouette rieuse
Es: Gaviota reidora
It: Gabbiano comune

Status: Weit verbreiteter und häufiger Brutvogel an der Küste und im Binnenland. Häufiger Überwinterer, auch Zuzügler aus Nordosteuropa.

Flügelspannweite: 94 – 110 cm

Fluggeschwindigkeit: ca. 43 km/h (im normalen Streckenflug)

Flügelschlagfrequenz: ca. 4 Flügelschläge / Sekunde

Flugweise: Gewandter Flieger, der Strecken meist im konstanten, ausholenden Schlagflug zurücklegt, beim Beuteerwerb aber Rüttel- und Sturzflüge sowie rasche Wendungen gut beherrscht. Bei geeigneter Thermik Segelflug. Die Nahrungssuche erfolgt oft in niedrigem Suchflug. Bei Flügen zum Schlafplatz formen sich Gruppen, die dann in Keilformation oder als Band fliegen.

Stimme: Das typische Jauchzen „kräh grä krääh krräääääh“ (a) wird im Sitzen und im Flug geäußert. Während drohender Stoßflüge auf einen Greifvogel in Nestnähe wird hart und voll „kikikikrirr“ gerufen (a).

Ähnliche Arten: Verwechslung mit anderen kleinen Möwenarten ist möglich (siehe Fotos).

Zusatzinfos: Segelflug S. 499, Formationsflug S. 508, Stationäres Luftbremsen S. 510, Rüttelflug S. 513

Beobachtungstipps: Flugmanöver von Lachmöwen lassen sich gut in Häfen oder hinter Ausflugschiffen auf Binnengewässern oder in Küstennähe beobachten.

Lachmöwe Schlichtkleid

1. Winter

Dünnschnabelmöwe (→ 308)

Larus genei

En: Slender-billed Gull
Fr: Goéland railleur
Es: Gaviota picofina
It: Gabbiano roseo

Status: Sehr seltener Gast v. a. im Süden, seit 1990 etwas regelmäßiger und häufiger, doch nicht alle Meldungen anerkannt.

Flügelspannweite: 100 – 110 cm

Prachtkleid

1. Winter

Aztekenmöwe (→ 309)

Larus atricilla

En: Laughing Gull
Fr: Mouette atricille
Es: Gaviota guanaguanare
It: Gabbiano sghignazzante

Status: Ausnahmeerscheinung, mehrere Meldungen beziehen sich auf ein beringtes, durch Europa wanderndes Exemplar.

Flügelspannweite: 100 – 125 cm

Präriemöwe (→ 310)

Larus pipixcan

En: Franklin's Gull
Fr: Mouette de Franklin
Es: Gaviota pipizcan
It: Gabbiano di Franklin

Status: Ausnahmegast.

Flügelspannweite: 85 – 95 cm

Schwarzkopfmöwe (→311)

Larus melanocephalus

En: Mediterranean Gull
Fr: Mouette mélanocéphale
Es: Gaviota cabecinegra
It: Gabbiano corallino

Status: Lokal verbreiteter, nicht häufiger Brut- und Sommervogel; regelmäßiger Durchzügler, seltenen Überwinterer.

Flügelspannweite: 92 – 105 cm

Flugweise: Flugweise sehr ähnlich Lachmöwe.

Stimme: Quäkend-nasale, oft zweisilbige und abfallende Rufe wie „aia“ oder „aua“ (a), die allerdings nicht nur im Flug geäußert werden.

Ähnliche Arten: Verwechslung mit anderen kleinen Möwenarten ist möglich (siehe Fotos).

Zusatzinfos: Segelflug S. 499, Formationsflug S. 508, Stationäres Luftbremsen S. 510, Rüttelflug S. 513

Beobachtungstipps: Schwarzkopfmöwen brüten in Mitteleuropa in Einzelpaaren und wenig auffällig in Kolonien anderer Möwen. Andernorts können sie selber große Brutkolonien bilden. Es kann sich lohnen, Möwentrupps genauer unter die Lupe zu nehmen, um darin evtl. eine Schwarzkopfmöwe zu entdecken.

Flügel weiß bis auf dünne schwarze Vorderkante des Handflügels
Schnabel kräftiger als bei Lachmöwe
Schlichtkleid

Zentraler Armflügel oben hellgrau
Unterflügel weiß
hellgraue Strichel oder Flecken auf den ansonsten dunklen langen Handschwingen
1. Winter

Fischmöwe (→ 312)

Larus ichthyaetus

En: Pallas's Gull
Fr: Goéland ichthyaète
Es: Gavión cabecinegro
It: Gabbiano di Pallas

Status: Sehr seltener Gast, inzwischen aber fast alljährlich.

Flügelspannweite: 149 – 170 cm

Stimme: Die Hauptrufe, im Flug nahe der Kolonie zu hören, sind tief, nasal und zweisilbig „ahau" (a).

Prachtkleid

1. Sommer

Korallenmöwe (→ 313)

Larus audouinii

En: Audouin's Gull
Fr: Goéland d'Audouin
Es: Gaviota de Audouin
It: Gabbiano corso

Status: Ausnahmegast mit leicht zunehmender Tendenz.

Flügelspannweite: 115 – 148 cm

Sturmmöwe (→314)

Larus canus

En: Mew Gull
Fr: Goéland cendré
Es: Gaviota cana
It: Gavina

Status: Verbreiteter Brut- und Jahresvogel an der Küste, regelmäßiger Durchzügler und Wintergast im Binnenland.

Flügelspannweite: 110 – 130 cm

Fluggeschwindigkeit: ca. 48 km/h (auf dem Zug)

Flügelschlagfrequenz: ca. 3 Flügelschläge / Sekunde

Flugweise: Insgesamt ist der Flug der Sturmmöwe etwas weniger gewandt als der der Lachmöwe und ein größerer Teil des Nahrungserwerbs erfolgt schwimmend oder zu Fuß. Dennoch sind wendige Verfolgungsflüge z. B. beim Abjagen von Beute von anderen Möwen zu beobachten.

Stimme: Das Jauchzen ist teils im Sitzen, oft aber im Flug und in aggressivem Kontext zu hören. Es beginnt mit einigen kurzen „ä ä“, geht in schrilles, sich teils überschlagendes „ä-iii-ä“ über und endet mit „käje käje“ (li). Die Strophe ist derjenigen der Silbermöwe ähnlich, aber höher. Typische Flugrufe sind kurze, wiederholte Rufe wie „kie“, „wäk“ und auch „kjau“ (re).

Ähnliche Arten: Verwechslung mit anderen kleinen Möwenarten ist möglich (siehe Fotos).

Zusatzinfos: Segelflug S. 499, Formationsflug S. 508, Stationäres Luftbremsen S. 510, Rüttelflug S. 513

Beobachtungstipps: Sturmmöwen lassen sich an der Küste fast überall, im Winter auch an größeren Gewässern im Binnenland beobachten.

Ringschnabelmöwe (→315)

Larus delawarensis

En: Ring-billed Gull
Fr: Goéland à bec cerclé
Es: Gaviota de Delaware
It: Gavina americana

Status: Ausnahmegast.
Flügelspannweite: 120 – 155 cm

Mantelmöwe (→316)

Larus marinus

En: Great Black-backed Gull
Fr: Goéland marin
Es: Gavión atlántico
It: Mugnaiaccio

Status: Regelmäßiger Brut- und Jahresvogel an den Küsten, entlang der großen Flüsse auch ins Binnenland vorstoßend.

Flügelspannweite: 150–167 cm

Fluggeschwindigkeit: ca. 49 km/h

Flugweise: Langsamer, fast reiherartiger Flug mit konstantem Flügelschlag. Mantelmöwen sind zum Segelflug über Land bzw. dynamischen Segeln über dem Meer fähig. Nahrungsaufnahme häufig im Flug: sammelt Nahrung, schlägt Beute im Flug (Vögel) bzw. als Oberflächenfischer oder durch Stoßtauchen bis etwa 1 m Tiefe. Segelflug möglich. Streckenflug in kleinen Trupps oft in Linienformation.

Schlichtkleid

1. Sommer

Stimme: Der Flugruf ist ein ausklingendes tief sonores „wáo", „krao" oder „kwä", das manchmal in lockerer Reihe steht (a) und von zwei beieinander fliegenden Vögeln im Wechsel zu hören ist. Die Stimme ist insgesamt tiefer als die der Silbermöwe.

Ähnliche Arten: Die großen Möwenarten sind vor allem in den Jugendkleidern schwer auseinanderzuhalten (siehe Fotos).

Zusatzinfos: Dynamisches Segeln S. 496, Segelflug S. 499, Sturzflug S. 507, Formationsflug S. 508, Stationäres Luftbremsen S. 510, Hangaufwindsegeln S. 511, Rüttelflug S. 513

Beobachtungstipps: Besonders eindrucksvoll sind Möwenschwärme, die Fischkuttern folgen und meistens aus mehreren Großmöwenarten bestehen. Auch das Absuchen von Molen und Deichen lohnt sich, um Mantelmöwen zwischen anderen Arten finden zu können.

Eismöwe (→317)

Larus hyperboreus

En: Glaucous Gull
Fr: Goéland bourgmestre
Es: Gavión hiperbóreo
It: Gabbiano glauco

Status: Seltener, aber regelmäßiger Wintergast an den Nordseeküsten.

Flügelspannweite: 150 – 165 cm

Fluggeschwindigkeit: ca. 48 km/h

Flugweise: Flugweise ähnlich Mantelmöwe.

Stimme: Die Stimme ist für eine Großmöwe unerwartet hoch, es sind jedoch keine typischen Rufe für den Flugkontext beschrieben. Die Aufnahme (a) enthält Rufe einer flüchtenden Eismöwe, die von einer Schmarotzerraubmöwe bedrängt wird.

Ähnliche Arten: Die großen Möwenarten sind vor allem in den Jugendkleidern schwer auseinanderzuhalten (siehe Fotos).

Zusatzinfos: Dynamisches Segeln S. 496, Segelflug S. 499, Sturzflug S. 507, Formationsflug S. 508, Stationäres Luftbremsen S. 510, Hangaufwindsegeln S. 511, Rüttelflug S. 513

Beobachtungstipps: Eismöwen treten als seltene Wintergäste an der Nordseeküste auf.

Silbermöwe (→318)

Larus argentatus

En: European Herring Gull
Fr: Goéland argenté
Es: Gaviota argéntea europea
It: Gabbiano reale nordico

Status: Sehr häufiger Brut- und Jahresvogel an den Küsten, auch weit ins Binnenland vorstoßend.

Flügelspannweite: 138 – 150 cm

Fluggeschwindigkeit: ca. 46 km/h

Flügelschlagfrequenz: ca. 3 Flügelschläge / Sekunde

Flugweise: Fliegt mit konstanten, gleichmäßigen Flügelschlägen, ist aber auch ein guter Segelflieger, Hangaufwindsegler und dynamischer Segler. Nahrungserwerb fliegend, schwimmend oder laufend. Im Flug wird anderen Vögeln Beute abgejagt, kleinere Vögel werden geschlagen (größere mitunter auch ertränkt) oder die Nahrungssuche erfolgt im Suchflug. Absammeln von Beute von der Wasseroberfläche kann im Flug erfolgen, aber Stoßtauchen (dann mit geringer Eintauchtiefe) ist selten.

Stimme: Das typische Jauchzen (li) wird häufig auch im Flug geäußert („hau...kija kiijia kiiiija kia kia kia kia kau kau"), typischer für den Flug sind aber kräftige Einzelrufe wie „kjau" (re) oder länger „gwüü-au". Bei Flugangriffen auf Feinde in Nestnähe außerdem schrill „kliäh" oder „wojääh" sowie „gagaga" (re).

Ähnliche Arten: Die großen Möwenarten sind vor allem in den Jugendkleidern schwer auseinanderzuhalten (siehe Fotos).

Zusatzinfos: Dynamisches Segeln S. 496, Segelflug S. 499, Sturzflug S. 507, Formationsflug S. 508, Stationäres Luftbremsen S. 510, Hangaufwindsegeln S. 511, Rüttelflug S. 513

Beobachtungstipps: An den Küsten und an größeren Gewässern im Binnenland sowie entlang der großen Flüsse sind Silbermöwen und Mittelmeermöwen häufig zu beobachten. Es lohnt sich, ihre Flugkünste vor allem bei heftigem Wind einmal näher zu beobachten.

rosa Beine
in allen Kleidern
innerer Handflügel
schon vermausert
und hellgrau
Silbermöwe
2. Winter

Schnabel grünlich-beige
mit schwarzer Spitze
breiter weißer
Flügelhinterrand
Rest der dunklen
Schwanzbinde
Silbermöwe
3. Winter

Mittelmeermöwe (→ 320)

Larus michahellis

En: Yellow-legged Gull
Fr: Goéland leucophée
Es: Gaviota patiamarilla
It: Gabbiano reale

Status: Brut- und Jahresvogel in Süd- und Mitteleuropa, Brutvorkommen auch im Binnenland entlang großer Flüsse; Wintergast auch an der Nordseeküste.

Flügelspannweite: 140 – 158 cm

Flugweise: Flugweise sehr ähnlich Silbermöwe.

Stimme: Das Jauchzen, das wie bei anderen Arten auch im Flug geäußert werden kann, klingt gedämpfter und tiefer als bei der Steppenmöwe (li). Ansonsten vor allem Flugrufe wie „kaa", „kaao" oder „kawao" (re).

Ähnliche Arten: Die großen Möwenarten sind vor allem in den Jugendkleidern schwer auseinanderzuhalten (siehe Fotos).

Zusatzinfos: Dynamisches Segeln S. 496, Segelflug S. 499, Sturzflug S. 507, Formationsflug S. 508, Stationäres Luftbremsen S. 510, Hangaufwindsegeln S. 511, Rüttelflug S. 513

Beobachtungstipps: An den Küsten und an größeren Gewässern im Binnenland sowie entlang der großen Flüsse sind Silbermöwen und Mittelmeermöwen häufig zu beobachten. Es lohnt sich, ihre Flugkünste vor allem bei heftigem Wind einmal näher zu beobachten.

Steppenmöwe (→321)

Larus cachinnans

En: Caspian Gull
Fr: Goéland pontique
Es: Gaviota del Caspio
It: Gabbiano reale pontico

Status: Regelmäßiger Brut- und Jahresvogel der Kaspiregion, der regelmäßig ins mitteleuropäische Binnenland vordringt, dort auch ganzjähriger Gast ist und kleine Brutvorkommen etabliert hat.

Flügelspannweite: 140 – 158 cm

Fluggeschwindigkeit: ca. 50 km/h (beim Anfliegen des Schlafplatzes, Zuggeschwindigkeiten wohl etwas niedriger)

Flügelschlagfrequenz: ca. 3 Flügelschläge / Sekunde

Flugweise: Flugweise sehr ähnlich Silbermöwe.

Stimme: Das auch manchmal im Flug geäußerte Jauchzen klingt schneller als bei den anderen Großmöwen. Es beginnt mit einigen kurzen Lauten, gefolgt von langen schrillen Mittelelementen „kwäh kwäh" oder „kwäik" und endend mit stakkatoartigen „gagagaga"-Rufen, außerdem ist im Flug häufig der Ruf „wäo" zu hören (a).

Ähnliche Arten: Die großen Möwenarten sind vor allem in den Jugendkleidern schwer auseinanderzuhalten (siehe Fotos).

Zusatzinfos: Dynamisches Segeln S. 496, Segelflug S. 499, Sturzflug S. 507, Formationsflug S. 508, Stationäres Luftbremsen S. 510, Hangaufwindsegeln S. 511, Rüttelflug S. 513

Beobachtungstipps: Vor allem im Winter entlang der großen Flusstäler und Gewässersysteme regelmäßig zu beobachten, allerdings nur mit viel Erfahrung von jungen Silbermöwen zu unterscheiden.

Heringsmöwe (→ 323)

Larus fuscus

En: Lesser Black-backed Gull
Fr: Goéland brun
Es: Gaviota sombría
It: Zafferano

Status: Brut- und Jahres- oder Sommervogel in Küstenregionen, in kleinen Zahlen Durchzügler im Binnenland.

Flügelspannweite: 135 -150 cm

Fluggeschwindigkeit: ca. 47 km/h (auf dem Zug)

Flügelschlagfrequenz: ca. 3 Flügelschläge / Sekunde

Flugweise: Fliegt mit konstanten, gleichmäßigen Flügelschlägen, ist aber auch ein guter Segelflieger, Hangaufwindsegler und dynamischer Segler. Insgesamt wendiger als Silber- und Mittelmeermöwe. Nahrungserwerb fliegend, schwimmend oder laufend. Im Flug wird anderen Vögeln Beute abgejagt oder die Nahrungssuche erfolgt im Suchflug. Ein 10-12 m hoher Suchflug kann direkt in Stoßtauchen übergehen.

Stimme: Stimme ähnlich Mittelmeermöwe. Die einsilbigen Hauptrufe (a) sind heiser und nicht so schrill wie bei der Silbermöwe. Das Jauchzen klingt eher hoch und überschnappend „kejau kejau" und schließlich „kwakwakwa...".

Schlichtkleid (Unterart *L. f. heuglini*)

Ähnliche Arten: Die großen Möwenarten sind vor allem in den Jugendkleidern schwer auseinanderzuhalten (siehe Fotos).

Zusatzinfos: Dynamisches Segeln S. 496, Segelflug S. 499, Sturzflug S. 507, Formationsflug S. 508, Stationäres Luftbremsen S. 510, Hangaufwindsegeln S. 511, Rüttelflug S. 513

Beobachtungstipps: siehe Silbermöwe

Polarmöwe (→ 324)

Larus glaucoides

En: Iceland Gull
Fr: Goéland arctique
Es: Gaviota groenlandesa
It: Gabbiano d'Islanda

Status: Seltener Gast an der Küste, im Binnenland Ausnahmegast.

Flügelspannweite: 140 – 150 cm

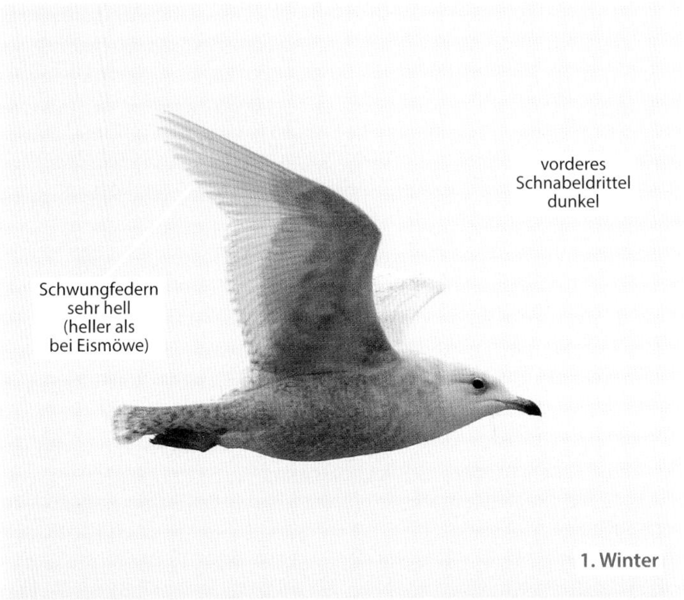
vorderes
Schnabeldrittel
dunkel
Schwungfedern
sehr hell
(heller als
bei Eismöwe)
1. Winter

schwarze
Schnabelspitze
unscharf
abgesetzt
2. Winter

Lachseeschwalbe (→326)

Gelochelidon nilotica

En: Gull-billed Tern
Fr: Sterne hansel
Es: Pagaza piconegra
It: Sterna zampenere

Status: Lokaler, seltener Brut- und Sommervogel an der Nordsee und an wenigen Stellen im Mittelmeerraum und am Kaspischen Meer.

Flügelspannweite: 100 – 115 cm

Flugweise: Sehr möwenähnlicher Flug mit konstanten und gleichmäßigen Flügelschlägen. Nahrungserwerb durch Suchflug, Absammeln von Insekten von Büschen oder vom Wasser im Rüttelflug und schräge Sturzflüge, bei denen aber der Vogel kaum eintaucht.

Stimme: Nasal und durchdringend „gluwik" oder „gewick", oft mehrsilbig, auch in Reihen „kewit kewit kowat" (a). Bei Störungen „häähähähähä" (a).

Ähnliche Arten: Andere weiße Seeschwalben mit dunklen Kappen sind zur Brutzeit vor allem anhand der Schnäbel meist gut unterscheidbar (siehe Fotos).

Zusatzinfos: Sturzflug S. 507, Stationäres Luftbremsen S. 510, 14 Rüttelflug

Beobachtungstipps: Nur an wenigen Stellen an der Nordsee regelmäßig zu beobachten, ansonsten aus Mitteleuropa weitgehend verschwunden.

Raubseeschwalbe (→ 327)

Hydroprogne caspia

En: Caspian Tern
Fr: Sterne caspienne
Es: Pagaza piquirroja
It: Sterna maggiore

Status: Seltener Brutvogel an der Ostseeküste, regelmäßig Einzelne zur Durchzugszeit entlang der Nordseeküsten und im Binnenland.

Flügelspannweite: 127 – 145 cm

Fluggeschwindigkeit: ca. 44 km/h

Flugweise: Typischer seeschwalbenartiger Flug, bei dem der Körper mit den etwas steifen und ruckartigen Flügelschlägen auf- und abwippt. Allerdings sind die Flügelschläge langsamer als bei anderen weißen Seeschwalbenarten. Raubseeschwalben sind gute Stoßtaucher, die bis zu 1,5m tief ins Wasser eintauchen können.

Stimme: Sehr raue nasale Rufe „ärrät“, „krrääor“ (a) usw.

Ähnliche Arten: Andere weiße Seeschwalben mit dunklen Kappen sind zur Brutzeit vor allem anhand der Schnäbel meist gut unterscheidbar (siehe Fotos).

Zusatzinfos: Sturzflug S. 507, Stationäres Luftbremsen S. 510, Rüttelflug S. 513

Beobachtungstipps: An Küsten und großen Binnengewässern vor allem im Spätsommer auf dem Zug zu beobachten. In der Ostsee (Schweden, Finnland, Baltikum) gibt es auch Brutvorkommen.

Raubseeschwalbe Schlichtkleid

Jugendkleid

Schmuckseeschwalbe (→ 328)

Sterna elegans

En: Elegant Tern
Fr: Sterne élégante
Es: Charrán elegante
It: Sterna elegante

Status: Ausnahmegast.

Flügelspannweite: 102 – 110 cm

Rüppellseeschwalbe (→ 329)

Sterna bengalensis

En: Lesser Crested Tern
Fr: Sterne voyageuse
Es: Charrán bengalí
It: Sterna di Rüppell

Status: Ausnahmegast, wenige neuere Nachweise.

Flügelspannweite: 88 – 105 cm

Brandseeschwalbe (→ 330)

Sterna sandviscensis

En: Sandwich Tern
Fr: Sterne caugek
Es: Charrán patinegro
It: Beccapesci

Status: Häufiger und verbreiteter Brut- und Sommervogel in Küstenregionen.

Flügelspannweite: 95 – 105 cm

Flugweise: Typischer seeschwalbenartiger Flug, siehe Raubseeschwalbe. Der Nahrungserwerb erfolgt vor allem über Stoßtauchen bis in etwa 1,5 m Tiefe. Der Flug in der Gruppe erfolgt meist ungeordnet und nicht in Formation.

Stimme: Charakteristisch der schneidende Ruf „kii-rek“ (a, auch „kiarrit“, gräjäh u. a.). Beim Flugangriff auf einen Bodenfeind am Nest scharf „kekeke“.

Ähnliche Arten: Andere weiße Seeschwalben mit dunklen Kappen sind zur Brutzeit vor allem anhand der Schnäbel meist gut unterscheidbar (siehe Fotos).

Zusatzinfos: Sturzflug S. 507, Stationäres Luftbremsen S. 510, Rüttelflug S. 513

Beobachtungstipps: Mit etwas Glück lässt sich die Brandseeschwalbe im Spätsommer auf dem Durchzug auch im Binnenland an größeren Gewässern entdecken, zuverlässiger klappt dies jedoch in der Umgebung der Brutkolonien an Nord- und Ostsee.

Rosenseeschwalbe (→331)

Sterna dougallii

En: Roseate Tern
Fr: Sterne de Dougall
Es: Charrán rosado
It: Sterna di Dougall

Status: Sehr seltener Gast in den Niederlanden, sonst Ausnahmeerscheinung. Hauptbrutvorkommen in Irland und auf den Azoren.

Flügelspannweite: 72 – 80 cm

Flussseeschwalbe (→332)

Sterna hirundo

En: Common Tern
Fr: Sterne pierregarin
Es: Charrán común
It: Sterna comune

Status: Verbreiteter, nicht sehr häufiger Brut- und Sommervogel; regelmäßiger Durchzügler in ganz Mitteleuropa

Flügelspannweite: 72 – 98 cm

Fluggeschwindigkeit: ca. 42 km/h

Flugweise: Typischer seeschwalbenartiger Flug (siehe Raubseeschwalbe) mit weit ausholenden Flügelschlägen. Nahrungserwerb über Stoßtauchen oder Absammeln von der Wasseroberfläche, meist an etwas turbulenten Wasserstellen. Zur Balz gehört unter anderem ein Flugmanöver, bei dem beide Partner hoch aufsteigen und mit halb angelegten Flügeln in einem flacher werdenden Bogen herabgleiten.

Stimme: Schneidend scharfes, lautes „kiiräh" oder „kijäärih", oft im Zusammenhang mit Störungen (li). Im Flug oft auch „kik kik", manchmal kombiniert mit „kriä". Flugangriffe auf Feinde in Nestnähe werden von lautem „kekekekek" begleitet (re).

Ähnliche Arten: Andere weiße Seeschwalben mit dunklen Kappen sind zur Brutzeit vor allem anhand der Schnäbel meist gut unterscheidbar (siehe Fotos).

Zusatzinfos: Sturzflug S. 507, Stationäres Luftbremsen S. 510, Rüttelflug S. 513

Beobachtungstipps: Flussseeschwalben sind an Küsten und größeren Gewässern im Binnenland sowie entlang der großen Flüsse zur Brutzeit und zu den Durchzugszeiten zu finden. Nicht selten jagen sie nahe an Molen oder Uferpromenaden und lassen sich dabei gut beobachten.

Küstenseeschwalbe (→333)

Sterna paradisaea

En: Arctic Tern
Fr: Sterne arctique
Es: Charrán ártico
It: Sterna codalunga

Status: Brut- und Sommervogel an mitteleuropäischen Küstenregionen, dort auch zahlreicher Durchzügler; im Binnenland nur ausnahmsweise.

Flügelspannweite: 75 – 85 cm

Fluggeschwindigkeit: ca. 39 km/h

Flugweise: Flug sehr ähnlich Flussseeschwalbe. Stoßtauchen bis in mehrere Meter Tiefe wurde beschrieben, außerdem Insektenfang in der Luft.

Stimme: Stimme etwas melodischer als bei Flussseeschwalbe und in der Regel nur einsilbig „kirrr", „krüirr", „grääk" oder ähnlich (li). Bei gegenseitigen Verfolgungsflügen „kjarr" oder „rörr t-roööör t-röör". Flugangriffe auf Bodenfeinde am Nest werden von scharfen Rufen begleitet, die wie aneinandergeschlagene Kieselsteine klingen (re).

Ähnliche Arten: Andere weiße Seeschwalben mit dunklen Kappen sind zur Brutzeit vor allem anhand der Schnäbel meist gut unterscheidbar (siehe Fotos).

Zusatzinfos: Sturzflug S. 507, Stationäres Luftbremsen S. 510, Rüttelflug S. 513

Beobachtungstipps: Im Sommerhalbjahr an den Meeresküsten gut zu beobachten. Das eindrucksvolle Flugvermögen der Art lässt sich bei jagenden Vögeln in Häfen und neben Schiffen oder anhand von Flügen nahe von Brutkolonien, denen man sich störungsfrei annähern kann (z. B. Eidersperrwerk), gut beobachten.

Forsterseeschwalbe (→334)

Sterna forsteri

En: Forster's Tern
Fr: Sterne de Forster
Es: Charrán de Forster
It: Sterna di Forster

Status: Ausnahmegast, Nachweise in Belgien und den Niederlanden.

Flügelspannweite: 73 – 83 cm

Zwergseeschwalbe (→335)

Sternula albifrons

En: Little Tern
Fr: Sterne naine
Es: Charrancito común
It: Fraticello

Status: Nicht häufiger Brut- und Sommervogel an den Küsten von Nord- und Ostsee, nur sporadisch verbreitet an Mittelmeerküsten; regelmäßiger Durchzügler an den Küsten, selten im Binnenland.

Flügelspannweite: 47 – 55 cm

Flugweise: Agiler, aber dennoch typisch seeschwalbenartiger Flug (siehe Raubseeschwalbe) mit weit ausholenden Flügelschlägen. Häufige und ausdauernde Rüttelflüge, denen Stoßtauchgänge aus einigen Metern Höhe folgen können. Außerhalb der Brutzeit gesellig, aber Flüge nicht in Formation.

Stimme: Mehrsilbiges heiseres „püürit" oder „quidat", manchmal auch „pit" oder „kri" (li). Eher unauffällige Flugrufe wie „tittittitit" (re) oder heiseres ansteigendes „wäd" oder „wiit" bei Beunruhigung am Nest, teilweise auch schnellere Rufreihen.

Ähnliche Arten: Andere weiße Seeschwalben mit dunklen Kappen sind zur Brutzeit vor allem anhand der Schnäbel meist gut unterscheidbar (siehe Fotos).

Zusatzinfos: Sturzflug S. 507, Stationäres Luftbremsen S. 510, Rüttelflug S. 513

Beobachtungstipps: Zwergseeschwalben sind zur Brut- und Durchzugszeit an Nord- und Ostseeküste häufig zu beobachten.

Zügelseeschwalbe (→ 336)

Onychoprion anaethetus

En: Bridled Tern
Fr: Sterne bridée
Es: Charrán embridado
It: Sterna dalle redini

Status: Extrem seltener Ausnahmegast.

Flügelspannweite: 76 – 81 cm

Rußseeschwalbe (→ 337)

Onychoprion fuscata

En: Sooty Tern
Fr: Sterne fuligineuse
Es: Charrán sombrío
It: Sterna scura

Status: Extrem seltener Ausnahmegast.

Flügelspannweite: 82 – 94 cm

Weißbart-Seeschwalbe (→ 338)

Chlidonias hybrida

En: Whiskered Tern
Fr: Guifette moustac
Es: Fumarel cariblanco
It: Mignattino piombato

Status: Im östlichen Mitteleuropa lokal häufiger Brutvogel, ansonsten regelmäßiger Sommergast und Durchzügler

Flügelspannweite: 74 – 78 cm

Flugweise: Flug ähnlich Trauerseeschwalbe, aber Flügelschlag energischer, weniger flatternd und mit selteneren Gleitphasen zwischen den Flügelschlägen. Beim Stoßtauchen taucht höchstens der Kopf ein.

Stimme: Nasal ratternd „krrr“, „krek“ oder „gräb“, häufig wiederholt (a).

Ähnliche Arten: Außerhalb der Brutzeit sind sich Weißbart-, Weißflügel- und Trauerseeschwalbe recht ähnlich (siehe Fotos).

Zusatzinfos: Sturzflug S. 507, Stationäres Luftbremsen S. 510, Rüttelflug S. 513

Weißflügel-Seeschwalbe (→ 339)

Chlidonias leucopterus

En: White-winged Tern
Fr: Guifette leucoptère
Es: Fumarel aliblanco
It: Mignattino alibianche

Status: Im östlichen Mitteleuropa lokal häufiger Brutvogel, sporadisch auch weiter westlich, ansonsten seltener Durchzügler.

Flügelspannweite: 63 – 67 cm

Fluggeschwindigkeit: ca. 43 km/h (auf dem Zug)

Flügelschlagfrequenz: ca. 5 Flügelschläge / Sekunde

Flugweise: Flug ähnlich Trauerseeschwalbe, aber mehr flatternd und mit häufigeren Gleitphasen zwischen den Flügelschlägen.

Stimme: Kurzes und raues „trä“ oder „tri“ in verschiedenen Klangschattierungen, außerdem kurz „krik“ oder „krrreh“ im Flug (a).

Ähnliche Arten: Außerhalb der Brutzeit sind sich Weißbart-, Weißflügel- und Trauerseeschwalbe recht ähnlich (siehe Fotos).

Zusatzinfos: Sturzflug S. 507, Stationäres Luftbremsen S. 510, Rüttelflug S. 513

Trauerseeschwalbe (→340)

Chlidonias niger

En: Black Tern
Fr: Guifette noire
Es: Fumarel común
It: Mignattino comune

Status: Nicht häufiger, regelmäßiger Brut- und Sommervogel im nördlichen und östlichen Mitteleuropa, ansonsten regelmäßiger Durchzügler.

Flügelspannweite: 64 – 68 cm

Flügelschlagfrequenz: ca. 3 Flügelschläge / Sekunde

Flugweise: Wendiger Flug mit tief ausholenden, aber langsam wirkenden Flügelschlägen. Wie bei den weißen Seeschwalben hebt und senkt sich der Körper bei den Flügelschlägen etwas. Nahrungssuche im bogenförmigen Suchflug niedrig über das Wasser. Fluginsekten werden in der Luft der von der Wasseroberfläche gesammelt. Zur Balz gehört unter anderem ein Schauflug mit schnellen Flügelschlägen beider Geschlechter über dem Brutplatz, oft von mehreren Paaren gemeinsam.

Stimme: Wesentlich weniger ruffreudig als die weißen Seeschwalbenarten, außer zur Brutzeit in der Kolonie. Einzelrufe „kriä" (a) oder „krik". Im Schauflug trocken „kriiä" oder „krii-e-rick" und hoch „kiik".

Ähnliche Arten: Außerhalb der Brutzeit sind sich Weißbart-, Weißflügel- und Trauerseeschwalbe recht ähnlich (siehe Fotos).

Zusatzinfos: Sturzflug S. 507, Stationäres Luftbremsen S. 510, Rüttelflug S. 513

deutlicher Fleck
unterhalb Flügelansatz
1. Winter

im Prachtkleid
Rumpf einheitlich
dunkelgrau
Unterflügeldecken
alle grau
Übergang ins Schlichtkleid

Steppenflughuhn (→341)

Syrrhaptes paradoxus

En: Pallas's Sandgrouse
Fr: Syrrhapte paradoxal
Es: Ganga de Pallas
It: Sirratte

Status: Vorkommen in Mitteleuropa: In Deutschland zuletzt 1937 nachgewiesen, in Polen 1990.

Großinvasionen nach Europa 1863/64, 1888/89 und 1908 mit bis 100.000 Vögeln. Seither deutlich seltener und nur noch kleinere Einflüge. Jüngere Nachweise fehlen in Mitteleuropa weitgehend.

Flügelspannweite: 60 – 78 cm

Braunbauch-Flughuhn (→343)

Pterocles exustus

En: Chestnut-bellied Sandgrouse
Fr: Ganga à ventre brun
Es: Ganga moruna
It: Grandule ventrecastano

Status: Extrem seltener Ausnahmegast

Flügelspannweite: 48 – 51 cm

Sandflughuhn (→344)

Pterocles orientalis

En: Black-bellied Sandgrouse
Fr: Ganga unibande
Es: Ganga ortega
It: Ganga

Status: Ausnahmegast, je einmal im 19. und 20. Jahrhundert.

Flügelspannweite: 70 – 73 cm

Stimme: Von fliegenden Vögeln, besonders bei Abflug und beim Landen, sind häufig purrende Rufe zu hören, die in längeren Motiven verklingen (a, „errruguguu“).

Hohltaube (→346)

Columba oenas

En: Stock Dove
Fr: Pigeon colombin
Es: Paloma zurita
It: Colombella

Status: Brut- und Sommervogel; regelmäßiger Durchzügler.

Flügelspannweite: 63 – 69 cm

Fluggeschwindigkeit: ca. 57 km/h

Flugweise: Flug mit schnellen, tiefen Flügelschlägen (schneller als Ringeltaube, aber etwas langsamer als Straßentaube) mit etwas gebogenen Flügeln. Start und Landung siehe Straßentaube. Das Männchen zeigt als Bestandteil der Balz einen Ausdrucksflug aus horizontalem Kreisen, Gleiten mit leicht v-förmig gehaltenen Flügeln und Flügelklatschen. Außerhalb der Brutzeit fliegen Hohltauben oft in anderen Taubenschwärmen mit. Der Zug erfolgt meist tags.

Stimme: Keine typischen Flugrufe. Beim Abflug und während der Balzflüge rasches mehrfaches Flügelklatschen und pfeifend-wischender Flugschall als Instrumentallaute (a).

Ähnliche Arten: Verwechslung mit Brief- und Straßentauben und mit der Ringeltaube sind möglich (siehe Fotos).

Zusatzinfos: Steigflug S. 495, Rüttelflug S. 513

Beobachtungstipps: Die einzeln im Wald lebenden Hohltauben sind in der Regel schwer zu beobachten und am ehesten an ihrem Revierruf ("hurùeup-hurùeup-hurùeup...") auszumachen. Außerhalb der Brutzeit lassen sich einzelne Hohltauben nicht selten in Ringeltaubenschwärmen entdecken.

Ringeltaube (→347)

Columba palumbus

En: Common Wood Pigeon
Fr: Pigeon ramier
Es: Paloma torcaz
It: Colombaccio

Status: Häufiger und verbreiteter Brut- und Sommer- bzw. Jahresvogel in ganz Mitteleuropa; häufiger Durchzügler, Anzahl der Standvögel zunehmend.

Flügelspannweite: 75 – 80 cm

Fluggeschwindigkeit: ca. 59 km/h

Flügelschlagfrequenz: ca. 5 Flügelschläge / Sekunde

Flugweise: Fliegt mit relativ schnellen, aber unter den drei grauen Taubenarten doch langsamsten Flügelschlägen. Der Kopf wird dabei etwas höher und etwas weiter nach vorne gehalten als bei der Straßentaube. Starts und Landungen siehe Straßentaube. Schwarmflug erfolgt in geschlossenen Wolken ohne erkennbare Formation. Der Zug erfolgt meist tags und nur ausnahmsweise nachts.

Stimme: Keine typischen Flugrufe. Beim Abflug und in der Steigphase des Balzfluges rasches mehrfaches Flügelklatschen als Instrumentallaut (li). Beim Vorbeiflug hört man von dem Vogel einen rhythmischen wetzenden Flugschall (re).

Ähnliche Arten: Verwechslung mit Brief- und Straßentauben und mit der Hohltaube sind möglich (siehe Fotos).

Zusatzinfos: Steigflug S. 495, Rüttelflug S. 513

Beobachtungstipps: Ringeltauben sind heute in Mitteleuropa zu häufigen Siedlungsbewohnern geworden. In Parks lassen sie sich in der Regel gut beobachten.

Turteltaube (→ 348)

Streptopelia turtur

En: European Turtle Dove
Fr: Tourterelle des bois
Es: Tórtola europea
It: Tortora selvatica

Status: Lückig verbreiteter Brut- und Sommervogel, regelmäßiger Durchzügler.

Flügelspannweite: 47 – 53 cm

Flügelschlagfrequenz: ca. 7 Flügelschläge / Sekunde

Flugweise: Schneller, wendiger Flug mit schnellen tiefen Flügelschlägen. Als Balzflug fliegt das Männchen knapp 30 m steil hoch und gleitet mit horizontal gehaltenen Flügeln und gespreiztem Schwanz wieder abwärts. Zugflüge finden überwiegend nachts statt.

Stimme: Beim Abflug und während des Balzfluges rasches mehrfaches Flügelklatschen als Instrumentallaut.

Ähnliche Arten: Turtel- und Türkentauben sowie weitere Arten mit rosa-grauer Grundfärbung der Gattung Streptopelia können miteinander verwechselt werden (siehe Fotos).

Zusatzinfos: Steigflug S. 495, Rüttelflug S. 513

Beobachtungstipps: Turteltauben sind über ganz Mitteleuropa verbreitet, wo sie locker gehölzbestandene Landschaften einschließlich Randbereiche von Siedlungen bevorzugen. Ihre Dichte ist jedoch in den meisten Regionen gering, so dass man etwas Glück benötigt, um sie zur Brutzeit aufzuspüren.

Orientturteltaube (→ 349)

Streptopelia orientalis

En: Oriental Turtle Dove
Fr: Tourterelle orientale
Es: Tórtola oriental
It: Tortora orientale

Status: Ausnahmegast.

Flügelspannweite: 53 – 60 cm

Türkentaube (→ 351)

Streptopelia decaocto

En: Eurasian Collared Dove
Fr: Tourterelle turque
Es: Tórtola turca
It: Tortora dal collare

Status: Verbreiteter Brut- und Jahresvogel.

Flügelspannweite: 47 – 55 cm

Flugweise: Im schnellen Streckenflug wechseln sich 2-3 kräftige, zuckende Flügelschläge mit längeren Gleitphasen ab (erinnert etwas an Sperber).

Stimme: Vor dem Landen äußern Türkentauben ein typisches nasales „wäääh" oder „chriii", das auch wiederholt werden kann (a). Beim Abflug und während des Balzfluges rasches mehrfaches Flügelklatschen als Instrumentallaut. Im Streckenflug erzeugen sie mit den Flügeln als Instrumentallaut ein rhythmisches Pfeifen (a).

Ähnliche Arten: Turtel- und Türkentauben sowie weitere Arten mit rosa-grauer Grundfärbung der Gattung Streptopelia können miteinander verwechselt werden (siehe Fotos).

Zusatzinfos: Steigflug S. 495, Rüttelflug S. 513

Beobachtungstipps: In Siedlungen mit etwas älterem Baumbestand und Grünflächen lassen sich Türkentauben finden und relativ leicht beobachten.

Türkentaube adult

Alexandersittich (→354)

Psittacula eupatria

En: Alexandrine Parakeet
Fr: Perruche alexandre
Es: Cotorra alejandrina
It: Parrocchetto di Alessandro

Status: Lokaler Brutvogel aus Einbürgerungen, in Deutschland (z. B. Rheingebiet) und Belgien etabliert, sonst Gefangenschaftsflüchtlinge.

Flügelspannweite: 50 – 62 cm

Halsbandsittich (→355)

Psittacula krameri

En: Rose-ringed Parakeet
Fr: Perruche à collier
Es: Cotorra de Kramer
It: Parrocchetto dal collare

Status: Regelmäßiger Brut- und Jahresvogel an einigen Stellen, an denen sich entkommene Zoovögel oder absichtlich freigelassene Vögel etablieren konnten.

Flügelspannweite: 42 – 48 cm

Flugweise: Sehr schneller Flug in langgestreckter Körperhaltung und mit raschen, eher flachen Flügelschlägen. Halsbandsittiche sind zwar oft in Gruppen unterwegs, diese lassen jedoch im Flug keine geordnete Formation erkennen.

Stimme: Kreischendes gereihtes „kijek“, „kre-kre“ oder ähnlich, manchmal auch „errr“ oder „kri-kri-kri...“ (a). In Schwärmen sehr lautstark.

Ähnliche Arten: Es gibt eine Reihe weiterer überwiegend grüner Sitticharten, die regional oder lokal als Nachfahren entkommener Vögel auftreten können.

Beobachtungstipps: In Mitteleuropa kommen Nachfahren entkommener Vögel in einigen etablierten Brutvorkommen vor, die aber stark an städtische Lebensräume (Parks, Gärten), beispielsweise im Raum Köln-Bonn, gebunden sind.

Mönchssittich (→356)

Myiopsitta monachus

En: Monk Parakeet
Fr: Conure veuve
Es: Cotorra argentina
It: Parrocchetto monaco

Status: In einzelnen Regionen frei brütend, z. B. Belgien, Niederlande, Slowakei.

Flügelspannweite: 31 – 34 cm

Stimme: Besonders in der Brutkolonie am Gemeinschaftsnest und im Flug ruffreudige Vögel. Im Tonbeispiel zwei zusammengesetzte Rufreihen (a).

Große Gelbkopfamazone (→ 357)

Amazona oratrix

En: Yellow-headed Amazon
Fr: Amazone à tête jaune
Es: Amazona cabecigualda
It: Amazzone testagialla

Status: Lokale kleine, aber inzwischen etablierte Population in Stuttgart.

Flügelspannweite: 42 – 47 cm

Häherkuckuck (→ 361)

Clamator glandarius

En: Great Spotted Cuckoo
Fr: Coucou geai
Es: Críalo europeo
It: Cuculo dal ciuffo

Status: Ausnahmegast von April bis Oktober.

Flügelspannweite: 58 – 61 cm

Stimme: Die Rufe sind ganz anders als alles, was man vom Kuckuck kennt. Besonders im Flug äußern sie durchdringende, klirrend-scheppernde Rufreihen (a), bei Alarm auch ein nasales „wäd" (a).

Jugendkleid

Jugendkleid

Kuckuck (→ 362)

Cuculus canorus

En: Common Cuckoo
Fr: Coucou gris
Es: Cuco común
It: Cuculo

Status: Regelmäßiger und verbreiteter Brutvogel, Sommergast und Durchzügler.

Flügelspannweite: 55 – 60 cm

Fluggeschwindigkeit: ca. 37 km/h (im normalen Streckenflug)

Flugweise: Flug recht geradlinig mit flachen, etwas schwach wirkenden Flügelschlägen. Zug findet hauptsächlich nachts statt.

Stimme: Der typische Kuckucksgesang „gu-guu" wird in der Regel im Sitzen geäußert, nur in Erregung auch im längeren Streckenflug (li). Bei höchster Erregung, auch im Abflug, überschlägt sich die Stimme und das Motiv kann dreisilbig werden (re). Das Weibchen ruft im Flug gelegentlich einen gutturalen Triller, der entfernt an den Ruf des Zwergtauchers erinnert.

Ähnliche Arten: Aufgrund der Färbung, der Proportionen und der Größe ist evtl. eine Verwechslung mit dem Turmfalken und Sperber möglich.

Beobachtungstipps: Vor allem frühmorgens im Mai und Juni hat man manchmal die Gelegenheit, Revierstreitigkeiten mit aufgeregten Rufen und hoher Flugaktivität mitzuerleben. Generell ist der Kuckuck viel häufiger zu hören als zu sehen.

Schleiereule (→ 363)

Tyto alba

En: Western Barn Owl
Fr: Effraie des clochers
Es: Lechuza común
It: Barbagianni

Status: Regelmäßiger Brut- und Jahresvogel.

Flügelspannweite: 85 – 93 cm

Flugweise: Flug mit sanften Flügelschlägen mit eingeschobenen kurzen, manchmal etwas gaukelnden Gleitphasen und so gut wie geräuschlos. Fliegt nur bei Störungen tagsüber.

Stimme: Der kreischend-zischende Gesang „chchchrrr-rüüüüüi" (a) wird auch im Flug geäußert und kann am Ende zu einem Tremolo modifiziert werden.

Ähnliche Arten: Unverkennbar.

Zusatzinfos: Start von erhöhten Plätzen S. 506, Rüttelflug S. 513

Beobachtungstipps: Vor allem im ländlichen Raum ist abends und nachts gelegentlich der kreischend-zischende Gesang zu hören. Manchmal kann man im Laternenlicht kurz einen fliegenden Vogel erkennen. Kotspritzer und Gewölle geben Hinweis auf Tageseinstände in Scheuen und offenen Dachböden.

Zwergohreule (→364)

Otus scops

En: Eurasian Scops Owl
Fr: Petit-duc scops
Es: Autillo europeo
It: Assiolo

Status: Brütet regelmäßig in Ungarn, selten in Österreich, der Schweiz und der Slowakei. Vereinzelter unregelmäßiger Brut- und Sommervogel in Süddeutschland, sonst sehr seltener Gastvogel.

Flügelspannweite: 49 – 54 cm

Waldohreule (→365)

Asio otus

En: Long-eared Owl
Fr: Hibou moyen-duc
Es: Búho chico
It: Gufo comune

Status: Verbreiteter Brut- und Jahresvogel (seltener Zieher); Durch- und Zuzug nordischer Vögel außerhalb der Brutzeit.

Flügelspannweite: 90 – 100 cm

Flügelschlagfrequenz: ca. 3 Flügelschläge / Sekunde

Flugweise: Ruhiger Flug mit tiefen Flügelschlägen und runden Bewegungen, die durch die langen Flügel noch unterstrichen werden. Beutefang überwiegend im Flug und Anflug. Dämmerungs- und nachtaktiv, Wanderungsflüge können jedoch auch tags stattfinden.

Stimme: Keine für den Flugkontext typischen Rufe. Zu Anfang der Brutzeit wird als Instrumentallaut ein scharfes Flügelklatschen erzeugt, das wohl durch peitschenartige Bewegung von Schwungfedern verursacht wird (a).

Ähnliche Arten: Verwechslung mit Waldkauz, Sumpfohreule und Uhu ist denkbar (siehe Fotos).

Zusatzinfos: Start von erhöhten Plätzen S. 506, Rüttelflug S. 513

Beobachtungstipps: In Parks mit großen alten Bäumen, die gut Deckung bieten, lassen sich vor allem im Winter manchmal Schlafplätze von Waldohreulen finden. Oft liefern unter der Baumkrone liegende Gewölle gute Hinweise. Die Vögel sitzen dann oft schmal und aufrecht in Stammnähe.

Sumpfohreule (→ 366)

Asio flammeus

En: Short-eared Owl
Fr: Hibou des marais
Es: Búho campestre
It: Gufo di palude

Status: Seltener Brutvogel in Küstenbereichen, regelmäßiger aber seltener Durchzügler und Wintergast auch im Binnenland.

Flügelspannweite: 95 – 110 cm

Fluggeschwindigkeit: ca. 30 km/h (im normalen Streckenflug)

Flugweise: Der Flug besteht aus Phasen mit einigen Flügelschlägen und längeren, gaukelnden Gleitstrecken mit V-förmig aufwärts gehaltenen Flügeln. Die Nahrung wird im ausdauernden, niedrigen Suchflug aufgespürt. Bei Beutefang am Boden erfolgt schnelles Vorwärtskommen durch Flugsprünge. Sumpfohreulen können gut rütteln. Überwiegend dämmerungsaktiv, zur Brutzeit auch tagaktiv.

Stimme: Der Reviergesang wird sitzend oder im Rundflug vorgetragen und besteht aus meist 6 bis 10 Rufen wie „bu bu bu" (a). Dazu werden Sturzflüge gezeigt und Flügelpeitschen erzeugt (a). In Nestnähe bei Störungen „rrät wät wät" im Flug.

Ähnliche Arten: Verwechslung mit Waldkauz, Waldohreule und Uhu ist denkbar (siehe Fotos).

Zusatzinfos: Start von erhöhten Plätzen S. 506, Rüttelflug S. 513

Beobachtungstipps: Die zumindest teilweise tagaktive Eule lässt sich über offenen, oft feuchten Landschaften vor allem in den Küstenflachländern, aber auch in größeren Ebenen weiter im Binnenland beim Jagdflug beobachten.

Uhu (→367)

Bubo bubo

En: Eurasian Eagle-Owl
Fr: Grand-duc d'Europe
Es: Búho real
It: Gufo reale

Status: Nach Wiederbesiedlung und Arealausweitung Brut- und Jahresvogel mit geringer Dichte.

Flügelspannweite: 160 – 188 cm

Flugweise: Ruderflug, der bei längeren Flügen mit Gleitphasen unterbrochen wird. Auch Segelflug wurde beschrieben. Die Beute wird nach Kombination aus Pirschflug und Ansitzjagd gefangen. Flüge finden vor allem in der Dämmerung und nachts statt.

Stimme: Kräftiger, tiefer und weit tragender Ruf „buuho" (a), der im Abstand einiger Sekunden, im Flug auch etwas schneller hervorgebracht wird.

Ähnliche Arten: Verwechslung mit Waldkauz, Sumpf- und Waldohrohreule ist denkbar (siehe Fotos).

Zusatzinfos: Hochziehen schwerer Beute S. 504, Start von erhöhten Plätzen S. 506, Rüttelflug S. 513

Beobachtungstipps: Uhus lassen sich am besten durch ihre weit tragenden Revierrufe aufspüren. Manchmal ist es dann möglich, den Vogel im Dämmerlicht sitzen oder herumfliegen zu sehen.

Schneeeule (→ 369)

Bubo scandiacus

En: Snowy Owl
Fr: Harfang des neiges
Es: Búho nival
It: Gufo delle nevi

Status: Sehr seltener und unregelmäßiger Wintergast im Norden, sonst Ausnahmegast.

Flügelspannweite: 142 – 166 cm

Waldkauz (→370)

Strix aluco

En: Tawny Owl
Fr: Chouette hulotte
Es: Cárabo común
It: Allocco

Status: Verbreiteter Brut- und Standvogel im gesamten Mitteleuropa.

Flügelspannweite: 90 – 104 cm

Flugweise: Wendiger, sehr leiser Flug über meist kurze Strecken mit Gleitphasen und Rüttelflug. Beutefang vielfältig, u. a. auch Fang von Kleinvögeln und Fledermäusen im Flug. Flüge vor allem in der Dämmerung und nachts.

Stimme: Der hohl flötende Gesang „uuuu uh uhuuu" wird manchmal auch im Flug vorgetragen (li), das gilt auch für den Weibchenruf „kjuwitt" (re). Flügelklatschen wird dazu eingesetzt, Kleinvögel vom Schlafplatz aufzuscheuchen, um sie dann zu fangen.

Ähnliche Arten: Verwechslung mit Uhu, Sumpf- und Waldohreule ist denkbar (siehe Fotos).

Zusatzinfos: Hochziehen schwerer Beute S. 504, Start von erhöhten Plätzen S. 506, Rüttelflug S. 513

> **Beobachtungstipps:** Nur mit Glück lässt sich ein Waldkauz auch einmal sehen, vielleicht sogar am Tagesruheplatz entdecken. Häufiger wird man den Gesang und die Rufe beider Geschlechter wahrnehmen.

Habichtskauz (→371)

Strix uralensis

En: Ural Owl
Fr: Chouette de l'Oural
Es: Cárabo uralense
It: Allocco degli Urali

Status: Regelmäßiger Brutvogel der Karpaten, sowie in Nordostpolen. Seit 1975 wieder angesiedelte Kleinpopulation im Nationalpark Bayerischer Wald; sonst Ausnahmegast vor allem im Osten.

Flügelspannweite: 110 – 134 cm

Bartkauz (→372)

Strix nebulosa

En: Great Grey Owl
Fr: Chouette lapone
Es: Cárabo lapón
It: Allocco della Lapponia

Status: Unregelmäßiger, sehr seltener Brutvogel im äußersten Nordosten Polens, Ausnahmegast weiter westlich bis Westpolen.

Flügelspannweite: 134 – 158 cm

Sperbereule (→373)

Surnia ulula

En: Northern Hawk-Owl
Fr: Chouette épervière
Es: Cárabo gavilán
It: Ulula

Status: Selten und nur unregelmäßig.

Flügelspannweite: 74 – 81 cm

Sperlingskauz (→374)

Glaucidium passerinum

En: Eurasian Pygmy Owl
Fr: Chevêchette d'Europe
Es: Mochuelo alpino
It: Civetta nana

Status: Brut- und Jahresvogel in den Mittelgebirgen und in den Alpen.

Flügelspannweite: 34 – 38 cm

Flugweise: Der Flug kann geradlinig oder wellenförmig sein und erfolgt in schnellen und teils geräuschvollen Flügelschlägen. Der Beutefang erfolgt in Pirschjagd mit schnellen Überraschungsangriffen im Flug. Aktivitätsgipfel in der frühen Dämmerung.

Stimme: Ruffreudig, aber keine für den Flugkontext typischen Rufe. Beim Abflug ist als Instrumentallaut ein Flügelburren zu hören (a).

Ähnliche Arten: Kann evtl. mit anderen kleinen Eulen (Steinkauz, Raufußkauz) verwechselt werden.

Zusatzinfos: Hochziehen schwerer Beute S. 504, Start von erhöhten Plätzen S. 506, Rüttelflug S. 513

Beobachtungstipps: Am ehesten durch die Rufe zu finden. Sichtbeobachtungen in Wäldern – meist im Bergland – sind meist Glücksfälle.

Steinkauz (→375)

Athene noctua

En: Little Owl
Fr: Chevêche d'Athéna
Es: Mochuelo europeo
It: Civetta

Status: Regional verbreiteter, punktuell häufiger Brut- und Jahresvogel.

Flügelspannweite: 54 – 58 cm

Flugweise: Fliegt im spechtartigen Wellenflug (Bolzenflug) mit einem Wechsel aus einer Serie von Flügelschlägen und einem bogenförmigen Gleiten mit eng angelegten Flügeln. Der Beutefang erfolgt größtenteils durch Ansitz- oder Bodenjagd. Fliegt besonders eifrig in der Morgen- und Abenddämmerung.

Stimme: Ruffreudig, aber keine für den Flugkontext typischen Rufe.

Ähnliche Arten: Kann evtl. mit anderen kleinen Eulen (Sperlingskauz, Raufußkauz) verwechselt werden.

Zusatzinfos: Start von erhöhten Plätzen S. 506, Bolzenflug S. 512

> **Beobachtungstipps:** In Streuobstgebieten oder anderen Gebieten mit lockerem Baumbestand können Steinkäuze in der Abenddämmerung belauscht werden. Oft gelingt es dann auch, Vögel fliegen zu sehen.

Raufußkauz (→376)

Aegolius funereus

En: Boreal Owl
Fr: Nyctale de Tengmalm
Es: Mochuelo boreal
It: Civetta capogrosso

Status: Brut- und Jahresvogel in den Mittelgebirgen und in den Alpen.

Flügelspannweite: 53 – 62 cm

Flugweise: Geradliniger (nicht welliger) und sehr leiser Flug mit weichen Flügelschlägen. Der Beutefang erfolgt nach Ansitz im schnellen Stoßflug. Fliegt nur bei Störungen tagsüber.

Stimme: Keine für den Flugkontext typischen Rufe.

Ähnliche Arten: Kann evtl. mit anderen kleinen Eulen (Sperlingskauz, Steinkauz) verwechselt werden.

Zusatzinfos: Start von erhöhten Plätzen S. 506, Rüttelflug S. 513

Beobachtungstipps: Vor allem in montanen Wäldern ist zur Dämmerungszeit der charakteristische Gesang (flötenartige, in schneller Folge geäußerte und ansteigende Rufe hü-hü-hü-hü-hü…") zu hören. Sichtbeobachtungen sind allerdings meist Glücksfälle. Bei Störungen schaut der brütende Altvogel aus der Bruthöhle, verschließt den Eingang jedoch oft so gut mit seinem Kopf, dass er hervorragend getarnt ist.

Ziegenmelker (→ 378)

Caprimulgus europaeus

En: European Nightjar
Fr: Engoulevent d'Europe
Es: Chotacabras europeo
It: Succiacapre

Status: Verbreiteter, aber seltener Brut- und Sommervogel in Gegenden mit Sandböden.

Flügelspannweite: 57 – 64 cm

Flugweise: Langsamer und schaukelnder Flug mit weitgehend konstantem Flügelschlag, etwas an den Kuckuck erinnernd. Bei der Jagd sehr wendig mit kurzen Sturzflügen. Rüttelflug häufig. Fluginsekten werden meist von niedrigen Ansitzwarten aus von unten angeflogen. Die Männchen zeigen bei der Balz einen schmetterlingsartigen Flug, dem sich oft die Kopulation am Boden direkt anschließt. Ziegenmelker sind dämmerungs- und nachtaktiv.

Stimme: Der sehr lange anhaltende Schnurrgesang („errrrrrörrrrrrrerrrrr") wird im Sitzen vorgetragen, bei hoher Erregung fliegt das Männchen aber schließlich mit peitschenden Flügelschlägen auf und ruft „dü düüü" oder „djil djiil" (li). Der Instrumentallaut des Flügelpeitschens wird durch rasche Flügelschläge und peitschenartige Bewegungen der Schwungfedern über dem Rücken erzeugt. Als typischer Flugruf können nasale kurze Laute wie „ruit", „chiu" oder „guäck" angesehen werden (re).

Ähnliche Arten: Nachts fliegende Ziegenmelker sind unverwechselbar, ähnlich proportionierte Arten wie Falken oder Kuckuck sind nicht nachtaktiv.

Zusatzinfos: Rüttelflug S. 513

> **Beobachtungstipps:** Ziegenmelker leben in Gebieten mit Sandböden und sind dort mit etwas Geduld und Glück anhand der Schnurrlaute zu entdecken. Bei vorsichtiger Annäherung kann man oft auch kurzzeitig den fliegenden Vogel sehen. Im Mittelmeerraum können Ziegenmelker gelegentlich bei der abendlichen Jagd in Stadtparks entdeckt werden.

Pharaonenziegenmelker (→ 379)

Caprimulgus aegyptius

En: Egyptian Nightjar
Fr: Engoulevent du désert
Es: Chotacabras egipcio
It: Succiacapre isabellino

Status: Ausnahmegast, ein Nachweis auf Helgoland im 19. Jh.

Flügelspannweite: 58 – 68 cm

Stachelschwanzsegler (→ 380)

Hirundapus caudacutus

En: White-throated Needletail
Fr: Martinet épineux
Es: Vencejo mongol
It: Rondone codacuta

Status: Extrem seltener Ausnahmegast, ein Nachweis in den Niederlanden.

Flügelspannweite: 50 – 53 cm

Alpensegler (→ 381)

Apus melba

En: Alpine Swift
Fr: Martinet à ventre blanc
Es: Vencejo real
It: Rondone maggiore

Status: Regelmäßiger Brutvogel im Mittelmeerraum, nördlich bis Südwestdeutschland.

Flügelspannweite: 54 – 60 cm

Fluggeschwindigkeit: ca. 45 km/h (auf dem Zug)

Flügelschlagfrequenz: ca. 6 Flügelschläge / Sekunde

Flugweise: Sehr schneller, wendiger Flug mit flachen, steifen Flügelschlägen und eingeschobenen Gleitphasen. Bei „Flugspielen" (Flügen mit sozialem Kontext) wurden Geschwindigkeiten über 200 km/h berichtet. Die Jagd nach Insekten erfolgt ausschließlich im Flug. Nach Flüggewerden bis zur Brutreife im Alter von 2-3 Jahren möglicherweise größtenteils fliegend unterwegs.

Stimme: Gedehnter, kräftiger Triller, in dem die Einzelelemente noch gut herauszuhören sind (a).

Ähnliche Arten: Mauersegler ist kleiner und hat keinen hellen Bauch. Schwalben sind nicht so schlankflügelig.

Zusatzinfos: Segelflug S. 499, Gleitflug S. 502, Start von erhöhten Plätzen S. 506, Hangaufwindsegeln S. 511

> **Beobachtungstipps:** Im Mittelmeerraum und in einigen Städten des südlichen Mitteleuropas gibt es Brutvorkommen der Alpensegler, oft in prägnanten größeren Gebäuden, in deren Umfeld sich zur Brutzeit die Vögel leicht beobachten lassen.

Mauersegler (→382)

Apus apus

En: Common Swift
Fr: Martinet noir
Es: Vencejo común
It: Rondone comune

Status: Häufiger und verbreiteter Brut- und Sommervogel, regelmäßiger häufiger Durchzügler.

Flügelspannweite: 42 – 48 cm

Fluggeschwindigkeit: ca. 38 km/h (im normalen Streckenflug, auf dem Zug ca. 45 km/h)

Flügelschlagfrequenz: ca. 7 Flügelschläge / Sekunde

Flugweise: Sehr schneller, wendiger Flug mit flachen, steifen Flügelschlägen und eingeschobenen Gleitphasen, auch eine Art Thermiksegeln ist möglich. Bei „Flugspielen" (Flügen mit sozialem Kontext) wurden Geschwindigkeiten über 200 km/h berichtet. Körperlich fitte Vögel können vom Boden auffliegen, schwächere Vögel versuchen hochzuklettern und sich fallen zu lassen. Übernachtet auch im Flug, hierzu steigen die Segler unter Umständen in wärmere Luftschichten auf. Ob abseits des Nestes wirklich nie gelandet wird, ist noch umstritten, mit Sicherheit wird aber ein erheblicher Teil der Zeit in der Luft verbracht. Paarungen finden im Nest oder ebenfalls in der Luft statt. Balzflüge gibt es in Form von Flugjagden, bei denen immer wieder Gleitphasen mit V-förmig aufwärts gehaltenen Flügeln eingeschoben werden. Auch im Schwarm ist kein Formationsflug erkennbar.

Stimme: Hohes, schrilles und heiseres „sriiih sriiih" (a), oft gegen Abend aus gemeinschaftlich fliegenden Trupps zu hören.

Ähnliche Arten: Alpensegler ist größer und hat einen, nicht reinen weißen Bauch. Schwalben sind nicht so schlankflügelig.

Zusatzinfos: Segelflug S. 499, Gleitflug S. 502, Start von erhöhten Plätzen S. 506, Hangaufwindsegeln S. 511

Beobachtungstipps: Mauersegler lassen sich in den Mittsommermonaten in allen größeren Städten Mitteleuropas beobachten. Ihre Flugjagden in größeren Gruppen gegen Ende der Brutzeit in der Abenddämmerung sind besonders eindrucksvoll.

Fahlsegler (→ 383)

Apus pallidus

En: Pallid Swift
Fr: Martinet pâle
Es: Vencejo pálido
It: Rondone pallido

Status: Sehr seltener und lokaler Brutvogel in der Südschweiz, sonst Ausnahmegast.

Flügelspannweite: 42 – 46 cm

Stimme: Die einzelnen Rufe des Altvogels klingen im Vergleich zum Mauersegler ausgesprochen heiser (a).

Haussegler (→ 384)

Apus affinis

En: Little Swift
Fr: Martinet des maisons
Es: Vencejo moro
It: Rondone indiano

Status: Ausnahmegast.

Flügelspannweite: 34 – 35 cm

Wiedehopf (→385)

Upupa epops

En: Eurasian Hoopoe
Fr: Huppe fasciée
Es: Abubilla común
It: Upupa

Status: Lückig verbreiteter Brut- und Sommervogel im gesamten Mitteleuropa; regelmäßiger Durchzügler.

Flügelspannweite: 42 – 46 cm

Fluggeschwindigkeit: ca. 39 km/h (im normalen Streckenflug)

Flügelschlagfrequenz: ca. 5 Flügelschläge / Sekunde

Flugweise: Schmetterlingsartiger Flug mit unsteten Flügelschlägen und leichter Wellenform. Die Kopfhaube ist dabei in der Regel angelegt, der Kopf nach vorne gestreckt. Auch im Trupp kein Formationsflug. Flug ausschließlich tags.

Stimme: Im Flug meist schweigsam.

Ähnliche Arten: Unverwechselbar.

> **Beobachtungstipps:** Der Wiedehopf hat sich in Mitteleuropa vor allem in Weinbaugebieten und auf einigen Truppenübungsplätzen im Bestand erholt. In den Brutgebieten fällt er meist zunächst durch den charakteristischen Gesang (wu-wu-wu, wu-wu-wu,...) auf, manchmal trifft man ihn aber auch beim geschäftigen Herumlaufen auf Nahrungssuche am Boden.

Blauracke (→386)

Coracias garrulus

En: European Roller
Fr: Rollier d'Europe
Es: Carraca europea
It: Ghiandaia marina

Status: Regelmäßiger Brutvogel in Mitteleuropa nur noch in Ungarn, sonst sehr selten oder ausgestorben, vielleicht noch gelegentliche Einzelbruten möglich. Inzwischen nur noch sehr seltener Sommergast.

Flügelspannweite: 66 – 73 cm

Stimme: Die auffälligen Balzflüge der frühen Brutperiode werden von lauten, nasalen oder ratternden Elementfolgen begleitet (a).

adult

adult

Bienenfresser (→ 387)

Merops apiaster

En: European Bee-eater
Fr: Guêpier d'Europe
Es: Abejaruco europeo
It: Gruccione

Status: Im Mittelmeerraum, in osteuropäischen Steppengebieten und in wärmebegünstigten Gebieten Mitteleuropas regelmäßiger Brutvogel und Sommergast; regelmäßiger Durchzügler.

Flügelspannweite: 44 – 49 cm

Fluggeschwindigkeit: ca. 44 km/h (auf dem Zug)

Flügelschlagfrequenz: ca. 7 Flügelschläge / Sekunde

Flugweise: Der Streckenflug besteht aus mehreren Elementen: einige rasche Flügelschläge, gefolgt von kurzen Gleitflugphasen mit angelegten Flügeln (Bolzenflug), erneut einige Flügelschläge, dann längere Gleitphase mit ausgebreiteten Flügeln und gespreiztem Schwanz. Insektenjagd erfolgt im Flug, manchmal von einer Ansitzwarte aus. Fliegt nur zur Zugzeit und auch dann wohl nur über der Wüste nachts. Auch größere Schwärme zeigen keinen Formationsflug.

Stimme: Sehr stimmfreudig, im Flug ist meistens ein melodisches „prüüd prüüd" (a) zu hören, ehe man die Vögel am Himmel entdeckt.

Ähnliche Arten: Unverwechselbar.

Zusatzinfos: instationäres Luftbremsen S. 497, Gleitflug S. 502, Sturzflug S. 507, Hangaufwindsegeln S. 511, Bolzenflug S. 512

Beobachtungstipps: In wärmeren Regionen Mitteleuropas und im gesamten Mittelmeerraum brüten Bienenfresser in Sandgruben und an vergleichbaren Abbrüchen. Direkt an der Brutröhre sollte man nicht stören, aber im Umfeld der Brutplätze lassen sich die Tiere anhand der charakteristischen Rufe in der Regel leicht finden.

Blauwangenspint (→ 388)

Merops persicus

En: Blue-cheeked Bee-eater
Fr: Guêpier de Perse
Es: Abejaruco persa
It: Gruccione egiziano

Status: Ausnahmegast.

Flügelspannweite: 46 – 49 cm

Eisvogel (→ 389)

Alcedo atthis

En: Common Kingfisher
Fr: Martin-pêcheur d'Europe
Es: Martín pescador común
It: Martin pescatore

Status: Verbreiteter Brut- und Jahresvogel, abseits der Tiefländer Teilzieher.

Flügelspannweite: 24 – 26 cm

Fluggeschwindigkeit: ca. 75 km/h

Flügelschlagfrequenz:

Flugweise: Geradliniger, schneller Flug mit fast schwirrenden Flügelschlägen, über dem Wasser in geringer Höhe von etwa 1 m, über festem Boden höher. Fischjäger, der von einer Ansitzwarte aus stoßtauchend seine Beute fängt. Zu Beginn der Balz kommt es zu gegenseitigen Flugjagden beider Geschlechter.

Stimme: Vor allem beim Abflug oder bei Überraschungen während des Fluges (z. B. ein am Ufer stehender Mensch) ein scharfes „tji“, das auch mehrfach wiederholt werden kann (a).

Ähnliche Arten: Unverwechselbar.

Zusatzinfos: Start von erhöhten Plätzen S. 506, Sturzflug S. 507

> **Beobachtungstipps:** Meist ist vom Eisvogel an Gewässern erst der scharfe Ruf zu hören, der die Aufmerksamkeit weckt, um den strahlend blauen Flieger dann auch zu sehen.

Graufischer (→ 390)

Ceryle rudis

En: Pied Kingfisher
Fr: Martin-pêcheur pie
Es: Martín pescador pío
It: Martin pescatore bianco e nero

Status: Extrem seltene Ausnahmeerscheinung.

Flügelspannweite: 45 – 47 cm

Wendehals (→ 392)

Jynx torquilla

En: Eurasian Wryneck
Fr: Torcol fourmilier
Es: Torcecuello euroasiático
It: Torcicollo

Status: Verbreiteter, aber zunehmend seltener Brut- und Sommervogel; regelmäßiger Durchzügler.

Flügelspannweite: 25 – 27 cm

Flügelschlagfrequenz: ca. 14 Flügelschläge / Sekunde (Singvogel-Flugtyp)

Flugweise: Wellenförmiger Bolzenflug. Wandert am weitesten unter allen heimischen Spechten, führt diese Wanderungen aber überwiegend nachts aus, während der Wendehals ansonsten tagaktiv ist.

Stimme: Im Flug meist schweigsam.

Ähnliche Arten: Kaum mit anderen Arten verwechselbar. Andere Spechte haben keine Brauntöne, braun gefärbte Singvögel haben andere Proportionen und keinen Spechtschnabel.

Zusatzinfos: Bolzenflug S. 512

Beobachtungstipps: Wendehälse sind zur Zug- und zur Brutzeit am ehesten in Streuobstbeständen und anderen lockeren Gehölzbeständen zu finden, aber erstens nicht häufig und zweitens schwer zu entdecken, wenn man nicht durch den Reviergesang (leicht ansteigende Serie "gjä-gjä-gjä-gjä...") aufmerksam wird.

Schwarzspecht (→ 393)

Dryocopus martius

En: Black Woodpecker
Fr: Pic noir
Es: Picamaderos negro
It: Picchio nero

Status: Brut- und Jahresvogel im gesamten Gebiet.

Flügelspannweite: 64 – 68 cm

Fluggeschwindigkeit: ca. 40 km/h (Flucht bis 60 km/h)

Flugweise: Wellenförmiger Bolzenflug wie alle Spechte, aber die Wellen sind nur schwach ausgeprägt, die Gleitphasen meist eher kurz. In aller

Regel finden eher kurze Flüge statt, gelegentlich sieht man Schwarzspechte aber auch zwischen Waldinseln übers freie Feld wechseln.

Stimme: Der eigentliche Gesang „kwoih kwikwikwikwik“ (li) wird auch im Flug vorgetragen. Als eigentlicher Flugruf kann das sehr laute und weit tragende „krüh krüh krüh“ gelten (re).

Ähnliche Arten: Im Flug kann der Schwarzspecht mit einer Krähe verwechselt werden, allerdings ist die Kopffärbung und die Flugweise anders (Krähen fliegen nicht im Bolzenflug).

Zusatzinfos: Start von erhöhten Plätzen S. 506, Bolzenflug S. 512

Beobachtungstipps: In Wäldern mit mindestens einigen älteren Bäumen sind die Schwarzspechte durch ihre Ruffreudigkeit sehr auffällig. Man kann die rufenden Tiere in der Regel auch umherfliegen sehen.

Grauspecht (→ 394)

Picus canus

En: Grey-headed Woodpecker
Fr: Pic cendré
Es: Pito cano
It: Picchio cenerino

Status: Brut- und Jahresvogel in weiten Teilen Mitteleuropas; nicht in den Flachländern um Nord- und Ostsee.

Flügelspannweite: 38 – 40 cm

Fluggeschwindigkeit: 40 – 50 km/h

Flugweise: Wellenförmiger Bolzenflug wie alle Spechte und sehr ähnlich dem Grünspecht, aber etwas wendiger. Kann beim Anflug kleiner Gehölzinseln oder Einzelbäume relativ oft auch über freier Fläche fliegend gesehen werden. Fliegt fast immer unterhalb Kronenhöhe der umgebenden Bäume.

Stimme: Im Flug meist schweigsam, bei Erregung können aber Ruffolgen, die an die Flugrufe des Grünspechts erinnern, auch im Flug geäußert werden (a).

Ähnliche Arten: Grün- und Grauspecht sind leicht zu verwechseln (siehe Fotos).

Zusatzinfos: Start von erhöhten Plätzen S. 506, Bolzenflug S. 512

Beobachtungstipps: Grauspechte können auch in älteren Parks, Friedhöfen und Alleen vorkommen, wo sie unter Umständen besser zu entdecken und leichter zu beobachten sind, als in struktur- und gehölzreichen Landschaften. Oft hört man sie, ehe man sie sehen kann.

Grünspecht (→395)

Picus viridis

En: European Green Woodpecker
Fr: Pic vert
Es: Pito real euroasiático
It: Picchio verde

Status: Brut- und Jahresvogel im gesamten Gebiet.

Flügelspannweite: 40 – 42 cm

Fluggeschwindigkeit: 40-50 km/h

Flugweise: Wellenförmiger Bolzenflug wie alle Spechte, und sehr ähnlich dem Grauspecht, aber etwas weniger wendig. Kann beim Anflug kleiner Gehölzinseln oder Einzelbäume relativ oft auch über freier Fläche fliegend gesehen werden. Fliegt fast immer unterhalb Kronenhöhe der umgebenden Bäume.

Stimme: Bei Erregung können kurze und wiederholte Elementfolgen des typischen, etwa gleich schnell und gleich hoch bleibenden Pfeifgesangs kjü-kjü-kjü auch im Flug geäußert werden. Bei der Landung manchmal scharfe „kjäck"-Reihen.

Ähnliche Arten: Grün- und Grauspecht sind leicht zu verwechseln (siehe Fotos).

Zusatzinfos: Start von erhöhten Plätzen S. 506, Bolzenflug S. 512

Beobachtungstipps: Grünspechte bewohnen ähnliche Lebensräume wie Grauspechte und sind ebenfalls manchmal in alten Parks, älteren Villenvierteln, Friedhöfen oder Streuobstwiesen zu finden – oft zuerst zu hören.

Dreizehenspecht (→ 396)

Picoides tridactylus

En: Eurasian Three-toed Woodpecker
Fr: Pic tridactyle
Es: Pico tridáctilo
It: Picchio tridattilo

Status: Seltener Brutvogel, beschränkt auf die Alpen und höhere Mittelgebirge im Süden (ssp. *alpinus*), in Nordosten Polens selten ssp. *tridactylus*. Sonst höchstens Ausnahmegast im Osten und Süden.

Flügelspannweite: 32 – 35 cm

Mittelspecht (→ 397)

Dendrocopos medius

En: Middle Spotted Woodpecker
Fr: Pic mar
Es: Pico mediano
It: Picchio rosso mezzano

Status: Weit verbreiteter Brut- und Jahresvogel in Mitteleuropa.

Flügelspannweite: 33 – 34 cm

Flugweise: Flug sehr ähnlich Buntspecht.

Stimme: Der weit tragende quäkende Gesang „gää gää gää" (a) wird meist von einer Warte aus, bei Erregung jedoch auch im Flug geäußert.

Ähnliche Arten: Andere schwarzweiße Spechte sehen zumindest auf den ersten Blick sehr ähnlich aus (siehe Fotos).

Zusatzinfos: Start von erhöhten Plätzen S. 506, Bolzenflug S. 512

Beobachtungstipps: In (oft feuchten) Wäldern mit grobborkigen Bäumen ist der Mittelspecht zu finden. Als sehr ruffreudige Art ist er am leichtesten zuerst mit dem Gehör zu finden und kann dann vorsichtig aufgesucht und beobachtet werden.

Weißrückenspecht (→ 398)

Dendrocopos leucotus

En: White-backed Woodpecker
Fr: Pic à dos blanc
Es: Pico dorsiblanco
It: Picchio dorsobianco

Status: Weit verbreiteter häufiger Brut- und Jahresvogel im Tiefland, fehlt teilweise im Nordwesten sowie in höheren Mittelgebirgen, den Alpen und ihrem Vorland.

Flügelspannweite: 38 – 40 cm

Buntspecht (→ 399)

Dendrocopos major

En: Great Spotted Woodpecker
Fr: Pic épeiche
Es: Pico picapinos
It: Picchio rosso maggiore

Status: Verbreiteter und häufiger Brut- und Standvogel.

Flügelspannweite: 34 – 39 cm

Fluggeschwindigkeit: ca. 40 km/h

Flugweise: Typischer, wellenförmiger Bolzenflug. Buntspechte sieht man selten im längeren Streckenflug über freier Fläche. Auch wenn sie größere Strecken zurücklegen möchten, teilen sie diese gerne in einige 100 m lange Etappen jeweils von Baum zu Baum auf.

Stimme: Das für die Art typische helle, scharfe „kix“ – bei Erregung auch hintereinander in Rufreihe – kann auch im Flug geäußert werden (li). Das gilt auch für die erregte ratternde Rufreihe (re).

Ähnliche Arten: Andere schwarzweiße Spechte sehen zumindest auf den ersten Blick sehr ähnlich aus (siehe Fotos).

Zusatzinfos: Start von erhöhten Plätzen S. 506, Bolzenflug S. 512

Beobachtungstipps: Beste Beobachtungsmöglichkeiten fliegender Spechte ergeben sich am Futterhaus im Garten oder an einem sonnigen Morgen im Februar oder März in einem noch unbelaubten Hochwald.

Blutspecht (→ 400)

Dendrocopos [major] syriacus

En: Syrian Woodpecker
Fr: Pic syriaque
Es: Pico sirio
It: Picchio rosso di Siria

Status: Brutvogel in Ostmitteleuropa, von Ungarn und Ostösterreich bis nach Südostpolen. Westlich davon sehr selten. In Deutschland der erste Nachweis eines reinen Blutspechts 2016.

Flügelspannweite: 34 – 39 cm

Stimme: Die Einzelrufe des Blutspechts „kük" (a) sind weicher als die des Buntspechts; sie können auch vom fliegenden Vogel geäußert werden.

Kleinspecht (→401)

Dryobates minor

En: Lesser Spotted Woodpecker
Fr: Pic épeichette
Es: Pico menor
It: Picchio rosso minore

Status: Verbreiteter und regelmäßiger Brut- und Standvogel, der nur in den höheren Berglagen fehlt.

Flügelspannweite: 25 – 27 cm

Flugweise: Typischer wellenförmiger Bolzenflug, selten über zusammenhängende, längere Strecken.

Stimme: Im Flug meist schweigsam, kein typischer Ruf im Flugkontext.

Ähnliche Arten: Andere schwarzweiße Spechte sehen zumindest auf den ersten Blick sehr ähnlich aus (siehe Fotos).

Zusatzinfos: Start von erhöhten Plätzen S. 506, Bolzenflug S. 512

Beobachtungstipps: Kleinspechte sind viel eher zu hören als zu sehen. Sie leben in sehr alten Wäldern oder Parks und Villenvierteln mit alten, hohen Bäumen – bevorzugt Weichhölzer wie Pappeln und Weiden.

Pirol (→404)

Oriolus oriolus

En: Eurasian Golden Oriole
Fr: Loriot d'Europe
Es: Oropéndola Europea
It: Rigogolo

Status: Lückenhaft verbreiteter, nirgends häufiger Brut- und Sommervogel; regelmäßiger Durchzügler.

Flügelspannweite: 44 – 47 cm

Flugweise: Flug schnell und wellenförmig. Die Landung erfolgt in der Regel am Ende einer steil aufwärts gezogenen Gleitphase. Wanderflüge finden im Herbst überwiegend nachts statt, im Frühjahr zumindest teilweise auch tags.

Stimme: Bei Erregung kann im Flug ein spechtartiges „jik-jik-jik" zu hören sein (a). Ansonsten im Flug eher schweigsam, in den Baumkronen jedoch sehr stimmfreudig.

Ähnliche Arten: Unverwechselbar.

Zusatzinfos: Start von erhöhten Plätzen S. 506

> **Beobachtungstipps:** Die flötenden Gesangselemente und der "rääih"-Ruf sind beispielsweise aus Pappelwäldchen in der Ebene im Sommer oft zu hören, der Vogel selbst ist schwer zu sehen. Mit Ausdauer kann man ihn jedoch manchmal hoch in den Baumkronen entdecken.

Rotkopfwürger (→405)

Lanius senator

En: Woodchat Shrike
Fr: Pie-grièche à tête rousse
Es: Alcaudón Común
It: Averla capirossa

Status: Nur noch sehr lokal verbreiteter, seltener Brut- und Sommervogel in Mitteleuropa; häufiger im Mittelmeerraum.

Flügelspannweite: 26 – 28 cm

Flugweise: Flugverhalten sehr ähnlich Neuntöter.

Stimme: Im Flug meist schweigsam.

Ähnliche Arten: Von anderen schwarzweißen Singvögeln durch die kastanienrote Kappe gut zu unterscheiden.

Zusatzinfos: Rüttelflug S. 513

Beobachtungstipps: Es gibt nur noch sehr wenige Orte in Mitteleuropa, an denen man Rotkopfwürger beobachten kann. Im Mittelmeergebiet ist er im Sommer in offenen Buschlandschaften stellenweise recht häufig.

Maskenwürger (→406)

Lanius nubicus

En: Masked Shrike
Fr: Pie-grièche masquée
Es: Alcaudón Núbico
It: Averla mascherata

Status: Extrem seltener Ausnahmegast. Je einmal in den Niederlanden und auf Helgoland.

Neuntöter (→408)

Lanius collurio

En: Red-backed Shrike
Fr: Pie-grièche écorcheur
Es: Alcaudón Dorsirrojo
It: Averla piccola

Status: Lückenhaft verbreiteter, aber teilweise häufiger Brut- und Sommervogel; regelmäßiger Durchzügler.

Flügelspannweite: 24 – 27 cm

Fluggeschwindigkeit: ca. 46 km/h

Flügelschlagfrequenz: ca. 10 Flügelschläge / Sek. (Singvogel-Flugtyp)

Flugweise: Wellenflug mit abwechselnden Flügelschlag- und Gleitphasen. Beherrscht auch Rüttelflug. Die Jagd nach Beute erfolgt meistens durch Anfliegen von einer Ansitzwarte aus. Wanderflüge finden nachts statt.

Stimme: Im Flug meist schweigsam.

Ähnliche Arten: Könnte mit einem großen Fink verwechselt werden, ist jedoch anhand des Schnabels und der typischen Schwanzzeichnung gut erkennbar.

Zusatzinfos: Rüttelflug S. 513

Beobachtungstipps: Um Neuntöter zu entdecken, sucht man am besten Hecken und strukturreiche Waldränder mit dem Fernglas ab, um dort die ruhig sitzenden Vögel zu entdecken.

Isabellwürger (→409)

Lanius [cristatus] isabellinus

En: Isabelline Shrike
Fr: Pie-grièche isabelle
Es: Alcaudón Isabel
It: Averla isabellina

Status: Ausnahmegast

Flügelspannweite: 25 – 28 cm

Schachwürger (→410)

Lanius schach

En: Long-tailed Shrike
Fr: Pie-grièche schach
Es: Alcaudón Schach
It: Averla dorsorossiccio

Status: Extrem seltener Ausnahmegast, einmal in den Niederlanden.

Flügelspannweite: 23 – 27 cm

♂, Unterart *L. s. longicaudus*

Schwarzstirnwürger (→411)

Lanius minor

En: Lesser Grey Shrike
Fr: Pie-grièche à poitrine rose
Es: Alcaudón Chico
It: Averla cenerina

Status: Als Brutvogel heute nur noch in Ungarn und der Slowakei regelmäßig, sonst unregelmäßig und in den meisten Gebieten ausgestorben, meist nur noch Ausnahmeerscheinung.

Flügelspannweite: 32 – 34,5 cm

♂

Raubwürger (→412)

Lanius excubitor

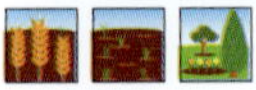

En: Great Grey Shrike
Fr: Pie-grièche grise
Es: Alcaudón Norteño
It: Averla maggiore

Status: Lückenhaft verbreiteter, seltener Brut- und Sommervogel; regelmäßiger Durchzügler und Wintergast.

Flügelspannweite: 30 – 34 cm

Flugweise: Eher langsamer Wellenflug mit Schlag- und Gleitphasen. Beute wird von einem Ansitz aus angeflogen. Häufiger Rüttelflug. Wanderflüge finden tags statt.

Stimme: Im Flug meist schweigsam. Doch werden Alarmrufe am Nest auch vom fliegenden Vogel geäußert (a).

Ähnliche Arten: Raub- und Schwarzstirnwürger sind sehr ähnlich gefärbt (siehe Fotos).

Zusatzinfos: Rüttelflug S. 513

Beobachtungstipps: Außerhalb der relativ wenigen Brutvorkommen können Raubwürger am besten im Winter entdeckt werden. Es lohnt sich, Telefon- und Stromleitungen abzusuchen und auf die großen hellen Vögel oben auf Büschen und niedrigen Bäumen zu achten.

Mittelmeer-Raubwürger (→413)

Lanius [excubitor] meridionalis und *pallidirostris*

En: Southern Grey Shrike
Fr: Pie-grièche méridionale
Es: Alcaudón Real
It: Averla meridionale

Status: Ausnahmegast, *pallidirostris* einmal in den Niederlanden, *meridionalis* in Polen.

Flügelspannweite: 28 – 32 cm

Stimme: Die Lautäußerungen sind denen des Raubwürgers sehr ähnlich. Entsprechend werden die rauen Alarmrufe geäußert (a).

Eichelhäher (→414)

Garrulus glandarius

En: Eurasian Jay
Fr: Geai des chênes
Es: Arrendajo Euroasiático
It: Ghiandaia

Status: Häufiger und verbreiteter Brut- und Jahresvogel; häufiger Durchzügler und Wintergast.

Flügelspannweite: 52 – 58 cm

Fluggeschwindigkeit: ca. 46 km/h

Flügelschlagfrequenz: ca. 5 Flügelschläge / Sek. (Singvogel-Flugtyp)

Flugweise: Fliegt mit ungleichmäßigen, flachen und federnd wirkenden Flügelschlägen, teils mit kurzen Gleitphasen. Auch größere Wanderflüge finden tags statt.

Stimme: Das laute Rätschen „schrääit-ät“ kann auch während des Fluges auftreten (re). Außerdem können sehr verschiedene und oft unerwartete Ruffolgen im Flug geäußert werden. Dazu gehört auch der häufig zu hörende Bussardruf (li).

Ähnliche Arten: Es bestehen wenig Verwechslungsmöglichkeiten, sobald die Gefiederfärbung erkennbar ist.

Beobachtungstipps: Im Spätsommer und Herbst sind in manchen Jahren regelrechte Eichelhäher-Invasionen zu erleben. Achtet man darauf, entdeckt man in Gehölzen jeglicher Art, sogar in Gärten und Parks, zahlreiche Eichelhäher, die oft von Baum zu Baum fliegend eine bestimmte Vorzugsrichtung einhalten.

Unglückshäher (→ 415)

Perisoreus infaustus

En: Siberian Jay
Fr: Mésangeai imitateur
Es: Arrendajo Siberiano
It: Ghiandaia siberiana

Status: Ausnahmegast in Polen und der Slowakei

Flügelspannweite: 40 – 46 cm

Elster (→417)

Pica pica

En: Eurasian Magpie
Fr: Pie bavarde
Es: Urraca Común
It: Gazza

Status: Häufiger und verbreiteter Brut- und Jahresvogel.

Flügelspannweite: 52 – 60 cm

Flügelschlagfrequenz: ca. 5 Flügelschläge / Sek. (Singvogel-Flugtyp)

Flugweise: Fliegt mit raschen, flatternden Flügelschlägen und allenfalls sehr kurzen Gleitphasen. Rasche Rollbewegungen abwärts (auch von oben ins Gebüsch hinein) mit halb geöffneten Flügeln und schnelle Wendungen beim Manövrieren zwischen Ästen. Der lange Schwanz wird bei diesen schnellen Wendungen oft gespreizt. Schlafplatzflüge oft über größere Distanzen (einige Kilometer), ansonsten wenig ausdauernde Flieger.

Stimme: Das Schäckern oder Schackern „tsche-tsche-tsche…“ (a) und das bei Beunruhigung eher zu hörende „kjak“ können auch im Flug geäußert werden.

Ähnliche Arten: Unverwechselbar

Beobachtungstipps: Achtet man im Winter in der Abenddämmerung auf Elstern, die größere Strecken im freien Luftraum fliegen, kann man ihnen zu einem Schlafplatz folgen. Setzt man sich dort ohne zu stören an, lassen sich eindrucksvolle Beobachtungen der im letzten Tageslicht eintreffenden Vögel machen.

Tannenhäher (→418)

Nucifraga caryocatactes

En: Spotted Nutcracker
Fr: Cassenoix moucheté
Es: Cascanueces Común
It: Nocciolaia

Status: Regional in höheren Lagen verbreiteter, nicht häufiger Brut- und Jahresvogel; in Invasionsjahren häufiger Wintergast.

Flügelspannweite: 52 – 58 cm

Fluggeschwindigkeit: ca. 48 km/h

Flügelschlagfrequenz: ca. 4 Flügelschläge / Sek.

Flugweise: Fliegt mit raschen und eher konstanten, rudernden Flügelschlägen. Im Bergland manchmal sehr rasche Sturzflüge mit angelegten Flügeln ins Tal, die erst kurz vor Erreichen der Baumwipfel abgefangen werden. Landung oft mit einer steil aufwärts gezogenen Gleitphase weit oben in den Bäumen.

Stimme: Das charakteristische flache, harte Schnarren „kräärr-kräär“ (a) wird manchmal auch im Flug geäußert.

Ähnliche Arten: Die weißen Punkte können an einen Star erinnern, der allerdings viel kleiner ist. Ansonsten kaum zu verwechseln.

Zusatzinfos: Start von erhöhten Plätzen S. 506, Sturzflug S. 507

Beobachtungstipps: In den Mittelgebirgen und in den Alpen haben Tannenhäher vielerorts gelernt, die Vorteile touristischer Attraktionen zu nutzen und sind dort dann aus der Nähe sehr leicht zu beobachten. Ansonsten sind sie meist zuerst durch den schnarrenden Ruf feststellbar.

Alpenkrähe (→419)

Pyrrhocorax pyrrhocorax

En: Red-billed Chough
Fr: Crave à bec rouge
Es: Chova Piquirroja
It: Gracchio corallino

Status: Sehr seltener Brutvogel im Wallis, in Österreich ausgestorben, dort jetzt sehr seltener Gast. Sonst Ausnahmeerscheinung, z. B. auf Helgoland im 19. Jh. (wohl von Großbritannien).

Flügelspannweite: 73 – 90 cm

Stimme: Als gewöhnlichen Flugruf äußern Alpenkrähen ein wiederholtes einzelnes „kjarr“ oder ähnlich (a), das im Englischen in dem Namen „chough“ wiedergegeben wird.

Alpendohle (→420)

Pyrrhocorax graculus

En: Alpine Chough
Fr: Chocard à bec jaune
Es: Chova Piquigualda
It: Gracchio alpino

Status: Verbreiteter Brut- und Jahresvogel in den Alpen.

Flügelspannweite: 75 – 85 cm

Flugweise: Wendiger Flug mit eher schnellen Flügelschlägen und teils akrobatischen Flugmanövern über Bergkämmen und an Felswänden, einschließlich Sturzflügen; außerdem hervorragender Gleit- und Segelflieger. Flug im Schwarm ohne erkennbare Formation.

Stimme: Am Boden wie auch im Flug ist häufig das typische durchdringende „sriii" oder „driii" und das scharfe, abfallende „pija" oder „psia" zu hören (a).

Ähnliche Arten: Die schwarzen Krähenvögel sind zwar unterschiedlich groß, können aber miteinander verwechselt werden. In der Regel hilft ein Blick auf Kopf und Schnabel (siehe Fotos).

Zusatzinfos: Dynamisches Segeln S. 496, Segelflug S. 499, Gleitflug S. 502, Sturzflug S. 507, Hangaufwindsegeln S. 511

Beobachtungstipps: An Liftstationen, frequentierten Berggipfeln und Bergrestaurants sind Alpendohlen oft wenig scheu und sogar ihre Flugmanöver lassen sich dort aus nächster Nähe bestaunen.

Dohle (→421)

Coloeus monedula

En: Western Jackdaw
Fr: Choucas des tours
Es: Grajilla Occidental
It: Taccola

Status: Häufiger und verbreiteter Brut- und Jahresvogel; häufiger Durchzügler und Wintergast.

Flügelspannweite: 67 – 74 cm

Fluggeschwindigkeit: ca. 53 km/h, bei Flugspielen im Sturzflug bis 200 km/h

Flügelschlagfrequenz: ca. 5 Flügelschläge / Sek.

Flugweise: Bewegt sich mit schnellen und „flackernden“ Flügelschlägen in äußerst wendigem und geschicktem Flug. Vor allem bei Wind können an Felswänden oder Gebäuden äußerst akrobatische Flugmanöver gezeigt werden. In günstigen Aufwinden können die Vögel längere Zeit segeln. Der Flug im Schwarm erfolgt ohne erkennbare Formation. Wanderflüge finden tags statt.

Stimme: Kräftige „kjak“-Rufe, bei Erregung auch gereiht und vom Partner aufgegriffen, sind typisch für die Dohle und werden sowohl im Sitzen als auch im Flug geäußert (a). Daneben gibt es auch gedehnte „karr“ (a).

Ähnliche Arten: Das grauschwarze Gefieder könnte zur Verwechslung mit einer Nebelkrähe führen, die aber viel größer ist.

Zusatzinfos: Dynamisches Segeln S. 496, Segelflug S. 499, Gleitflug S. 502, Sturzflug S. 507, Hangaufwindsegeln S. 511, Rüttelflug S. 513

Beobachtungstipps: Dohlen, die an Burgen oder in Bäumen in Parks und Wäldern brüten, lassen sich in der Regel leicht finden und beobachten. Eindrucksvoll sind aber auch die Flüge von Dohlentrupps bei Wind an Felswänden oder um Kirchtürme.

Elsterdohle (→ 422)

Coloeus [monedula] dauuricus

En: Daurian Jackdaw
Fr: Choucas de Daourie
Es: Grajilla Oriental
It: Taccola della Dauria

Status: Ausnahmegast

Flügelspannweite: 67 – 74 cm

Glanzkrähe (→423)

Corvus splendens

En: House Crow
Fr: Corbeau familier
Es: Cuervo Indio
It: Cornacchia delle case

Status: Lokal etablierter Brut- und Jahresvogel in den Niederlanden. Sonst nur Einzelmeldungen.

Flügelspannweite: 76 – 85 cm

Saatkrähe (→424)

Corvus frugilegus

En: Rook
Fr: Corbeau freux
Es: Graja
It: Corvo comune

Status: Verbreiteter Brut- und Jahresvogel; zahlenmäßig aber erheblich häufigerer Durchzügler und Wintergast.

Flügelspannweite: 81 – 99 cm

Fluggeschwindigkeit: ca. 50 km/h

Flügelschlagfrequenz: ca. 4 Flügelschläge / Sek.

Flugweise: Streckenflug in rudernden Flügelbewegungen ohne Gleitphasen dazwischen. Segelt ausgiebiger als die Rabenkrähe und ist vor allem bei Wind zu akrobatischen Flugmanövern fähig. Wanderflüge finden tags statt, abends und morgens kann es zu längeren Flügen zum und vom Schlafplatz kommen. Flug im Schwarm ohne erkennbare Formation.

Stimme: Das tiefe „korr“ ist neben anderen, eher dohlen- und rabenkrähenartigen Lauten kennzeichnend und wird auch im Flug geäußert (a).

Ähnliche Arten: Die schwarzen Krähenvögel sind zwar unterschiedlich groß, können aber miteinander verwechselt werden. In der Regel hilft ein Blick auf Kopf und Schnabel (siehe Fotos).

Zusatzinfos: Dynamisches Segeln S. 496, Segelflug S. 499, Gleitflug S. 502, Sturzflug S. 507, Hangaufwindsegeln S. 511, Rüttelflug S. 513

Beobachtungstipps: Saatkrähen bilden oft in alten Bäumen mitten in Städten ihre (keineswegs immer beliebten) Brutkolonien. Dort lassen sie sich aber ausgiebig und sehr einfach beobachten.

Rabenkrähe (→425)

Corvus corone

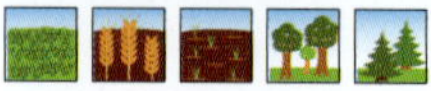

En: Carrion Crow
Fr: Corneille noire
Es: Corneja Negra
It: Cornacchia nera

Status: Häufiger und verbreiteter Brut- und Jahresvogel; regelmäßiger und häufiger Durchzügler und Wintergast.

Flügelspannweite: 93 – 104 cm

Fluggeschwindigkeit: ca. 36 km/h

Flügelschlagfrequenz: ca. 4 Flügelschläge / Sek.

Flugweise: Eher geradliniger Flug mit nicht allzu schnellen, tief rudernden Flügelschlägen. Wendige Flugmanöver sind eher selten, können aber bei Flugspielen oder beim Verfolgen eines Greifvogels durchaus gezeigt werden. Rabenkrähen beherrschen auch den Segelflug. Flug im Schwarm ohne erkennbare Formation, Wanderflüge finden tags statt.

Stimme: Im Flug wie auch im Sitzen ist der meist mehrsilbige „kräh"- oder „krah"-Ruf kennzeichnend (a). Bei Flugspielen sind auch mehr gurrende Laute möglich und beim Hassen auf Greifvögel ist ein wenig stimmhaftes „krrrr" (siehe Nebelkrähe) zu hören.

Ähnliche Arten: Die schwarzen Krähenvögel sind zwar unterschiedlich groß, können aber miteinander verwechselt werden. In der Regel hilft ein Blick auf Kopf und Schnabel (siehe Fotos).

Zusatzinfos: Dynamisches Segeln S. 496, Segelflug S. 499, Gleitflug S. 502

> **Beobachtungstipps:** Rabenkrähen zu entdecken ist nicht schwierig. Es lohnt sich aber, vor allem bei Wind über freiem Feld, eine Weile ihre Flugmanöver zu beobachten.

Rabenkrähe

Hybrid Raben- x Nebelkrähe

Nebelkrähe (→426)

Corvus cornix

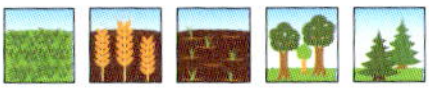

En: Hooded Crow
Fr: Corneille mantelée
Es: Corneja Cenicienta
It: Cornacchia grigia

Status: Häufiger und verbreiteter Brut- und Jahresvogel; regelmäßiger und häufiger Durchzügler und Wintergast.

Flügelspannweite: 93 – 104 cm

Flugweise: Flugweise sehr ähnlich Rabenkrähe.

Stimme: Siehe Rabenkrähe. Unterschiede sind kaum feststellbar. In der Aufnahme (a) sind auch die bei der Rabenkrähe aufgeführten Hassrufe gegenüber einem Greifvogel zu hören.

Ähnliche Arten: Das grauschwarze Gefieder erinnert an die Dohle, die aber viel kleiner ist.

Zusatzinfos: Dynamisches Segeln S. 496, Segelflug S. 499, Gleitflug S. 502

Beobachtungstipps: Siehe Rabenkrähe. Die westliche Grenze des Vorkommens der Nebelkrähe läuft etwa von der deutsch-dänischen Grenze entlang der Elbe und weiter bis Salzburg und dann entlang des Alpenhauptkammes bis an die Cote d'Azur.

Kolkrabe (→427)

Corvus corax

En: Northern Raven
Fr: Grand Corbeau
Es: Cuervo Grande
It: Corvo imperiale

Status: Regional verbreiteter, punktuell häufiger Brut- und Jahresvogel.

Flügelspannweite: 120 – 150 cm

Fluggeschwindigkeit: ca. 51 km/h

Flügelschlagfrequenz: ca. 4 Flügelschläge / Sek.

Flugweise: Fliegt mit kräftigen, langsam rudernden Flügelschlägen, die aus der Nähe ein Fluggeräusch hören lassen. Sehr guter Segelflieger. Flugspiele mit akrobatischen Einlagen, Rollen, Sturzflügen usw., häufig und oft auch ohne erkennbaren Balzkontext.

Stimme: Fliegende Vögel machen oft durch weit tragende, tiefe und kräftig raue ein- oder mehrsilbige „grok-grok"-Rufe auf sich aufmerksam (li, re). Bei Flugspielen ist ein rasches „gro gro grk grk..." zu hören, daneben auch der dumpfe rhythmische Flugschall (re).

Ähnliche Arten: Die schwarzen Krähenvögel sind zwar unterschiedlich groß, können aber miteinander verwechselt werden. In der Regel hilft ein Blick auf Kopf und Schnabel (siehe Fotos).

Zusatzinfos: Dynamisches Segeln S. 496, Segelflug S. 499, Gleitflug S. 502, Sturzflug S. 507, Hangaufwindsegeln S. 511, Rüttelflug S. 513

> **Beobachtungstipps:** Kolkraben sind heute erfreulicherweise wieder an vielen Stellen Mitteleuropas zu entdecken. Meist wird man über den Ruf aufmerksam und findet die Vögel mit den typischen keilförmigen Schwänzen dann leicht am Himmel. Beim Jungvogel ist der Schwanz weniger keilförmig.

Wintergoldhähnchen (→428)

Regulus regulus

En: Goldcrest
Fr: Roitelet huppé
Es: Reyezuelo Sencillo
It: Regolo

Status: Verbreiteter und sehr häufiger Brut- und Sommervogel; regelmäßiger Durchzügler und Wintergast.

Flügelspannweite: 14 – 16 cm

Fluggeschwindigkeit: ca. 32 km/h

Flügelschlagfrequenz: ca. 22 Flügelschläge / Sek. (Singvogel-Flugtyp)

Flugweise: Singvogel-Flugtyp mit schnellen, schwirrenden Flügelschlägen und Gleitphasen. Gelandet wird fast immer in der Deckung. Sehr agiles Flug-Klettern in den Bäumen, dabei ständiges charakteristisches Flügelzucken. Beim Absammeln von Insekten wird unter anderem auch ein schwirrender Rüttelflug gezeigt. Wanderflüge finden nachts statt, reichen aber oft bis in den darauffolgenden Vormittag hinein.

Stimme: Keine typischen Flugrufe oder -gesänge. Die hohen „ssrii"- oder „sri-sri"-Rufe (a) werden allerdings auch im Flug geäußert. Während der Nahrungssuche ist auch ständiges Flügelburren zu hören.

Ähnliche Arten: Die beiden Goldhähnchenarten können bei schlechter Erkennbarkeit von Farben und Mustern miteinander verwechselt werden (siehe Fotos).

Zusatzinfos: Rüttelflug S. 513

Beobachtungstipps: Goldhähnchen lassen sich in Wäldern mit hohem Nadelholzanteil beobachten. In der Regel wird man zuerst durch die hohen Rufe aufmerksam und kann dann versuchen, die Vögel zu entdecken.

Sommergoldhähnchen (→429)

Regulus ignicapillus

En: Common Firecrest
Fr: Roitelet à triple bandeau
Es: Reyezuelo Listado
It: Fiorrancino

Status: Verbreiteter und sehr häufiger Brut- und Sommervogel; regelmäßiger Durchzügler und im Südwesten Wintergast.

Flügelspannweite: 13 – 16 cm

Fluggeschwindigkeit: ca. 32 km/h

Flügelschlagfrequenz: ca. 21 Flügelschläge / Sek. (Singvogel-Flugtyp)

Flugweise: Flugweise sehr ähnlich Wintergoldhähnchen.

Stimme: Wie Wintergoldhähnchen (a).

Ähnliche Arten: Die beiden Goldhähnchenarten können bei schlechter Erkennbarkeit von Farben und Mustern miteinander verwechselt werden (siehe Fotos).

Zusatzinfos: Rüttelflug S. 513

Beobachtungstipps: Goldhähnchen lassen sich in Wäldern mit hohem Nadelholzanteil beobachten. In der Regel wird man zuerst durch die hohen Rufe aufmerksam und kann dann versuchen, die Vögel zu entdecken.

Seidenschwanz (→430)

Bombycilla garrulus

En: Bohemian Waxwing
Fr: Jaseur boréal
Es: Ampelis Europeo
It: Beccofrusone

Status: Alljährlicher Durchzügler und Wintergast, in Invasionsjahren bisweilen recht häufig.

Flügelspannweite: 32 – 36 cm

Flugweise: Starenähnlicher Flug mit raschen Flügelschlägen und längeren Gleitphasen im Wesentlichen nur vor der Landung. Im Brutgebiet werden Insekten auch in schnäpperähnlichen Jagdflügen von einer Ansitzwarte aus gefangen. Beim Flug im Schwarm ist keine Formation erkennbar. Seidenschwänze führen auch ihre Wanderflüge in der Regel nur tags durch.

Stimme: Der typische Ruf überwinternder Seidenschwänze, ein trillerndes, etwas gedämpftes „sirrr", ist vor allem kurz vor dem Abflug eines Schwarmes und dann im Schwarmflug zu hören (a).

Ähnliche Arten: Seidenschwänze sind kaum mit anderen Arten zu verwechseln, aufgrund der Flugweise und im Gegenlicht am ehesten noch mit einem Star.

Beobachtungstipps: Seidenschwänze kommen nur im Winter nach Mitteleuropa, in manchen Wintern sehr zahlreich und weit nach Süden vordringend. Sie lassen sich dann in Gärten mit beerentragenden Gehölzen und in Obstwiesen mit übrigen Äpfeln beobachten.

Beutelmeise (→431)

Remiz pendulinus

En: Eurasian Penduline Tit
Fr: Rémiz penduline
Es: Pájaro-moscón Europeo
It: Pendolino

Status: Sehr lückenhaft verbreiteter, wenig häufiger Brut- und Sommervogel; häufiger Durchzügler.

Flügelspannweite: 16 – 18 cm

Flugweise: Fliegt mit ruckartigen und ungleichmäßigen Flügelschlägen mit kurzen eingeschobenen Gleitphasen. Auch die Wanderflüge finden tags statt.

Stimme: Der kennzeichnende, langgezogene „siiiiii“-Ruf (li) wird auch gelegentlich im Flug geäußert, ist aber kein typischer Flugruf. Beim Abfliegen im Trupp kurze Rufe „dsü-dsü-dsü“ (re).

Ähnliche Arten: Bei erkennbarer Kopfzeichnung kaum mit anderen Arten zu verwechseln.

Zusatzinfos: Rüttelflug S. 513

Beobachtungstipps: Im Frühling und Frühsommer lohnt es sich, Weiden abzusuchen, die über langsam fließende oder stehende Gewässer hängen. An diesen Stellen bauen die Männchen die auffälligen Beutelnester aus Samenwolle.

Kohlmeise (→432)

Parus major

En: Great Tit
Fr: Mésange charbonnière
Es: Carbonero Común
It: Cinciallegra

Status: In Mitteleuropa sehr häufiger Brut- und Jahresvogel, regelmäßiger und häufiger Durchzügler und Wintergast.

Flügelspannweite: 23 – 26 cm

Flugweise: Im etwas hüpfenden Flug wechseln sich ungleichmäßige, flatternde Flügelschläge mit kurzen Gleitphasen ab. Die Nahrungssuche erfolgt hüpfend, kletternd und mit kurzen Flügen, auch Rüttelflug ist zu beobachten. Wanderflüge finden tagsüber statt, wobei auch hier selten längere Flugstrecken zurückgelegt werden und eher gerichtete kurze Flüge von Gehölz zu Gehölz durchgeführt werden. Meisen sind außerhalb der Brutzeit gesellig. Im Schwarm fliegen sie in lockerer und wenig synchronisierter Struktur.

Stimme: Ein Teil der vielfältigen Rufe kann auch im Flug geäußert werden, vor allem der bei Beunruhigung oder Erschrecken geäußerte Ruf „si-düi“ oder „hüid-hüid“ (a) beim Abflug.

Ähnliche Arten: Im Flug sind die einzelnen Meisenarten nicht immer gut zu unterscheiden (siehe Fotos).

Zusatzinfos: Rüttelflug S. 513

> **Beobachtungstipps:** Kohlmeisen lassen sich am einfachsten in Gärten und Parks im Umfeld von Futterstellen und beim An- und Abflug an ihren Nistkasten beobachten.

Kohlmeise

Blaumeise (→433)

Parus caeruleus

En: Eurasian Blue Tit
Fr: Mésange bleue
Es: Herrerillo Común
It: Cinciarella

Status: In Mitteleuropa sehr häufiger Brut- und Jahresvogel, regelmäßiger und häufiger Durchzügler und Wintergast.

Flügelspannweite: 18 – 20 cm

Fluggeschwindigkeit: ca. 29 km/h

Flugweise: Flugweise ähnlich Kohlmeise. Während der Balz wird manchmal vom Männchen ein auffälliger schmetterlingsartiger Flug gezeigt.

Stimme: Keine eigentlichen Flugrufe. Ein Teil der vielfältigen Rufe wie „sisi", „tui" oder „tiit" können auch im Ab- oder Anflug geäußert werden.

Ähnliche Arten: Im Flug sind die einzelnen Meisenarten nicht immer gut zu unterscheiden (siehe Fotos).

Zusatzinfos: Rüttelflug S. 513

Beobachtungstipps:
Wie Kohlmeise.

Tannenmeise (→435)

Parus ater

En: Coal Tit
Fr: Mésange noire
Es: Carbonero Garrapinos
It: Cincia mora

Status: In Mitteleuropa sehr häufiger Brut- und Jahresvogel, regelmäßiger und häufiger Durchzügler und Wintergast.

Flügelspannweite: 17 – 21 cm

Fluggeschwindigkeit: ca. 38 km/h

Flügelschlagfrequenz: ca. 25 Flügelschläge / Sek. (Singvogel-Flugtyp)

Flugweise: Flugweise ähnlich Kohlmeise.

Stimme: Vor allem im Trupp stehen die Vögel mit auch im Flug gelegentlich zu hörenden „si"-Variationen in Kontakt. Bei Flucht wird „ tüj" oder „zit" gerufen , teils mehrsilbig vor dem Abflug (a). Die Männchen können ihren Gesang („witje-witje", „zewi-zewi" usw.) gelegentlich in kurzen Singflügen vortragen.

Ähnliche Arten: Im Flug sind die einzelnen Meisenarten nicht immer gut zu unterscheiden (siehe Fotos).

Zusatzinfos: Rüttelflug S. 513

> **Beobachtungstipps:** Tannenmeisen kommen hauptsächlich in Nadelwäldern vor, wo sie meist zuerst durch ihre Rufe Aufmerksamkeit erregen. Im Herbst und Winter ziehen Tannenmeisen oft in gemischten Trupps mit anderen Singvögeln herum.

Haubenmeise (→436)

Parus cristatus

En: European Crested Tit
Fr: Mésange huppée
Es: Herrerillo Capuchino
It: Cincia dal ciuffo

Status: In Mitteleuropa verbreiteter Brut- und Jahresvogel.

Flügelspannweite: 17 – 20 cm

Flugweise: Flugweise ähnlich Kohlmeise.

Stimme: Der arttypische Ruf „gürr gürr" wird auch im Flug geäußert (a).

Ähnliche Arten: Im Flug sind die einzelnen Meisenarten nicht immer gut zu unterscheiden (siehe Fotos).

Zusatzinfos: Rüttelflug S. 513

Beobachtungstipps: Meist wird man erst durch den Ruf auf die Art aufmerksam, die dann aber in der Regel gut zu entdecken ist.

Sumpfmeise (→437)

Parus palustris

En: Marsh Tit
Fr: Mésange nonnette
Es: Carbonero Palustre
It: Cincia bigia

Status: In Mitteleuropa verbreiteter Brut- und Jahresvogel.

Flügelspannweite: 18 – 20 cm

Flugweise: Flugweise ähnlich Kohlmeise.

Stimme: Bei Beunruhigung sind gelegentlich auch im Flug Rufe wie „tjü" oder „zju" zu hören (a).

Ähnliche Arten: Im Flug sind die einzelnen Meisenarten nicht immer gut zu unterscheiden (siehe Fotos).

Zusatzinfos: Rüttelflug S. 513

Beobachtungstipps: Sumpfmeisen kommen oft (in geringer Zahl) an Futterstellen und lassen sich dort gut beobachten.

Weidenmeise (→438)

Parus montanus

En: Willow Tit
Fr: Mésange boréale
Es: Carbonero Montano
It: Cincia alpestre

Status: In Mitteleuropa verbreiteter und teilweise sehr häufiger Brut- und Jahresvogel.

Flügelspannweite: 17 – 21 cm

Flugweise: Flugweise ähnlich Kohlmeise.

Stimme: Im Flug sind gelegentlich die „zizi“-Rufe zu hören, denen dann aber in der Regel die arttypischen „däh-däh“-Elemente fehlen, mit denen sie gewöhnlich kombiniert werden (a).

Ähnliche Arten: Im Flug sind die einzelnen Meisenarten nicht immer gut zu unterscheiden (siehe Fotos).

Zusatzinfos: Rüttelflug S. 513

Beobachtungstipps: Weidenmeisen fallen viel öfter durch die “däh-däh”-Rufe auf, als dass sie gesehen werden.

Uferschwalbe (→439)

Riparia riparia

En: Sand Martin
Fr: Hirondelle de rivage
Es: Avión Zapador
It: Topino

Status: Regelmäßiger, aber nur lokal häufiger Brutvogel und Sommergast; regelmäßiger Durchzügler.

Flügelspannweite: 27 – 29 cm

Fluggeschwindigkeit: ca. 41 km/h (auf dem Zug)

Flügelschlagfrequenz: ca. 10 Flügelschläge / Sek. (Singvogel-Flugtyp)

Flugweise: Bei der Insektenjagd fliegen Uferschwalben sehr schnell (schneller als Rauchschwalben) und mit zahlreichen Zickzackwendungen. Der Streckenflug ist etwas ruhiger und vom typischen Singvogel-Flugtyp mit rasch abwechselnden Schlagflug- und Gleitphasen. Schwalben fliegen oft in eher lockeren und wenig synchronisierten Verbänden, können aber am Schlafplatz große und gut synchronisierte Schwärme bilden. Wanderflüge finden meist tags und allenfalls in der Dämmerung statt.

Stimme: Ruft auch im Flug „tschrd" oder ähnlich. Als Gesang werden Strophen ganz ähnlicher Laute in schwätzender Weise sitzend oder im Flug vorgetragen (a).

Ähnliche Arten: Unter den häufigen Schwalben ist die Uferschwalbe die einzige mit braunem Gefieder. Sie kann höchstens mit der viel selteneren Felsenschwalbe verwechselt werden.

Beobachtungstipps: Uferschwalben brüten in Kolonien an Steilufern von Flüssen oder künstlichen Steilwänden, z. B. in Kiesgruben. In Schilfgebieten können sich für wenige Wochen große Schlafplatzgesellschaften zusammenfinden. Im Herbst sammeln sie sich tagsüber wie andere Schwalben auf Drähten und ähnlichen Sitzgelegenheiten.

Mehlschwalbe (→440)

Delichon urbicum

En: Common House Martin
Fr: Hirondelle de fenêtre
Es: Avión Común
It: Balestruccio

Status: In Mitteleuropa regelmäßiger Brut- und Jahresvogel, regelmäßiger und häufiger Durchzügler.

Flügelspannweite: 26 – 29 cm

Fluggeschwindigkeit: ca. 40 km/h (auf dem Zug)

Flügelschlagfrequenz: ca. 8 Flügelschläge / Sek. (Singvogel-Flugtyp)

Flugweise: Die Flügelschläge sind etwas flatternder und schneller als bei der Rauchschwalbe und mit abwechselnden Flügelschlag- und Gleitphasen ein typischer Singvogelflug, wobei die Gleitphasen bei der Mehlschwalbe auffällig lang sind. Die Insektenjagd erfolgt wie bei allen Schwalben im wendigen Flug, gelegentlich werden auch im Rüttelflug Insekten abgesammelt. Wanderflüge finden überwiegend tags statt.

Stimme: Der häufigste auch im Flug geäußerte Ruf klingt wie „prt" oder „prit" (a). Diese Elemente werden auch in den schwätzenden Gesang immer wieder eingeflochten, der oft im Flug, manchmal sogar im Balzflug mit verlangsamten Flügelschlägen vorgetragen wird.

Ähnliche Arten: Durch die trapezförmigen Flügel und die rein weiße Unterseite ist die Mehlschwalbe kaum mit anderen Schwalben zu verwechseln.

> **Beobachtungstipps:** Neben Beobachtungen zur herbstlichen Sammelzeit bestehen auch gute Beobachtungsmöglichkeiten im Umfeld der auffälligen, außen unter Dachvorsprüngen angebrachten Lehmnester.

Rötelschwalbe (→441)

Cecropis daurica

En: Red-rumped Swallow
Fr: Hirondelle rousseline
Es: Golondrina Dáurica
It: Rondine rossiccia

Status: Seltener Gast, neuerdings zunehmend und fast regelmäßig einzeln im Frühjahr.

Flügelspannweite: 32 – 34 cm

Stimme: Im Vergleich zu den Rufen der Rauchschwalbe („wit“) und denen der Mehlschwalbe („prit“), klingen die der Rötelschwalbe nasal und hochgezogen wie „dschüid“ (a).

Felsenschwalbe (→442)

Ptyonoprogne rupestris

En: Eurasian Crag Martin
Fr: Hirondelle de rochers
Es: Avión Roquero
It: Rondine montana

Status: Seltener Brut- und Sommervogel in den Alpen und der Schweiz, sonst Ausnahmegast

Flügelspannweite: 32 – 34,5 cm

Stimme: Die Flugrufe der Felsenschwalbe sind wenig auffällig und klingen nur wie ein kurzes trockenes „pt“ oder „trt“ (a).

Rauchschwalbe (→443)

Hirundo rustica

En: Barn Swallow
Fr: Hirondelle rustique
Es: Golondrina Común
It: Rondine

Status: In Mitteleuropa regelmäßiger Brut- und Jahresvogel, regelmäßiger und häufiger Durchzügler.

Flügelspannweite: 32 – 35 cm

Fluggeschwindigkeit: ca. 41 km/h (auf dem Zug)

Flügelschlagfrequenz: ca. 7 Flügelschläge / Sek. (Singvogel-Flugtyp)

Flugweise: Schneller, wendiger Flug mit kürzeren Gleitphasen und etwas langsamerem Flügelschlag als bei der Mehlschwalbe. Die fast nur im Flug stattfindende Insektenjagd kann manchmal sehr dicht über dem Boden stattfinden. Gelegentlich werden Insekten im Flatter- und Rüttelflug von Oberflächen abgelesen. Schwalben fliegen oft in eher lockeren und wenig synchronisierten Verbänden, können aber am Schlafplatz große und gut synchronisierte Schwärme bilden. Wanderflüge finden tags, seltener in der Dämmerung statt.

Stimme: Typischer Ruf im Flug ist das zum Ende hin ansteigende „wit-wit" (a), bei starker Beunruhigung und Flucht auch „ziwitt zwitt" oder ähnlich. Der aus melodischem Zwitschern bestehende Gesang wird oft auch im Flug vorgetragen.

Ähnliche Arten: Vor allem Altvögel mit langen Schwanzspießen sind unverwechselbar. Wegen Unterscheidung zur sehr seltenen Rötelschwalbe siehe Fotos.

Beobachtungstipps: In der Umgebung von Weidevieh sowie im Spätsommer und Herbst auch über Wasserflächen lassen sich Rauchschwalben bei ihrer eindrucksvollen Jagd besonders gut beobachten. In Schilfgebieten können sich für wenige Wochen große Schlafplatzgesellschaften zusammenfinden.

Ohrenlerche (→444)

Eremophila alpestris

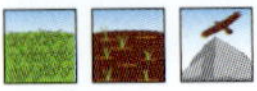

En: Horned Lark
Fr: Alouette hausse-col
Es: Alondra Cornuda
It: Allodola golagialla

Status: Regelmäßiger Durchzügler und Überwinterer in geringer Zahl an den Küsten, seltener Gast im Binnenland. Am seltensten und unregelmäßigsten im Süden und Westen.

Flügelspannweite: 30 – 35 cm

Stimme: Die aus hohen reintonigen Elementen zusammengesetzten kurzen Gesangsstrophen werden meist im Singflug vorgetragen, manchmal von einer erhöhten Warte aus (li). Auch die Flugrufe, die man von den überwinternden Vögeln an der Küste hören kann (re), klingen meist hoch und reintonig.

Kalanderlerche (→445)

Melanocorypha calandra

En: Calandra Lark
Fr: Alouette calandre
Es: Calandria Común
It: Calandra

Status: Ausnahmegast

Flügelspannweite: 34 – 42 cm

Stimme: Der Fluggesang der Kalanderlerche läuft lange Zeit ohne Unterbrechung dahin und enthält außer arteigenen Rufelementen auch viele Fremdimitationen (li). Die Rufe (re) bestehen aus einem kurzen scharfen Trillern.

Bergkalanderlerche (→446)

Melanocorypha bimaculata

En: Bimaculated Lark
Fr: Alouette monticole
Es: Calandria Bimaculada
It: Calandra asiatica

Status: Ausnahmegast

Flügelspannweite: 33 – 41 cm

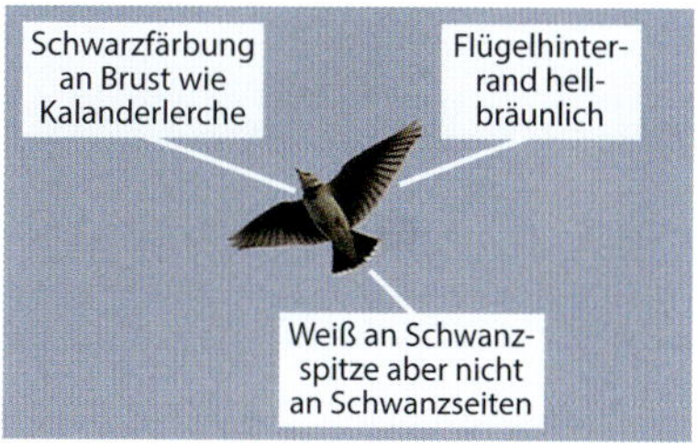

Weißflügellerche (→447)

Melanocorypha leucoptera

En: White-winged Lark
Fr: Alouette leucoptère
Es: Calandria Aliblanca
It: Calandra siberiana

Status: Ausnahmegast

Flügelspannweite: 33 – 37 cm

Mohrenlerche (→448)

Melanocorypha yeltoniensis

En: Black Lark
Fr: Alouette nègre
Es: Calandria Negra
It: Calandra nera

Status: Ausnahmegast

Flügelspannweite: 34 – 41 cm

♂ Prachtkleid

Kurzzehenlerche (→449)

Calandrella [cinerea] brachydactyla

En: Greater Short-toed Lark
Fr: Alouette calandrelle
Es: Terrera Común
It: Calandrella

Status: Unregelmäßiger, jährlicher Gast zu beiden Zugzeiten.

Flügelspannweite: 25 – 30 cm

Stimme: Der Fluggesang dieser Lerche wird in einem charakteristischen Bogenflug gegen den Wind vorgetragen und besteht aus kurzen Strophen (li). Manchmal wird eine Strophe auch durch einen Turmfalkenruf ersetzt. Die Flugrufe (re) sind kurze Triller wie "tr" oder „tri-tri"-Elemente, weniger stark trillernd als bei der Stummellerche.

Stummellerche (→450)

Calandra [rufescens] rufescens

En: Lesser Short-toed Lark
Fr: Alouette pispolette
Es: Terrera Marismeña
It: Calandrina

Status: Sehr seltener Ausnahemgast

Flügelspannweite: 24 – 32 cm

Stimme: Die meist nur 1,5 Sek. langen Strophen des Fluggesangs (li) werden in einem geradezu aberwitzigen Tempo vorgetragen, in ähnlichem Singflug wie bei der Kurzzehenlerche. Die Flugrufe (re) sind längere Triller, oft wiederholt wie „prrt-prt“.

Haubenlerche (→451)

Galerida cristata

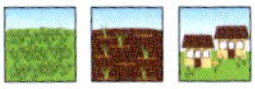

En: Crested Lark
Fr: Cochevis huppé
Es: Cogujada Común
It: Cappellaccia

Status: Regelmäßiger Brut- und Jahresvogel mit sehr lückiger Verbreitung.

Flügelspannweite: 29 – 38 cm

Flügelschlagfrequenz: ca. 8 Flügelschläge / Sek. (Singvogel-Flugtyp)

Flugweise: Fliegt mit ungleichmäßigen Flügelschlägen und im typischen Singvogel-Flugtyp. Der Singflug der Männchen beginnt mit einem stummen Aufsteigen bis etwa 30 m Höhe, dann erfolgt noch wesentlich stärkeres Aufsteigen im Singen (bis 200 m), wobei auch Distanzen bis über 500 m vom Aufstiegspunkt zurückgelegt werden. Der Gesang kann aber auch von einer Warte aus vorgetragen werden. Außerhalb der Brutzeit manchmal in kleinen, ungeordneten Trupps fliegend.

Stimme: Der Fluggesang besteht aus flötend-zwitschernden Strophen mit kennzeichnenden, eingestreuten und im Ton abfallenden „ü"-Elementen, teilweise mit Fremdimitationen (li). Im Flug, vor allem im Schwarm, ist außerdem ein Ruf ähnlich „schwüid schwüid" (re) oft zu hören.

Ähnliche Arten: Mit der Feldlerche und anderen, selteneren Lerchenarten zu verwechseln (siehe Fotos).

Zusatzinfos: Steigflug S. 495, Sturzflug S. 507, Rüttelflug S. 513

Beobachtungstipps: Auf Haubenlerchen stößt man, wo es noch kleine Restvorkommen in Mitteleuropa gibt, oft unerwartet am Straßenrand, beim Blick auf Kiesdächer oder in ähnlichen kargen und oft menschgemachten Lebensräumen. Sie sind in der Regel sehr wenig scheu.

Heidelerche (→452)

Lullula arborea

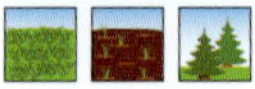

En: Woodlark
Fr: Alouette lulu
Es: Alondra Totovía
It: Tottavilla

Status: Verbreiteter, allerdings heute weitgehend in der Agrarlandschaft ausgestorbener Brutvogel; regelmäßiger Durchzügler, gebietsweise Überwinterer.

Flügelspannweite: 27 – 30 cm

Fluggeschwindigkeit: ca. 35 km/h (auf dem Zug)

Flügelschlagfrequenz: ca. 11 Flügelschläge / Sek. (Singvogel-Flugtyp)

Flugweise: Singvogel-Flugtyp mit einigen Flügelschlägen und kurzen Gleitphasen. Der Singflug beginnt mit einem schrägen oder spiralförmigen, zunächst stillen Aufstieg, dann Gesang im flatternden wellenförmigen Flug, wenige Rüttelflüge. Der Gesang wird aber auch von Sitzwarten aus vorgetragen. Singflüge finden überwiegend tags statt, sind aber auch nachts möglich. Wanderflüge finden tags oder nachts statt.

Stimme: Der Fluggesang klingt flötend und voll, oft mit absteigenden, melancholisch klingenden Elementfolgen wie „tlü-tlü-tlü“ (li). Im Flug, vor allem in der Gruppe, oft Rufe wie „dük dük...“ oder „düdlio“ (re).

Ähnliche Arten: Während die Stimme unverwechselbar ist, kann die Heidelerche dem Aussehen nach leicht mit anderen Lerchenarten verwechselt werden (siehe Fotos).

Zusatzinfos: Steigflug S. 495, Sturzflug S. 507, Rüttelflug S. 513

Beobachtungstipps: In locker baumbestandenen, heideartigen Landschaften können Heidelerchen anhand des markanten Gesanges im Frühjahr und Sommer meist leicht gefunden und beobachtet werden.

Feldlerche (→453)

Alauda arvensis

En: Eurasian Skylark
Fr: Alouette des champs
Es: Alondra Común
It: Allodola

Status: Verbreiteter Brut- und Sommervogel; regelmäßiger Durchzügler, gebietsweise Überwinterer.

Flügelspannweite: 30 – 36 cm

Fluggeschwindigkeit: ca. 46 km/h (auf dem Zug)

Flügelschlagfrequenz: ca. 10 Flügelschläge / Sek. (Singvogel-Flugtyp)

Flugweise: Flug im typischen Singvogel-Flugtyp. Der Singflug führt zunächst fast senkrecht nach oben, nach wenigen Metern setzt der Gesang ein, der weitere Aufstieg erfolgt in enger werdenden Spiralen. Dann Flug fast auf der Stelle mit flachen, fast schwirrenden Flügelschlägen, nach einiger Zeit Herabgleiten mit geöffneten Flügeln und gespreiztem Schwanz, zuletzt Sturzflug mit angelegten Flügeln. Außerhalb der Brutzeit oft in ungeordneten Trupps. Wanderungsflüge finden tags und nachts statt.

Stimme: Die volkstümliche Bezeichnung „Tirilieren" trifft den Fluggesang der Feldlerche gut. Er besteht aus vielfältigen Elementen mit Trillern und rhythmisch gereihten Flötentönen, die schnell und ausdauernd vorgetragen werden (li). Der Flugruf ist meist ein hartes „tschrl" (re).

Ähnliche Arten: Die Feldlerche kann mit anderen Lerchenarten und unter Umständen mit den ähnlich gefärbten Piepern verwechselt werden (siehe Fotos).

Zusatzinfos: Steigflug S. 495, Sturzflug S. 507, Rüttelflug S. 513

> **Beobachtungstipps:** Feldlerchen lassen sich am besten im Frühjahr und Sommer im Singflug über Äckern beobachten.

Schwanzmeise (→454)

Aegithalos caudatus

En: Long-tailed Tit
Fr: Mésange à longue queue
Es: Mito Común
It: Codibugnolo

Status: In Mitteleuropa verbreiteter Brut- und Jahresvogel; regelmäßiger Durchzügler und Wintergast.

Flügelspannweite: 16 – 19 cm

Flugweise: Flatternder, etwas hüpfender Flug vom Singvogel-Flugtyp. Der Schwanz wirkt dabei mehr behindernd als unterstützend. Schwanzmeisen sind außerhalb der Brutzeit immer im Schwarm unterwegs, der allerdings keine Flugformationen oder synchrone Flugmanöver erkennen lässt.

Stimme: Der ausdauernd geäußerte Kontaktruf zwischen Partnern und Gruppenmitgliedern ist im Flug wie im Umherhüpfen in der Regel ein rauer Ruf „tschrr tschrr“ (a) und ein hohes, etwas schrilles „psii psii“.

Ähnliche Arten: Unverwechselbar.

Beobachtungstipps: Die in Gebüschzonen, Wäldern, Parks und Gärten umherziehenden Trupps im Herbst machen meist durch die ausdauernden Rufe auf sich aufmerksam.

Zistensänger (→455)

Cisticola juncidis

En: Zitting Cisticola
Fr: Cisticole des joncs
Es: Cistícola Buitrón
It: Beccamoschino

Status: Sehr lokaler, seltener Brut- und Sommervogel im südlichen und westlichen Mitteleuropa; wesentlich häufiger im Mittelmeerraum.

Flügelspannweite: 12 – 15 cm

Flugweise: Abgesehen vom Singflug ist die Art sehr selten fliegend zu beobachten und fliegt dann im typischen Singvogel-Flugtyp. Der Singflug besteht aus einem wellenförmigen Flug mit monotonem und einfachem Gesang.

Stimme: Girlandenförmiger Singflug, an dessen Scheitelpunkten jeweils ein monotones „tsip-tsip-tsip…“ ertönt (li). Auch Auseinandersetzungen mit Konkurrenten finden in der Luft statt und werden von Rufen wie „psi“ und schnellem „pt-pt-pt…“ begleitet (re).

Ähnliche Arten: Gestreifte Rohrsänger sehen ähnlich aus, der Gesang ist jedoch eindeutig anders.

Beobachtungstipps: Zistensänger lernt man am besten im Mittelmeerraum in trockenen oder feuchten Graslandschaften kennen, indem man auf den Singflug achtet.

Rohrschwirl (→458)

Locustella luscinioides

En: Savi's Warbler
Fr: Locustelle luscinioïde
Es: Buscarla Unicolor
It: Salciaiola

Status: Verbreiteter, lokal häufiger Brut- und Sommervogel; regelmäßiger, aber nicht häufiger Durchzügler.

Flügelspannweite: 18 – 21 cm

Flugweise: Sehr selten fliegend zu sehen und dann meist nur mit wenigen kurzen unregelmäßigen Flügelschlagphasen rasch über Gewässerarme querend. Überwiegend zu Fuß bzw. kletternd unterwegs. Singwarten werden unten angeflogen und dann aufsteigend erreicht. Wanderflüge finden nachts statt.

Stimme: Im Flug in der Regel schweigsam.

Ähnliche Arten: Rohrsänger, Schwirle und Spötter sehen sich im Flug sehr ähnlich. Kopffärbung und Gesang sind hilfreiche Merkmale, siehe auch Fotos.

Beobachtungstipps: Rohrschwirle kommen in großen Schilfgebieten vor und sind in der Regel nur durch den einförmig schnarrenden Gesang festzustellen, der demjenigen des Feldschwirls sehr ähnlich ist (Schnarren etwas tiefer und schneller als bei diesem).

Feldschwirl (→461)

Locustella naevia

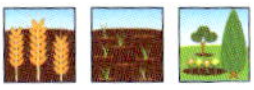

En: Common Grasshopper Warbler
Fr: Locustelle tachetée
Es: Buscarla Pintoja
It: Forapaglie macchiettato

Status: Verbreiteter, lokal häufiger Brut- und Sommervogel; regelmäßiger Durchzügler.

Flügelspannweite: 15 – 19 cm

Flugweise: Wie Rohrschwirl.

Stimme: Im Flug in der Regel schweigsam.

Ähnliche Arten: Rohrsänger, Schwirle und Spötter sehen sich im Flug sehr ähnlich. Kopffärbung und Gesang (nicht im Flug) sind hilfreiche Merkmale, siehe Fotos.

Beobachtungstipps: Feldschwirle kommen in kleinen Röhrichten und schilfbewachsenen Gräben vor und sind in der Regel nur durch den einförmig schnarrenden Gesang festzustellen, der demjenigen des Rohrschwirls sehr ähnlich ist (Schnarren etwas höher und langsamer als bei diesem).

Gelbspötter (→463)

Hippolais icterina

En: Icterine Warbler
Fr: Hypolaïs ictérine
Es: Zarcero Icterino
It: Canapino maggiore

Status: Verbreiteter, mäßig häufiger Brut- und Sommervogel; regelmäßiger Durchzügler.

Flügelspannweite: 21 – 24 cm

Fluggeschwindigkeit: ca. 24 km/h

Flügelschlagfrequenz: ca. 18 Flügelschläge / Sek. (Singvogel-Flugtyp)

Flugweise: Fliegt im typischen Singvogel-Flugtyp, ist allerdings selten und dann nur über kürzere Strecken fliegend zu sehen. Ein Element der Balz des Männchens besteht aus einem schmetterlingsartigen Singflug. Wanderflüge finden nachts statt.

Stimme: Der gelegentlich im Flug und ansonsten aus einer Baumkrone heraus geäußerte Gesang ist eine rasche Abfolge scharfer, schwätzender Laute, in die immer wieder ein typisches Element wie „wiäh-wiäh“ sowie Laute anderer Vogelarten eingestreut werden (a).

Ähnliche Arten: Rohrsänger, Schwirle und Spötter sehen sich im Flug sehr ähnlich. Kopffärbung und Gesang (nicht im Flug) sind hilfreiche Merkmale, siehe auch Fotos.

Beobachtungstipps: In parkartigen Landschaften mit großen Bäumen oder lichten Feldgehölzen kann man singende Gelbspöttermännchen im späten Frühjahr und Frühsommer hören und mit Glück auch sehen.

Orpheusspötter (→464)

Hippolais polyglotta

En: Melodious Warbler
Fr: Hypolaïs polyglotte
Es: Zarcero Políglota
It: Canapino comune

Status: Nur im Westen verbreiteter, nirgends häufiger Brut- und Sommervogel.

Flügelspannweite: 18 – 20 cm

Fluggeschwindigkeit: ca. 21 km/h

Flügelschlagfrequenz: ca. 15 Flügelschläge / Sek. (Singvogel-Flugtyp)

Flugweise: Flug im typischen Singvogel-Flugtyp, allerdings selten fliegend zu sehen und dann meist nur beim raschen Flug zur nächsten Deckung. Wanderflüge finden nachts statt.

Stimme: Der im Vergleich zum Gelbspötter weniger scharf klingende, aber dennoch ausdauernd und schnell vorgetragene Gesang des Orpheusspötters mit weicheren, häufig wiederholten Elementen wie „trü-wäd trü-wäd..." wird fast immer von Gesangwarten aus und nicht im Flug vorgetragen (a).

Ähnliche Arten: Rohrsänger, Schwirle und Spötter sehen sich im Flug sehr ähnlich. Kopffärbung und Gesang (nicht im Flug) sind hilfreiche Merkmale, siehe Fotos.

Buschspötter (→466)

Hippolais [caligata] caligata

En: Booted Warbler
Fr: Hypolaïs bottée
Es: Zarcero Escita
It: Canapino asiatico

Status: Ausnahmegast

Flügelspannweite: 18 – 21 cm

Schilfrohrsänger (→470)

Acrocephalus schoenobaenus

En: Sedge Warbler
Fr: Phragmite des joncs
Es: Carricerín Común
It: Forapaglie comune

Status: Verbreiteter, lokal häufiger Brut- und Sommervogel (seltener im Südwesten); regelmäßiger Durchzügler.

Flügelspannweite: 17 – 21 cm

Flugweise: Singvogel-Flugtyp; fliegt mit unregelmäßigen Flügelschlägen im schnellen Flug zwischen Röhrichtbeständen hin und her. Die Männchen starten von der Singwarte aus nicht selten zu einem Singflug, der mit steilem Aufstieg mit tiefen, langsamen Flügelschlägen beginnt und nach kurzer Zeit in einem raschen Sinkflug häufig mit V-förmig aufgestellten Flügeln endet. Wanderflüge finden nachts statt.

Stimme: Vielseitiger, eilig schwätzender Gesang mit vielen harten, oft lange wiederholten „trrr-trr"-Elementen (a). Fluggesang siehe oben.

Ähnliche Arten: Rohrsänger, Schwirle und Spötter sehen sich im Flug sehr ähnlich. Kopffärbung und Gesang sind hilfreiche Merkmale, siehe auch Fotos.

Zusatzinfos: Steigflug S. 495

Beobachtungstipps: In Röhricht oder anderer Ufervegetation fallen am ehesten die Gesänge der Männchen auf. Allerdings fehlt die Art im südwestlichen Mitteleuropa weitgehend.

Teichrohrsänger (→472)

Acrocephalus scirpaceus

En: Eurasian Reed Warbler
Fr: Rousserolle effarvatte
Es: Carricero Común
It: Cannaiola

Status: Punktuell verbreiteter, lokal häufiger Brut- und Sommervogel; regelmäßiger und häufiger Durchzügler.

Flügelspannweite: 17 – 21 cm

Flügelschlagfrequenz: ca. 17 Flügelschläge / Sek. (Singvogel-Flugtyp)

Flugweise: Singvogel-Flugtyp; fliegt mit unregelmäßigen Flügelschlägen im schnellen Flug zwischen Röhrichtbeständen hin und her und fliegt dabei auch relativ lange Strecken über den Schilfspitzen. Wanderflüge finden nachts statt.

Stimme: Keine typischen Lautäußerungen im Flug.

Ähnliche Arten: Rohrsänger, Schwirle und Spötter sehen sich im Flug sehr ähnlich. Kopffärbung und Gesang (nicht im Flug) sind hilfreiche Merkmale, siehe Fotos.

Beobachtungstipps: In fast allen Schilfbeständen anwesend und zur Brutzeit in der Regel durch den kontinuierlichen Gesang, der aus einer Abfolge stark rhythmischer, teils rauer, teils eher zirpender Elemente besteht, zu finden.

Sumpfrohrsänger (→474)

Acrocephalus palustris

En: Marsh Warbler
Fr: Rousserolle verderolle
Es: Carricero Políglota
It: Cannaiola verdognola

Status: Verbreiteter, lokal häufiger Brut- und Sommervogel; regelmäßiger Durchzügler.

Flügelspannweite: 18 – 21 cm

Flügelschlagfrequenz: ca. 20 Flügelschläge / Sek. (Singvogel-Flugtyp)

Flugweise: Singvogel-Flugtyp; fliegt mit unregelmäßigen Flügelschlägen im schnellen Flug zwischen Brennnessel-, anderen Stauden und Röhrichtbeständen hin und her. Wanderflüge finden nachts statt.

Stimme: Keine typischen Lautäußerungen im Flug.

Ähnliche Arten: Rohrsänger, Schwirle und Spötter sehen sich im Flug sehr ähnlich. Kopffärbung und Gesang (nicht im Flug) sind hilfreiche Merkmale, siehe auch Fotos.

Beobachtungstipps: Die in kleinen, eher trockenen Schilf- und Staudenbeständen singenden Männchen sind vor allem anhand der sehr vielfältigen Imitationen anderer Vogelgesänge, die aber oft nach Rohrsängerart aneinandergereiht und rhythmisiert werden, zu finden.

Drosselrohrsänger (→475)

Acrocephalus arundinaceus

En: Great Reed Warbler
Fr: Rousserolle turdoïde
Es: Carricero Tordal
It: Cannareccione

Status: Punktuell verbreiteter, nur lokal häufiger Brut- und Sommervogel; regelmäßiger Durchzügler.

Flügelspannweite: 25 – 29 cm

Flügelschlagfrequenz: ca. 17 Flügelschläge / Sek. (Singvogel-Flugtyp)

Flugweise: Singvogel-Flugtyp; ist im Brutrevier verhältnismäßig oft mit unregelmäßigen, etwas schwer wirkenden Flügelschlägen beim Flug über die Wasserfläche von einem Schilfbestand zum anderen zu beobachten . Wanderflüge finden nachts statt.

Stimme: Keine typischen Lautäußerungen im Flug.

Ähnliche Arten: Rohrsänger, Schwirle und Spötter sehen sich im Flug sehr ähnlich. Kopffärbung und Gesang (nicht im Flug) sind hilfreiche Merkmale, siehe auch Fotos.

Beobachtungstipps: Vor allem mit dem weit tragenden, rau kratzenden Elementfolge "karre kiet kiet" machen singende Drosselrohrsänger zur Brutzeit in großen Schilfbeständen auf sich aufmerksam.

Waldlaubsänger (→478)

Phylloscopus sibilatrix

En: Wood Warbler
Fr: Pouillot siffleur
Es: Mosquitero Silbador
It: Luì verde

Status: Verbreiteter und regional häufiger Brut- und Sommervogel; regelmäßiger Durchzügler.

Flügelspannweite: 20 – 24 cm

Flugweise: Bewegt sich im Streckenflug im typischen Singvogel-Flugtyp. Auf der Insektenjagd häufig mit kurzen Verfolgungsflügen und Rüttelflug an Zweigen unterwegs. Das Männchen zeigt während der Balz unter anderem einen Singflug in geraden oder bogenförmigen Bahnen. Wanderflüge finden nachts statt.

Stimme: Der Gesang „sip sip sip tschirrrr" (a) wird entweder von einer Warte vorgetragen oder so aufgeteilt, dass die „sip sip"-Elemente im Flug, das „tschirrr" dann aber im Sitzen erklingt. Hin und wieder wird zwischen die Schwirrstrophen eine tonale „düh"-Strophe eingeschoben (a).

Ähnliche Arten: Laubsänger einschließlich Fitis und Zilpzalp sehen sich sehr ähnlich und sind im Flug kaum zu unterscheiden, sofern man nicht bei sehr günstigem Licht die Farben gut erkennen kann (siehe Fotos).

Zusatzinfos: Rüttelflug S. 513

Beobachtungstipps: Waldlaubsänger leben zur Brutzeit gerne im lichten Laubwald mit wenig ausgeprägtem Unterholz. Am leichtesten lassen sie sich anhand der singenden Männchen finden.

Berglaubsänger (→479)

Phylloscopus [bonelli] bonelli

En: Western Bonelli's Warbler
Fr: Pouillot de Bonelli
Es: Mosquitero Papialbo
It: Luì bianco

Status: Spärlicher Brutvogel, nur im Süden (Schwäbische Alb, Schwarzwald, in Alpen teilweise häufig und verbreitet). Sonst nur gelegentlich Brutnachweise und sehr seltener Gast. Sommervogel.

Flügelspannweite: 16 – 18,5 cm

Bartlaubsänger (→482)

Phylloscopus schwarzi

En: Radde's Warbler
Fr: Pouillot de Schwarz
Es: Mosquitero de Schwarz
It: Luì di Radde

Status: Ausnahmegast bis sehr seltener Gast im Norden (Okt.)

Flügelspannweite: 15,5 – 20,5 cm

Fitis (→483)

Phylloscopus trochilus

En: Willow Warbler
Fr: Pouillot fitis
Es: Mosquitero Musical
It: Luì grosso

Status: Verbreiteter und regional häufiger Brut- und Sommervogel; regelmäßiger Durchzügler.

Flügelspannweite: 17 – 22 cm

Fluggeschwindigkeit: ca. 36 km/h

Flügelschlagfrequenz: ca. 18 Flügelschläge / Sek. (Singvogel-Flugtyp)

Flugweise: Fliegt im Singvogel-Flugtyp. Die Insektenjagd im Gehölz kann auch mit kurzen Jagdflügen und kurzzeitigem Rüttelflug stattfinden. Als Bestandteil der Balz zeigen die Männchen gelegentlich Ausdrucksflüge in schmetterlingsartiger Flugweise, ohne Gesang. Wanderflüge finden nachts statt.

Stimme: Keine typischen Lautäußerungen im Flug.

Ähnliche Arten: Laubsänger einschließlich Fitis und Zilpzalp sehen sich sehr ähnlich und sind im Flug kaum zu unterscheiden, sofern man nicht bei sehr günstigem Licht die Farben gut erkennen kann (siehe Fotos).

Zusatzinfos: Rüttelflug S. 513

Beobachtungstipps: Das typische Bruthabitat für den Fitis sind Birkenbestände oder Weidengebüsch. Hier ist der etwas melancholische, melodisch abfallende Gesang das beste Mittel, um die Art zu finden.

Zilpzalp (→484)

Phylloscopus collybita

En: Common Chiffchaff
Fr: Pouillot véloce
Es: Mosquitero Común
It: Luì piccolo

Status: Verbreiteter und sehr häufiger Brut- und Sommervogel; regelmäßiger Durchzügler.

Flügelspannweite: 15 – 21 cm

Flugweise: Fliegt im Singvogel-Flugtyp. Die Insektenjagd im Gehölz kann auch mit kurzen Jagdflügen und kurzzeitigem Rüttelflug stattfinden. Vor der Paarung können die Männchen einen Gleitflug mit libellenartigen Flügelbewegungen zeigen. Wanderflüge finden nachts oder in der Dämmerung statt.

Stimme: Keine typischen Lautäußerungen im Flug.

Ähnliche Arten: Laubsänger einschließlich Fitis und Zilpzalp sehen sich sehr ähnlich und sind im Flug kaum zu unterscheiden, sofern man nicht bei sehr günstigem Licht die Farben gut erkennen kann (siehe Fotos).

Zusatzinfos: Rüttelflug S. 513

> **Beobachtungstipps:** Der Zilpzalp ist in Gärten, Parks und Wäldern weit verbreitet und anhand seines namengebenden Gesangs "zilp-zalp-zilp-zalp" leicht zu finden.

Goldhähnchen-Laubsänger (→487)

Phylloscopus proregulus

En: Pallas's Leaf Warbler
Fr: Pouillot de Pallas
Es: Mosquitero de Pallas
It: Luì di Pallas

Status: Sehr seltener, aber an der Küste fast regelmäßiger Gastvogel im Herbst; im Binnenland Ausnahmegast.

Flügelspannweite: 12 – 16,5 cm

Gelbbrauen-Laubsänger (→488)

Phylloscopus [inornatus] inornatus

En: Yellow-browed Warbler
Fr: Pouillot à grands sourcils
Es: Mosquitero Bilistado
It: Luì forestiero

Status: Sehr seltener, aber an der Küste fast regelmäßiger Gastvogel im Herbst; auch im Binnenland zunehmend.

Flügelspannweite: 12 – 16,5 cm

Bartmeise (→ 495)

Panurus biarmicus

En: Bearded Reedling
Fr: Panure à moustaches
Es: Bigotudo
It: Basettino

Status: Lokal verbreiteter, wenig häufiger Brut- und Sommervogel, z. T. Jahresvogel; regelmäßiger, meist seltener Durchzügler.

Flügelspannweite: 16 – 18 cm

Flugweise: Flatternder, unstet wirkender Flug vom Singvogel-Flugtyp. Meist horizontal zwischen Schilfbeständen oder knapp darüber fliegend, Gruppen können jedoch auch ausgesprochen hoch aufsteigen und abfliegen, wobei keine Formation erkennbar ist. Wanderflüge finden ebenfalls tags statt.

Stimme: Im Flug dient der charakteristische, metallische Ruf „tsching tsching“ (a) zum Kontakthalten. Beim Abflug und hohen Aufsteigen sind die Rufe eher rhythmisch gereiht, im normalen Streckenflug rufen die Schwarmmitglieder durcheinander.

Ähnliche Arten: Nach Ruf und Aussehen unverwechselbar.

Beobachtungstipps: Wer in großen Schilfzonen auf die charakteristischen Kontaktrufe der Bartmeisen achtet, kann sie verhältnismäßig leicht finden.

Mönchsgrasmücke (→496)

Sylvia atricapilla

En: Eurasian Blackcap
Fr: Fauvette à tête noire
Es: Curruca Capirotada
It: Capinera

Status: Sehr häufiger, verbreiteter Brut- und Sommervogel, sehr häufiger Durchzügler, regional regelmäßiger Wintergast.

Flügelspannweite: 20 – 23 cm

Fluggeschwindigkeit: ca. 30 km/h

Flügelschlagfrequenz: ca. 16 Flügelschläge / Sek. (Singvogel-Flugtyp)

Flugweise: Singvogel-Flugtyp. Bei der Nahrungssuche oft kurze Flüge im und zwischen Gebüsch, kurze Rüttelflüge möglich. Wanderflüge finden nachts statt.

Stimme: Kurz vor dem Abflug wird gelegentlich leise und etwas beunruhigt klingend „dididi" oder „girr" gerufen (a), ansonsten keine Lautäußerungen im Flugkontext.

Ähnliche Arten: Gartengrasmücke singt ähnlich und sieht ähnlich aus, die braune bzw. schwarze Kappe ist jedoch kennzeichnend.

Zusatzinfos: Rüttelflug S. 513

Beobachtungstipps: Mönchsgrasmücken sind auch in gehölzreichen Gärten häufig und lassen sich hier oft gut beobachten.

Gartengrasmücke (→497)

Sylvia borin

En: Garden Warbler
Fr: Fauvette des jardins
Es: Curruca Mosquitera
It: Beccafico

Status: Verbreiteter und häufiger Brut- und Sommervogel; regelmäßiger Wintergast.

Flügelspannweite: 20 – 25 cm

Fluggeschwindigkeit: ca. 33 km/h

Flügelschlagfrequenz: ca. 16 Flügelschläge / Sek. (Singvogel-Flugtyp)

Flugweise: Wie Mönchsgrasmücke.

Stimme: Keine typischen Lautäußerungen im Flug bekannt.

Ähnliche Arten: Die Mönchsgrasmücke singt ähnlich und sieht ähnlich aus, ist jedoch durch die braune bzw. schwarze Kappe gut erkennbar.

Zusatzinfos: Rüttelflug S. 513

Beobachtungstipps: Gartengrasmücken lassen sich im Frühjahr und Frühsommer anhand des langen, gleichmäßig schwätzenden Gesangs in dichten, staudengesäumten Gebüschen relativ leicht aufspüren und mit etwas Geduld dort auch beobachten.

Sperbergrasmücke (→498)

Sylvia nisoria

En: Barred Warbler
Fr: Fauvette épervière
Es: Curruca Gavilana
It: Bigia padovana

Status: In Osteuropa weit verbreiteter und regional häufiger Brut- und Sommervogel und regelmäßiger Durchzügler, ansonsten seltener Gast.

Flügelspannweite: 23 – 27 cm

Flugweise: Singvogel-Flugtyp mit langsamen Flügelschlägen und längeren Gleitstrecken. Zur Balz gehört ein Singflug mit langsamen und tiefen Flügelschlägen, der in Bögen oder Wellen bis 30 m weit von der Singwarte wegführt und bei starker Erregung auch Flügelklappern enthalten kann. Wanderflüge finden nachts statt.

Stimme: Gesang auf Warte und im Singflug gleichmäßig und über längere Zeit schwätzende Abfolge verschiedener Elemente, von denen einige tief geflötet werden (a). In der Aufnahme sind gegen Ende beim Singflug auch die trocken klappernden Instrumentallaute der Flügel zu hören.

Ähnliche Arten: Der Gesang ähnelt der Gartengrasmücke, die Sperbergrasmücke ist allerdings größer und anders gefärbt.

Beobachtungstipps: Sperbergrasmücken kommen in unterholzreichen Wäldchen und Waldrändern sowie in Wacholderheiden im östlichen Mitteleuropa und östlich davon vor. Sie lassen sich am leichtesten über den Gesang ausfindig machen.

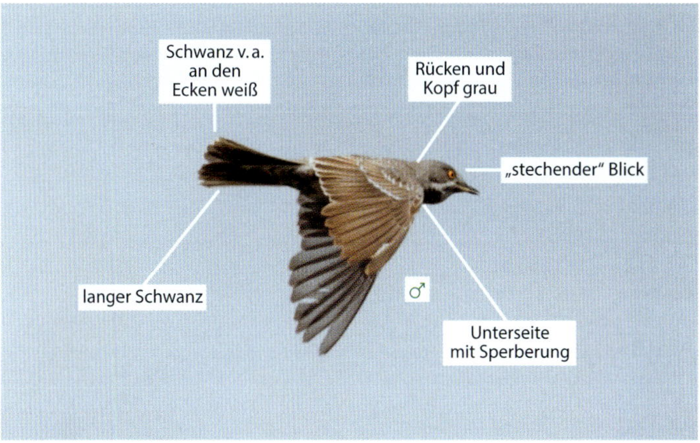

Klappergrasmücke (→ 502)

Sylvia curruca

En: Lesser Whitethroat
Fr: Fauvette babillarde
Es: Curruca Zarcerilla
It: Bigiarella

Status: Verbreiteter, nur lokal häufiger Brut- und Sommervogel; regelmäßiger Durchzügler.

Flügelspannweite: 17 – 20 cm

Fluggeschwindigkeit: ca. 30 km/h

Flügelschlagfrequenz: ca. 21 Flügelschläge / Sek. (Singvogel-Flugtyp)

Flugweise: Flug im Singvogel-Flugtyp. Nahrungssuche erfolgt mit weniger Flügen und mehr Schlüpfen durch das Gebüsch als beispielsweise bei der Mönchsgrasmücke. Der Gesang von einer Singwarte aus wird gelegentlich durch einen kurzen, horizontalen, fledermausartig gaukelnden Singflug ergänzt. Wanderflüge finden nachts statt.

Stimme: Der Gesang, der gelegentlich auch im Singflug geäußert wird, besteht aus einem leise schwätzenden Teil und dem namengebenden Klappern, das wie ein schnelles „ggtgtgtgtgt" klingt (a). Kurz vor dem Abflug manchmal leise „tirrt" oder ähnlich.

Ähnliche Arten: Klapper- und Dorngrasmücke sind ähnlich gefärbt – siehe Fotos.

> **Beobachtungstipps:** Klappergrasmücken sind nicht leicht zu sehen, aber in geeigneten Lebensräumen, parkartiger Buschvegetation und dichten Hecken, im Frühjahr oft zu hören.

Dorngrasmücke (→504)

Sylvia communis

En: Common Whitethroat
Fr: Fauvette grisette
Es: Curruca Zarcera
It: Sterpazzola

Status: Verbreiteter, meist häufiger Brut- und Sommervogel; regelmäßiger Durchzügler.

Flügelspannweite: 19 – 23 cm

Fluggeschwindigkeit: ca. 38 km/h

Flügelschlagfrequenz: ca. 17 Flügelschläge / Sek. (Singvogel-Flugtyp)

Flugweise: Ähnlich Klappergrasmücke, allerdings gehört ein echter Singflug mit steilem Aufstieg und wellenförmigem Flug unter Gesang und treppenförmigem stummem Abstieg zum festen Repertoire.

Stimme: Der im Singflug oder von einer Warte aus geäußerte Gesang besteht aus rau schwätzenden Elementen, die oft mehrfach wiederholt und am Ende mit Imitationen anderer Gesänge und Rufe angereichert werden (a).

Ähnliche Arten: Klapper- und Dorngrasmücke sind ähnlich gefärbt (siehe Fotos).

Zusatzinfos: Steigflug S. 495

Beobachtungstipps: Die Männchen sind im Frühjahr durch die Singflüge und den Gesang von Singwarten aus auf einzelnen, meist dornigen Gebüschen in offenen Lebensräumen sehr auffällig.

Kleiber (→510)

Sitta europaea

En: Eurasian Nuthatch
Fr: Sittelle torchepot
Es: Trepador Azul
It: Picchio muratore

Status: Sehr häufiger und verbreiteter Brut- und Jahresvogel.

Flügelspannweite: 23 – 27 cm

Flugweise: Fliegt im Singvogel-Flugtyp mit schnellen flatternden Flügelschlägen und kurzen Gleitphasen.

Stimme: Im Flug, vor allem bei Erregung, wird ein scharfes „zit-zit-zit" oder ähnlich geäußert, das nach der Landung weicher als „twit twit" fortgeführt werden kann (a).

Ähnliche Arten: Kleiber und Eisvogel werden erstaunlich oft verwechselt, siehe aber Fotos.

Beobachtungstipps: Kleiber lassen sich am besten im Winter an der Futterstelle beobachten, es ist aber auch nicht schwer, die fast ständig rufenden Vögel im Hochwald zu entdecken.

Mauerläufer (→ 511)

Tichodroma muraria

En: Wallcreeper
Fr: Tichodrome échelette
Es: Treparriscos
It: Picchio muraiolo

Status: Regional verbreiteter, seltener Brut- und Jahresvogel der Alpen; punktuell regelmäßiger Wintergast im Voralpenland.

Flügelspannweite: 27 – 32 cm

Flugweise: Alleine schon durch die Größe und Färbung wirken die Flügel schmetterlingsartig. Der Eindruck wird durch die Art der Flügelschläge noch verstärkt. Grundsätzlich folgt auch dieser Flug dem Singvogel-Flugtyp, jedoch können die Gleitphasen sehr lang sein und nicht selten auch mit geöffneten Flügeln und in Form von Aufwindsegeln stattfinden. Beim Felsklettern zur Nahrungssuche wird nahezu ständig mit den Flügeln geflattert.

Stimme: Keine typischen Lautäußerungen im Flug.

Ähnliche Arten: Unverwechselbar.

Zusatzinfos: Hangaufwindsegeln S. 511

> **Beobachtungstipps:** In den Alpen sind Mauerläufer mit Ausdauer und Fernrohr in Felswänden und Steinbrüchen zu finden, im Winter sind sie manchmal in tieferen Lagen an kleinen Felsen und größeren Gebäuden etwas leichter zu beobachten.

Gartenbaumläufer (→512)

Certhia brachydactyla

En: Short-toed Treecreeper
Fr: Grimpereau des jardins
Es: Agateador Europeo
It: Rampichino comune

Status: In Mitteleuropa verbreiteter Brut- und Jahresvogel.

Flügelspannweite: 18 – 21 cm

Flugweise: Singvogel-Flugtyp, wobei generell sehr selten längere Strecken fliegend zurückgelegt werden. Die Nahrungssuche erfolgt typischerweise durch Aufsteigen an Baumstämmen mit anschließendem schrägem Abwärtsflug zum nächsten Stamm.

Stimme: Der Flugruf ist ein eher leises „ti“ oder „pit“, oft gereiht und auch zwischen andere Laute eingeschoben (a).

Ähnliche Arten: Wald- und Gartenbaumläufer sind sich sehr ähnlich und – abgesehen vom unterschiedlichen Gesang und den Rufen – nur mit Erfahrung zu unterscheiden

Zusatzinfos: Start von erhöhten Plätzen S. 506

Beobachtungstipps: In Laubmischwald, Parks und großen Gärten können Gartenbaumläufer am ehesten bei der Nahrungssuche die Stämme hochhuschend gefunden werden.

Waldbaumläufer (→513)

Certhia familiaris

En: Eurasian Treecreeper
Fr: Grimpereau des bois
Es: Agateador Euroasiático
It: Rampichino alpestre

Status: Verbreiteter, recht häufiger Brut- und Jahresvogel, regional häufiger Durchzügler und Wintergast.

Flügelspannweite: 17 – 21 cm

Flugweise: Wie Gartenbaumläufer

Stimme: Flugruf sehr ähnlich Gartenbaumläufer, oft zwischen andere Laute eingeschoben und beim Abflug schnell gereiht (a). Sonst gedehnte „srrii"-Rufe.

Ähnliche Arten: Wald- und Gartenbaumläufer sind sich sehr ähnlich und – abgesehen vom unterschiedlichen Gesang und einigen Rufen – nur mit Erfahrung zu unterscheiden.

Zusatzinfos: Start von erhöhten Plätzen S. 506

Beobachtungstipps: Wie Gartenbaumläufer, bevorzugter Lebensraum sind jedoch geschlossene, vor allem nadelholzreiche Wälder.

Zaunkönig (→ 514)

Troglodytes troglodytes

En: Eurasian Wren
Fr: Troglodyte mignon
Es: Chochín Común
It: Scricciolo

Status: Verbreiteter und häufiger Brut- und Jahresvogel.

Flügelspannweite: 13 – 17 cm

Flugweise: Flug führt meist nur über kurze Strecken, geradlinig und mit schwirrendem Flügelschlag. Spinnen und Insekten können im schnellen Rüttelflug abgelesen werden. Nur bei sehr großer Erregung wird der Gesang auch während des Fluges zwischen zwei Singwarten vorgetragen. Wanderflüge finden nachts oder tags statt, aber auch dann meist nur als gerichtetes Vorrücken von Deckung zu Deckung.

Stimme: Der laut schmetternde, kräftige Gesang besteht aus einer Reihe von Trillern unterschiedlicher Tonlage und Tempos, die durch einzelne hochtonige Elemente miteinander verbunden sind (a). Bei Erregung kann der Gesang auch im Flug von einer Singwarte zur anderen geäußert werden.

Ähnliche Arten: Unverwechselbar.

Zusatzinfos: Rüttelflug S. 513

Beobachtungstipps: In Wäldern und Gärten mit entsprechender Deckung sind Zaunkönige bei der geschäftigen Nahrungssuche in Bodennähe zu beobachten.

Rosenstar (→515)

Sturnus roseus

En: Rosy Starling
Fr: Étourneau roselin
Es: Estornino Rosado
It: Storno roseo

Status: Unregelmäßiger Brutvogel in Invasionsjahren in Ungarn. Sonst seltener Gast, mitunter größere Einflüge im Sommerhalbjahr.

Flügelspannweite: 37 – 40 cm

Star (→516)

Sturnus vulgaris

En: Common Starling
Fr: Étourneau sansonnet
Es: Estornino Pinto
It: Storno

Status: Sehr häufiger Brut- und Sommervogel, regelmäßiger Durchzügler, in Niederungsgebieten auch Überwinterer.

Flügelspannweite: 37 – 42 cm

Fluggeschwindigkeit: ca. 45 km/h (auf dem Zug)

Flügelschlagfrequenz: ca. 10 Flügelschläge / Sek. (Singvogel-Flugtyp)

Flugweise: Der Flug erfolgt mit raschen und gleichmäßigen Flügelschlägen, längere Gleitphasen sind vor allem während der Vorbereitung zur Landung zu beobachten. Wanderflüge finden tags oder nachts statt. Vor allem außerhalb der Brutzeit bilden sich große, teils riesige Schlafplatzgesellschaften, bei denen sehr eindrucksvolle, wendige Schwarmflüge mit gut synchronisierten Schwärmen über den Schlafplätzen zu beobachten sind. Im Streckenflug bilden die Starentrupps meist eine relativ dichte Wolke.

Stimme: Beim Auffliegen wird oft ein heiseres „ärr-wrr" geäußert (a), ansonsten sind die Vögel im Flug in der Regel schweigsam, gelegentlich ist jedoch ein hoch burrendes Flügelgeräusch und bei größeren Schwärmen ein deutliches Flügelrauschen zu hören.

Ähnliche Arten: Die Amsel hat rundere (nicht spitze) Flügel und fliegt nie in gut synchronisierten, wendigen Schwärmen.

Beobachtungstipps: Die eindrucksvollsten Beobachtungen fliegender Stare gelingen in der Abenddämmerung an großen, oft in Schilfzonen gelegenen Schlafplätzen. Europaweit einmalig ist der riesige winterliche Starenschlafplatz am Hauptbahnhof in Rom.

Wasseramsel (→522)

Cinclus cinclus

En: White-throated Dipper
Fr: Cincle plongeur
Es: Mirlo-acuático Europeo
It: Merlo acquaiolo

Status: Regelmäßiger und gebietsweise häufiger Brut- und Jahres Vogel der Mittelgebirge und Gebirgsregionen.

Flügelspannweite: 26 – 30 cm

Flugweise: Flug mit schwirrenden Flügelschlägen rasch und geradlinig flach über dem Wasser. Nahrungssuche erfolgt überwiegend unter Wasser (dort nicht mit eigentlichen Flugbewegungen sondern einer Art Flügelschlag mit weitgehend geschlossenen Flügeln), jedoch sind auch Verfolgungsflüge fliegender Insekten und dabei auch Rüttelflug beobachtbar. Der Start aus dem Wasser heraus ist kein Problem.

Stimme: Scharfer Flugruf „zit", „zrip" oder „zerrb", oft rhythmisch wiederholt (a).

Ähnliche Arten: Unverwechselbar.

Zusatzinfos: Rüttelflug S. 513

Beobachtungstipps: An schnell fließenden, klaren Gewässern der Mittelgebirge und Alpen können Wasseramseln durch Absuchen der umspülten Steine oft sogar vom vorbeifahrenden Auto oder Zug aus entdeckt werden.

Steinrötel (→ 523)

Monticola saxatilis

En: Common Rock Thrush
Fr: Monticole merle-de-roche
Es: Roquero Rojo
It: Codirossone

Status: Seltener Brutvogel in den (Süd-)Alpen und Karpaten. In Deutschland im frühen 20. Jh. als Brutvogel verschwunden. Erst seit 2000 wieder regelmäßiger Brutvogel mit Einzelpaaren. Sonst Ausnahmegast.

Flügelspannweite: 33 – 37 cm

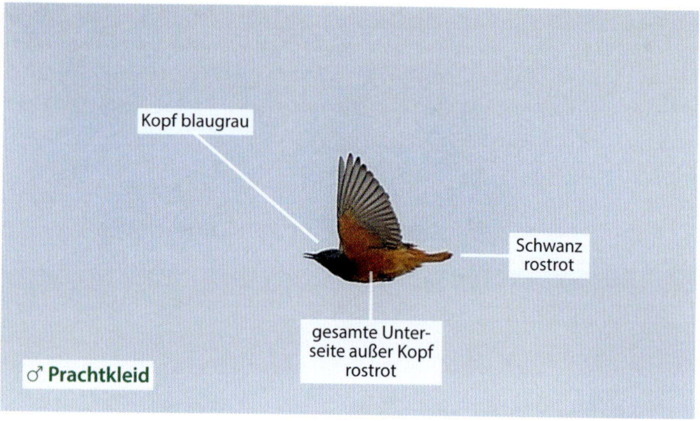

Blaumerle (→ 524)

Monticola solitarius

En: Blue Rock Thrush
Fr: Monticole merle-bleu
Es: Roquero Solitario
It: Passero solitario

Status: Lokaler und seltener Brutvogel in der Südschweiz, sonst Ausnahmegast im Norden bis Helgoland.

Flügelspannweite: 33 – 37 cm

Erddrossel (→ 530)

Zoothera dauma

En: Scaly Thrush
Fr: Grive dama
Es: Zorzal Dorado del Himalaya
It: Tordo squamato

Status: Ausnahmegast, doch von der Küste bis an den Alpenrand nachgewiesen.

Flügelspannweite: 44 – 47,5 cm

Amsel (→ 533)

Turdus merula

En: Common Blackbird
Fr: Merle noir
Es: Mirlo Común
It: Merlo

Status: Verbreiteter und häufiger Brut- und Jahresvogel, außerdem häufiger Wintergast und Durchzügler.

Flügelspannweite: 34 – 39 cm

Fluggeschwindigkeit: ca. 33 km/h (im normalen Streckenflug, auf dem Zug bis ca. 52 km/h)

Flügelschlagfrequenz: ca. 10 Flügelschläge / Sek. (Singvogel-Flugtyp)

Flugweise: Schneller Flug mit unregelmäßigen Flügelschlägen, oft wendig von Deckung zu Deckung. Beim Flug über längere Strecken typischer Singvogel-Flugtyp. Schwer zugängliche Beeren oder Früchte können in kurzen Rüttelflugphasen geerntet werden. Außerhalb der Brutzeit können sich Amseln auch zu Schwärmen, teils auch mit anderen Drosseln, zusammenfinden und sind dann hin und wieder auch im Schwarmflug zu beobachten. Wanderflüge finden überwiegend nachts statt.

Stimme: Beim Abflug unter Erregung steigert sich das meist schon zuvor geäußerte metallische „tsink tsink" zu deutlichem Zetern (li). Das Männchen singt üblicherweise von einer Warte aus, gelegentlich aber auch im Flug, allerdings ohne dass ein deutlich ritualisierter Singflug gezeigt wird. Nachts ziehende Amseln rufen „sriih" (re).

Ähnliche Arten: Das schwarze Gefieder der Männchen ist unter allen anderen heimischen Drosseln unverwechselbar. Weibliche und junge Amseln können durch die viel kontrastärmere Zeichnung des Brust- und Bauchgefieders von den anderen Drosselarten unterschieden werden. Der Star hat spitzere Flügel und einen geraderen Flug mit stetigem Flügelschlag.

Beobachtungstipps: Beste Beobachtungsmöglichkeiten fliegender Amseln ergeben sich morgens und in der frühen Abenddämmerung auf gemähten Wiesen in Gärten und Parks.

Ringdrossel (→ 534)

Turdus torquatus

En: Ring Ouzel
Fr: Merle à plastron
Es: Mirlo Capiblanco
It: Merlo dal collare

Status: Alpine Unterart *(T. t. alpestris)* Brut- und Sommervogel in höheren Gebirgslagen, nordische Unterart *(T. t. torquatus)* regelmäßiger, aber nicht häufiger Durchzügler.

Flügelspannweite: 38 – 42 cm

Flügelschlagfrequenz: ca. 10 Flügelschläge / Sek. (Singvogel-Flugtyp)

Flugweise: Flugweise ähnlich Amsel, allerdings bilden Ringdrosseln nur ausnahmsweise Schwärme, bestenfalls lockere Assoziationen. Wanderflüge können tags oder nachts stattfinden.

Stimme: Beim störungsbedingten Abflug wird hart und tonlos „tschck tschck tschck" oder „tak tak tak" gerufen (a). Typischer Flugruf ist ein klanghaftes „siierg" oder „irig".

Ähnliche Arten: Sieht ähnlich wie eine Amsel aus, das weiße Brustband ist jedoch ein sicheres Unterscheidungsmerkmal.

Beobachtungstipps: Ringdrosseln der alpinen Unterart kommen in montanen und alpinen Lagen vor und sind dort beispielsweise bei der Nahrungssuche auf Wiesen gut zu beobachten. Nordische Ringdrosseln kommen als Wintergäste und Durchzügler nach Mitteleuropa.

Schwarzkehldrossel (→538)

Turdus [ruficollis] atrogularis

En: Black-throated Thrush
Fr: Grive à gorge noire
Es: Zorzal Papinegro
It: Tordo golanera

Status: Sehr seltener Gast, vor allem im Winterhalbjahr.

Flügelspannweite: 37 – 40 cm

Wacholderdrossel (→541)

Turdus pilaris

En: Fieldfare
Fr: Grive litorne
Es: Zorzal Real
It: Cesena

Status: Verbreiteter und häufiger Brut-, Sommer- und Jahresvogel; sehr häufiger Durchzügler und in den meisten Regionen Wintergast.

Flügelspannweite: 39 – 42 cm

Fluggeschwindigkeit: ca. 45 km/h (auf dem Zug)

Flügelschlagfrequenz: ca. 9 Flügelschläge / Sek. (Singvogel-Flugtyp)

Flugweise: Flugweise im Singvogel-Flugtyp, nicht so stark wellenförmig wie andere große Drosseln (z. B. Misteldrossel), immer etwa 3 bis 5 Flügelschläge sind durch eine Gleitphase mit angelegten Flügeln unterbrochen. Der Gesang kann in einem horizontal verlaufenden Singflug vorgetragen werden. Wanderflüge finden überwiegend tags statt.

Stimme: Der aus einer Aneinanderreihung schwätzender, überwiegend harter und schriller Laute bestehende Gesang wird von einer Singwarte aus oder im Singflug vorgetragen (li). Beim Abflug nach

Störung wird hart „tschak-tschak-ak-ak“ gerufen. Während Angriffen auf Greifvögel oder Krähen im Brutgebiet ist hartes „trrt trrt“ zu hören (re). Ein weiterer Ruf während des Fluges ist ein flötendes „dlüijd“.

Ähnliche Arten: Die Wacholderdrossel hat mehr Grau als jede andere der heimischen Drosselarten, die ansonsten von den Proportionen her ähnlich sind.

Beobachtungstipps: Wacholderdrosseln suchen oft auf kurzgemähten Wiesen Nahrung oder nutzen älteres Fallobst in Gärten.

Rotdrossel (→ 542)
Turdus iliacus

En: Redwing
Fr: Grive mauvis
Es: Zorzal Alirrojo
It: Tordo sassello

Status: Regelmäßiger und häufiger Durchzügler und Wintergast.

Flügelspannweite: 33 – 35 cm

Fluggeschwindigkeit: ca. 46 km/h (auf dem Zug)

Flugweise: Wellenförmiger Flug im Singvogel-Flugtyp mit relativ langen Flügelschlagphasen. Der Reviergesang kann mitunter auch im Singflug vorgetragen werden. Rotdrosseln können zur Zugzeit in lockeren Gruppen auftreten, die aber keine besonders koordinierten Schwarmflugmanöver zeigen.

Stimme: Der Gesang setzt sich aus einem flötenden individuellen Motiv „trü-trü-tri" oder etwas komplexer und einem generelleren Schwätzgesang aus schnarrenden und kratzenden Elementen zusammen. Der charakteristische, auch nachts von ziehenden Vögeln geäußerte Ruf ist ein langgezogenes, leicht absinkendes „ziii" (a).

Ähnliche Arten: Die drei unterseits braun gefleckten Drosseln Singdrossel, Misteldrossel und Rotdrossel sind sich ähnlich (siehe Fotos).

Beobachtungstipps: Rotdrosseln sind als Durchzügler und als Wintergäste in Mitteleuropa. Oft fällt zuerst der Ruf auf, auf den hin man sich dann Drosselschwärme in der Umgebung genauer ansehen sollte.

Singdrossel (→ 543)

Turdus philomelos

En: Song Thrush
Fr: Grive musicienne
Es: Zorzal Común
It: Tordo bottaccio

Status: Verbreiteter und häufiger Brut-, Sommer- und Jahresvogel; sehr häufiger Durchzügler und in wintermilden Gebieten Überwinterer.

Flügelspannweite: 33 – 36 cm

Fluggeschwindigkeit: ca. 53 km/h (auf dem Zug, im normalen Streckenflug ca. 43 km/h)

Flügelschlagfrequenz: ca. 10 Flügelschläge / Sek. (Singvogel-Flugtyp)

Flugweise: Flugweise ähnlich Amsel, kein Singflug. Wanderflüge können in der Dämmerung oder nachts stattfinden, gelegentlich auch tags.

Stimme: Im Flug kurzes „zip“ oder „tick“, das auch von ziehenden Singdrosseln am Nachthimmel zu hören ist (a).

Ähnliche Arten: Die drei unterseits braun gefleckten Drosseln Singdrossel, Misteldrossel und Rotdrossel sind sich ähnlich (siehe Fotos).

Beobachtungstipps: Singdrosseln sind in Wäldern und Parks bei der Nahrungssuche auf Freiflächen oder am Waldboden sowie die Männchen beim Gesang v. a. in der Morgen- und Abenddämmerung auf Baumspitzen gut zu beobachten.

Misteldrossel (→544)

Turdus viscivorus

En: Mistle Thrush
Fr: Grive draine
Es: Zorzal Charlo
It: Tordela

Status: Verbreiteter und häufiger Brut- und Sommervogel oder Jahresvogel, außerdem häufiger Durchzügler und in einigen Regionen Überwinterer.

Flügelspannweite: 42 – 48 cm

Fluggeschwindigkeit: ca. 45 km/h

Flügelschlagfrequenz: ca. 7 Flügelschläge / Sek. (Singvogel-Flugtyp)

Flugweise: Singvogel-Flugtyp mit eher tiefen Wellen und langen Flügelschlagphasen. Gesang wird teilweise auch im Flug geäußert.

Stimme: Der Gesang besteht aus kurzen, amselartig flötenden und melancholisch klingenden Strophen. Im Flug ist der schnarrende Ruf „trrr“ kennzeichnend (a).

Ähnliche Arten: Die drei unterseits braun gefleckten Drosseln Singdrossel, Misteldrossel und Rotdrossel sind sich ähnlich (siehe Fotos).

Beobachtungstipps: Misteldrosseln sind vor allem im zeitigen Frühjahr in Wäldern gut anhand ihres Rufes zu finden. Es lohnt sich, Lichtungen und andere Freiflächen nach den großen Drosseln abzusuchen.

Grauschnäpper (→ 546)

Muscicapa striata

En: Spotted Flycatcher
Fr: Gobemouche gris
Es: Papamoscas Gris
It: Pigliamosche

Status: Verbreiteter Brut- und Sommervogel, regelmäßiger Durchzügler.

Flügelspannweite: 24 – 26 cm

Fluggeschwindigkeit: ca. 48 km/h (im normalen Streckenflug)

Flügelschlagfrequenz: ca. 12 Flügelschläge / Sek. (Singvogel-Flugtyp)

Flugweise: Singvogel-Flugtyp. Geschickter und wendiger Flieger, der auch den Rüttelflug sehr gut beherrscht. Insektenjagd erfolgt durch wendige Verfolgung von Fluginsekten, die von einer Ansitzwarte aus gestartet wird. Wanderflüge finden nachts statt.

Stimme: Im Flug meist schweigsam. Beim Beutefang ist das Schnabelknappen teilweise auffällig laut.

Ähnliche Arten: Die typische aufrechte Körperhaltung auf einem Ansitz zeigen sonst allenfalls noch andere Schnäpper, die aber anders gefärbt sind (siehe Fotos). Im Flug fallen gegenüber anderen braunen Singvögeln die großen Flügel auf.

Zusatzinfos: Rüttelflug S. 513

> **Beobachtungstipps:** Grauschnäpper jagen von einem Ansitz aus, beispielsweise einem Pfahl oder einem Ast mit gutem Anflug. Dabei lassen sie sich in Gärten, Parks und lichten Wäldern relativ gut entdecken.

Trauerschnäpper (→ 549)

Ficedula hypoleuca

En: European Pied Flycatcher
Fr: Gobemouche noir
Es: Papamoscas Cerrojillo
It: Balia nera

Status: Verbreiteter Brut- und Sommervogel, regelmäßiger Durchzügler.

Flügelspannweite: 22 – 24 cm

Flügelschlagfrequenz: ca. 15 Flügelschläge / Sek. (Singvogel-Flugtyp)

Jugendkleid; adulte Weibchen sowie braun gefärbte Männchen sehr ähnlich, die meisten adulten Männchen sind aber schwarz-weiß gefärbt.

Flugweise: Singvogel-Flugtyp. Die Insektenjagd erfolgt oft von Ansitzwarten aus in kurzen Verfolgungsflügen. Wanderflüge finden nachts statt.

Stimme: Im Flug meist schweigsam.

Ähnliche Arten: Die braunen Kleider der Trauerschnäpper können mit anderen braunen Singvögeln verwechselt werden. Ein gutes Unterscheidungsmerkmal ist die Verteilung der weißlichen Gefiederpartien (siehe Fotos).

> **Beobachtungstipps:** Trauerschnäpper nutzen Lebensräume mit hohen alten Bäumen, auch Parks und alte Friedhöfe, wo sie eher weiter oben im Kronenbereich zu finden sind. Als Höhlenbrüter nutzt die Art auch Nistkästen.

Halsbandschnäpper (→550)

Ficedula [hypoleuca] albicollis

En: Collared Flycatcher
Fr: Gobemouche à collier
Es: Papamoscas Acollarado
It: Balia dal collare

Status: Spärlicher bis mäßig häufiger Brut- und Sommervogel, regional zerstreut im Süden und Osten. Als Durchzügler unauffällig und offenbar selten.

Flügelspannweite: 22,5 – 24,5 cm

Rotkehlchen (→553)

Erithacus rubecula

En: European Robin
Fr: Rougegorge familier
Es: Petirrojo Europeo
It: Pettirosso

Status: Verbreiteter und sehr häufiger Brutvogel, in weiten Teilen auch Jahres-, ansonsten Sommervogel. Regelmäßiger Wintergast und Durchzügler.

Flügelspannweite: 20 – 22 cm

Fluggeschwindigkeit: ca. 41 km/h (auf dem Zug)

Flügelschlagfrequenz: ca. 15 Flügelschläge / Sek. (Singvogel-Flugtyp)

Flugweise: Singvogel-Flugtyp beim Flug über weitere Strecken. Bewegt sich oft hüpfend-fliegend durch niedrige Deckung oder in offenen Stellen. Insektenjagd erfolgt oft von einer Warte aus, von der dann in kurzen Flügen meist nach unten gestoßen wird. Gelegentlich wird auch Rüttelflug eingesetzt. Wanderflüge finden nachts statt.

Stimme: Im Flug meist schweigsam.

Ähnliche Arten: Anhand der roten Brust kaum mit anderen Arten zu verwechseln.

Zusatzinfos: Rüttelflug S. 513

Beobachtungstipps: Vor allem im Winter geben sich Rotkehlchen beispielsweise gegenüber Menschen, die im Garten arbeiten und dabei eventuell Leckerbissen aus der Erde hochholen, sehr vertraut und können sogar auf Stiefel und Werkzeug springen.

Sprosser (→555)

Luscinia luscinia

En: Thrush Nightingale
Fr: Rossignol progné
Es: Ruiseñor Ruso
It: Usignolo maggiore

Status: Im östlichen Mitteleuropa verbreiteter, häufiger Brutvogel und Sommergast, regelmäßiger Durchzügler.

Flügelspannweite: 24 – 27 cm

Flugweise: Singvogel-Flugtyp beim Flug über längere Strecken. Im Brutrevier sind in aller Regel nur sehr kurze Flüge zwischen Deckung zu beobachten. Wanderflüge finden nachts statt.

Stimme: Im Flug meist schweigsam.

Ähnliche Arten: Sprosser und Nachtigall sind sich sehr ähnlich, oft aber anhand des Vorkommensgebietes unterscheidbar.

Beobachtungstipps: Sprosser kommen nur im Osten Mitteleuropas vor und sind schwer zu beobachten. Durch den Gesang machen sie jedoch auf sich aufmerksam und können dann manchmal nahe am Boden in Gebüsch entdeckt werden.

Nachtigall (→556)

Luscinia megarhynchos

En: Common Nightingale
Fr: Rossignol philomèle
Es: Ruiseñor Común
It: Usignolo

Status: Im westlichen und südlichen Mitteleuropa verbreiteter und häufiger Brutvogel und Sommergast, regelmäßiger Durchzügler.

Flügelspannweite: 23 – 26 cm

Flügelschlagfrequenz: ca. 12 Flügelschläge / Sek. (Singvogel-Flugtyp)

Flugweise: Wie Sprosser.

Stimme: Im Flug meist schweigsam.

Ähnliche Arten: Sprosser und Nachtigall sind sich sehr ähnlich, oft aber anhand des Vorkommensgebietes unterscheidbar.

> **Beobachtungstipps:** Die Nachtigall ist zur Brutzeit leicht anhand des Gesanges zu entdecken, aber kaum einmal zu sehen. Wer es dennoch versuchen möchte, sollte die Sänger nahe am Boden in dichtem Gebüsch suchen.

Blaukehlchen (→ 558)

Luscinia svecica

En: Bluethroat
Fr: Gorgebleue à miroir
Es: Ruiseñor Pechiazul
It: Pettazzurro

Status: Lückig verbreiteter, regional häufiger Brut- und Sommervogel, regelmäßiger, teils häufiger Durchzügler.

Flügelspannweite: 20 – 23 cm

Flugweise: Singvogel-Flugtyp, im Brutgebiet abgesehen von der Balz meist nur kurze Flüge von einer Deckung zur nächsten. Der Gesang wird von einer Singwarte oder im Singflug vorgetragen, letzterer besteht aus einem senkrechten Aufsteigen und Abwärtssegeln. Daneben gibt es auch einen Imponierflug der Männchen, bei dem sie mit schwirrendem Flug und gefächertem Schwanz dicht über dem (sitzenden) Weibchen manövrieren. Wanderflüge finden nachts statt.

Stimme: Schnell vorgetragene, ziemlich variable und lange Strophen aus schärferen und rein klingenden Elementen, oft eingeleitet durch „dijp-djip“ und mit zahlreichen Imitationen anderer Vogelarten.

Ähnliche Arten: Von anderen braunen und bodennah lebenden Singvögeln lassen sich Blaukehlchen auch in Kleidern ohne blaue Brust durch die prägnante Schwanzzeichnung gut unterscheiden.

> **Beobachtungstipps:** Weißsternige Blaukehlchen sind in eher lockeren Schilfbeständen, teils auch entlang von Gräben zu finden und lassen sich mit etwas Glück durch Absuchen der Schilfränder (einschließlich des Bodens) entdecken. Die rotsternige Rasse aus Skandinavien oder den Alpen nutzt auch Weidengebüsche oder Schilf-Weiden-Dickichte.

Heckensänger (→561)

Cercotrichas galactotes

En: Rufous-tailed Scrub Robin
Fr: Agrobate roux
Es: Alzacola Rojizo
It: Usignolo d'Africa

Status: Ausnahmegast

Flügelspannweite: 22 -27 cm

Hausrotschwanz (→562)

Phoenicurus ochruros

En: Black Redstart
Fr: Rougequeue noir
Es: Colirrojo Tizón
It: Codirosso spazzacamino

Status: Verbreiteter und stellenweise häufiger Brut- und Sommervogel, regelmäßiger Durchzügler und in sehr wintermilden Gebieten auch Überwinterer.

Flügelspannweite: 23 – 27 cm

Flügelschlagfrequenz: ca. 14 Flügelschläge / Sek. (Singvogel-Flugtyp)

Flugweise: Singvogel-Flugtyp. Sehr aktiver und wendiger Flieger und typischer Ansitzjäger mit kurzen Fangflügen auf Beuteinsekten, die entweder in der Luft oder am Boden gepackt werden. Wanderflüge finden überwiegend nachts statt.

Stimme: Keine Singflüge, Männchen in hoher Erregung beginnen ihren Gesang aber teilweise schon kurz vor der Landung auf einer Singwarte. Der Beunruhigungs- und Alarmruf „fid-tk-tk" wird allerdings auch im Flug während des Wechsels zwischen Sitzplätzen gerufen (a).

Ähnliche Arten: Männliche adulte Hausrotschwänze sind im schwarzen Kleid kaum verwechselbar. Vögel in braunen Kleidern können leicht mit dem weiblichen Gartenrotschwanz verwechselt werden (siehe Fotos).

Beobachtungstipps: Als ursprüngliche Felslandbewohner leben Hausrotschwänze heute auch an menschlichen Gebäuden und sogar in kleinen Gärten und Hinterhöfen. Hier lassen sie sich mitten in der Stadt einfach beobachten.

Gartenrotschwanz (→563)

Phoenicurus phoenicurus

En: Common Redstart
Fr: Rougequeue à front blanc
Es: Colirrojo Real
It: Codirosso

Status: Verbreiteter und stellenweise häufiger Brut- und Sommervogel; regelmäßiger Durchzügler.

Flügelspannweite: 21 – 25 cm

Flügelschlagfrequenz: ca. 14 Flügelschläge / Sek. (Singvogel-Flugtyp)

Flugweise: Flugweise sehr ähnlich Hausrotschwanz.

Stimme: Im Flug meist schweigsam. Ein beunruhigt umherfliegender Vogel nahe der Nisthöhle ruft „füid-tek-tek".

Ähnliche Arten: Das Männchen im Prachtkleid ist unverwechselbar gefärbt. Vögel in braunen Kleidern sind mit dem Hausrotschwanz zu verwechseln (siehe Fotos).

Beobachtungstipps: Gartenrotschwänze bewohnen Streuobstwiesen oder alte Parks und parkartige Wälder. Am leichtesten lassen sich die exponiert sitzenden, singenden Männchen finden.

Braunkehlchen (→564)

Saxicola rubetra

En: Whinchat
Fr: Tarier des prés
Es: Tarabilla Norteña
It: Stiaccino

Status: Lückig verbreiteter, stellenweise häufiger Brut- und Sommervogel; regelmäßiger Durchzügler.

Flügelspannweite: 21 – 24 cm

Fluggeschwindigkeit: ca. 29 km/h (im normalen Streckenflug)

Flügelschlagfrequenz: ca. 14 Flügelschläge / Sek. (Singvogel-Flugtyp)

Flugweise: Streckenflüge im Singvogel-Flugtyp. Der Flug im Brutgebiet führt meiste in geringer Höhe über dem Boden entlang. Nahrungserwerb durch Sammeln, Wartenjagd mit kurzen gezielten Verfolgungsflügen oder Ablesen von Beute im Schwirrflug. Kurze Singflüge sind möglich, bei denen das Männchen mit schwirrenden Flügelschlägen, gespreiztem Schwanz und aufrechter Körperhaltung gerade aufsteigt. Wanderflüge finden nachts statt.

Stimme: Kurze, schnelle Strophen aus ratternden, schmatzenden und geflöteten Elementen, die teilweise auch von anderen Vogelarten entlehnt sind (li). Bei Störung nahe dem Nest oder den ausgeflogenen Jungen rufen Braunkehlchen ihre zweierlei Alamrufe oft auch im schwirrenden Flug (re).

Ähnliche Arten: Braun- und Schwarzkehlchen bewohnen fast die gleichen Lebensräume und sehen sich in einigen Kleidern recht ähnlich (siehe Fotos).

Zusatzinfos: Rüttelflug S. 513

Beobachtungstipps: Wer in offenen Wiesenlandschaften mit etwas Ausdauer Weidepfähle, Zaundrähte und einzeln stehende Stauden absucht, bekommt früher oder später ein Braunkehlchen zu Gesicht.

Schwarzkehlchen (→565)

Saxicola rubicola

En: European Stonechat
Fr: Tarier pâtre
Es: Tarabilla común
It: Saltimpalo

Status: Lückig verbreiteter, lokal häufiger Brut- und Sommervogel; regelmäßiger Durchzügler.

Flügelspannweite: 18 – 21 cm

Flugweise: Flugverhalten sehr ähnlich Braunkehlchen. Neben dem Gesang von einer Warte aus werden Singflüge gezeigt, bei denen das Männchen in aufrechter Körperhaltung mit ungleichmäßig schwirrenden Flügelschlägen aufsteigt und kontinuierlich singt. Wanderflüge finden überwiegend nachts statt.

Stimme: Im Singflug werden nicht die typischen kurzen Strophen aus klirrenden, ratternden und gequetschten Elementen vorgetragen, sondern ein eher kontinuierlicher Gesang aus klaren, oft von anderen Vogelarten übernommenen Elementen, so in der Tonaufnahme am Ende eine Strophe mit Elementen, die der Haubenlerche entlehnt sind (li). Die Alarmrufe werden zuweilen auch im schwirrenden Erregungsflug eingesetzt (re).

Ähnliche Arten: Braun- und Schwarzkehlchen bewohnen fast die gleichen Lebensräume und sehen sich in einigen Kleidern recht ähnlich (siehe Fotos).

Zusatzinfos: Rüttelflug S. 513

Beobachtungstipps: Wie Braunkehlchen

Pallasschwarzkehlchen (→566)

Saxicola [torquatus] maurus

En: Siberian Stonechat
Fr: Tarier de Sibérie
Es: Tarabilla Siberiana
It: Saltimpalo siberiano

Status: Ausnahmegast bis sehr seltener Gast, vor allem im Norden.

Flügelspannweite: 19-22cm

Saharasteinschmätzer (→567)

Oenanthe leucopyga

En: White-crowned Wheatear
Fr: Traquet à tête blanche
Es: Collalba Yebélica
It: Monachella nera testabianca

Status: Ausnahmeerscheinung, zwei Nachweise in Deutschland.

Flügelspannweite: 26,5 – 32 cm

Isabellsteinschmätzer (→ 569)

Oenanthe isabellina

En: Isabelline Wheatear
Fr: Traquet isabelle
Es: Collalba Isabel
It: Culbianco isabellino

Status: Ausnahmegast

Flügelspannweite: 27 – 31 cm

Steinschmätzer (→570)

Oenanthe oenanthe

En: Northern Wheatear
Fr: Traquet motteux
Es: Collalba Gris
It: Culbianco

Status: Lückig verbreiteter Brut- und Sommervogel, regional regelmäßiger Durchzügler.

Flügelspannweite: 26 – 32 cm

Fluggeschwindigkeit: ca. 46 km/h (auf dem Zug)

Flügelschlagfrequenz: ca. 15 Flügelschläge / Sek. (Singvogel-Flugtyp)

Flugweise: Streckenflug im Singvogel-Flugtyp. Außer bei Wanderflügen wird meist wendig und schnell in geringer Höhe über dem Boden geflogen. Teilweise auch hüpfend-fliegende Fortbewegung. Nahrungserwerb durch Sammeln, Aufstöbern und fliegenschnäpperartige Ansitzjagd mit kurzen Verfolgungsflügen. Die Reviermarkierung erfolgt unter anderem über auffällige, steil aufsteigende Schauflüge mit gespreiztem Schwanz, langsam schwirrendem Flügelschlag und teilweise mit Gesang. Wanderflüge finden überwiegend nachts statt.

Stimme: Der Gesang besteht aus kurzen, schnell schwätzenden, teils mit pfeifenden Elementen durchsetzten Strophen, oft mit Wiederholungen (a).

Ähnliche Arten: Vom Verhalten her könnte der Steinschmätzer mit einer kleinen Drossel verwechselt werden. Die weiße Schwanzzeichnung ist aber eindeutig.

Beobachtungstipps: Steinschmätzer bevorzugen vegetationsarme Lebensräume, als Durchzügler in Mitteleuropa beispielsweise umgebrochene Äcker, lückige Wiesen oder Strandbereiche.

Wüstensteinschmätzer (→ 571)

Oenanthe deserti

En: Desert Wheatear
Fr: Traquet du désert
Es: Collalba Desértica
It: Monachella del deserto

Status: Sehr seltener Gastvogel

Flügelspannweite: 24,5 – 29 cm

Alpenbraunelle (→575)

Prunella collaris

En: Alpine Accentor
Fr: Accenteur alpin
Es: Acentor Alpino
It: Sordone

Status: Seltener Brutvogel, nur in den Alpen und lückig im Karpatenbogen, Bestandstrends großräumig und langfristig nicht erkennbar. Jahres-, in Brutgebieten meist nur Sommervogel, sonst seltener Gast.

Flügelspannweite: 30 – 32,5 cm

Stimme: Alpenbraunellen können ihren Gesang im Singflug vorführen. Bei Erregung rufen sie am Boden wiederholte „dsed"-Rufe und gehen dann in „zip"-Rufe über, mit denen sie abfliegen können (a).

Heckenbraunelle (→576)

Prunella modularis

En: Dunnock
Fr: Accenteur mouchet
Es: Acentor Común
It: Passera scopaiola

Status: Häufiger und verbreiteter Brut- und Sommervogel, gebietsweise Jahresvogel; regelmäßiger Durchzügler.

Flügelspannweite: 19 – 21 cm

Fluggeschwindigkeit: ca. 29 km/h (im normalen Streckenflug, auf dem Zug ca. 44 km/h)

Flügelschlagfrequenz: ca. 16 Flügelschläge / Sek. (Singvogel-Flugtyp)

Flugweise: Streckenflug findet nach dem Singvogel-Flugtyp statt. Außerhalb der tags (seltener wohl auch nachts) stattfindenden Wanderflüge ist die Art nicht sehr flugfreudig und huscht eher mäuseartig durch das Gebüsch oder klettert rasch mit Sprüngen und Flugsprüngen zwischen Ästen und am Boden, wo die Nahrungssuche überwiegend stattfindet.

Stimme: Kurz vor dem Abflug und im Flug (besonders auffällig in der Zugzeit) ruft die Heckenbraunelle hoch klingelnd „dididi“ auf gleichbleibender Tonhöhe (a).

Ähnliche Arten: Die Heckenbraunelle erinnert in ihrer Gestalt und Bewegungsweise an eine Grasmücke oder einen Schwirl und wird gelegentlich mit diesen verwechselt. Die Kombination von Stricheln und Grautönen ist jedoch ein hilfreicher Hinweis.

Beobachtungstipps: Der klare, helle Gesang ohne klanglich speziell auffallende Elemente ist im Frühjahr aus Gebüschen und an Waldrändern und dichter bewachsenen Gärten oft zu hören, der unauffällige Vogel selbst ist aber nur selten zu sehen.

Steinsperling (→579)

Petronia petronia

En: Rock Sparrow
Fr: Moineau soulcie
Es: Gorrión Chillón
It: Passera lagia

Status: In Mitteleuropa ausgestorben (in Deutschland seit 1944). In ganz Europa außerhalb der Brutgebiete sehr seltener Ausnahmegast.

Flügelspannweite: 28 – 32 cm

Stimme: Ein Steinsperling äußert im Abflug Reihen von kurzen „dschüid“-Rufen (a).

Schneesperling (→580)

Montifringilla nivalis

En: White-winged Snowfinch
Fr: Niverolle alpine
Es: Gorrión Alpino
It: Fringuello alpino

Status: Regional verbreiteter Brut- und Jahresvogel in den Alpen.

Flügelspannweite: 34 – 38 cm

Flugweise: Singvogel-Flugtyp. Größere Höhendistanzen werden in einem fallend-gleitenden Flug überwunden. Das Männchen zeigt als Teil der Balz einen schwebenden Singflug sowie zur Markierung des Territoriums auffällige Schleifenflüge sowie kurz vor der Paarung Kreisflüge. Außerhalb der Brutzeit in Schwärmen von bis zu über 200 Individuen, die Schwärme sind jedoch im Flug nur wenig koordiniert.

Stimme: Der auch im Singflug vorgetragene Gesang besteht vornehmlich aus sperlingsartig tschilpenden Elementen, oft durchsetzt mit „tsi" und „trr"-Lauten (li). Vor dem Abflug ist oft ein quäkendes „ziä" zu hören (re).

Ähnliche Arten: Auch die Schneeammer hat als Singvogel auffällig viel Weiß im Gefieder, siehe Fotos.

Beobachtungstipps: In höheren Gebirgslagen, mitunter auch an Liftstationen oder Wanderhütten, lassen sich Schneesperlinge beobachten.

Feldsperling (→ 581)

Passer montanus

En: Eurasian Tree Sparrow
Fr: Moineau friquet
Es: Gorrión Molinero
It: Passera mattugia

Status: Sehr häufiger, verbreiteter Brut- und Jahresvogel, außerdem stellenweise sehr häufiger Durchzügler und Wintergast.

Flügelspannweite: 20 – 22 cm

Flugweise: Singvogel-Flugtyp. Insekten können während einer kurzen Flugjagd erbeutet werden, kurze Rüttelflüge sind ebenfalls möglich. Ganzjährig in kleineren Trupps oder Schwärmen, die aber wenig koordiniert fliegen. Wanderflüge finden tags statt.

Stimme: Im Flug bzw. kurz davor wird oft das arttypische hölzern klingende „tsche-tsche-tsche" gerufen (a).

Ähnliche Arten: Während die meisten anderen bräunlichen Singvögel einen deutlich dünneren Schnabel haben, können Feldsperlinge mit anderen Sperlingen und Finken verwechselt werden (siehe Fotos).

Beobachtungstipps: Die braunköpfigen Feldsperlinge sind eher an ländliche Umgebung gebunden als die Haussperlinge. Hier kommen sie jedoch meist ebenfalls nahe bei menschlichen Siedlungen vor und sind dort auch gut zu beobachten.

Haussperling (→ 583)

Passer domesticus

En: House Sparrow
Fr: Moineau domestique
Es: Gorrión Común
It: Passera Europea

Status: Sehr häufiger, verbreiteter Brut- und Jahresvogel.

Flügelspannweite: 21 – 26 cm

Flugweise: Flugweise sehr ähnlich Feldsperling.

Stimme: Flugruf ist ein anfangsbetontes „tschuip" oder „tschia". Bei Beunruhigung und Flugintention äußern Haussperlinge oft lange Folgen zweisilbiger Rufe (a).

Ähnliche Arten: Während die meisten anderen bräunlichen Singvögel einen deutlich dünneren Schnabel haben, können Haussperlinge mit anderen Sperlingen und Finken verwechselt werden (siehe Fotos).

Beobachtungstipps: Haussperlinge leben in menschlichen Siedlungen und können dort in Gärten, Parks und auf öffentlichen Plätzen gut beobachtet werden.

♀ Haussperling
Mittlere Oberflügeldecken mit breiter weißer Spitze

♂ Haussperling
Stirn und Oberkopf grau
Wange hell und ohne Fleck
Flanken fast einfarbig schmutzig grau

Weidensperling (→ 584)

Passer [domesticus] hispaniolensis

En: Spanish Sparrow
Fr: Moineau espagnol
Es: Gorrión Moruno
It: Passera sarda

Status: Ausnahmegast in den Niederlanden

Flügelspannweite: 23 – 26 cm

Gebirgsstelze (→585)

Motacilla cinerea

En: Grey Wagtail
Fr: Bergeronnette des ruisseaux
Es: Lavandera Cascadeña
It: Ballerina gialla

Status: Verbreiteter, lokal häufiger Brut- und Jahresvogel (im Nordosten Sommervogel); regelmäßiger Durchzügler und Überwinterer.

Flügelspannweite: 25 – 27 cm

Flügelschlagfrequenz: ca. 16 Flügelschläge / Sek. (Singvogel-Flugtyp)

Flugweise: Fliegt im auffälligen Bogenflug (Singvogel-Flugtyp mit längeren Flügelschlagphasen und langen Flugphasen mit angelegten Flügeln), wobei die Bögen sogar noch ausgeprägter als bei anderen Stelzen sind. Insektenjagd beinhaltet auch Rüttelflug. Das Männchen zeigt zur Reviermarkierung und Balz einen Singflug, bei dem im flachen Gleitflug mit flach flatternden Flügelschlägen und mit gefächertem Schwanz in die Nähe des Weibchens geflogen wird und dann in einem zweiten Teil die weitere Annäherung zu Fuß und unter Präsentieren der Bauch-Brust-Region folgt. Zur Revierverteidigung kommt es häufig zu turbulenten Verfolgungsflügen, an denen sich beide Geschlechter beteiligen.

Stimme: Der Gesang besteht aus kurzen, scharf tönenden Phrasen wie „zi zi zi züwri“ und ähnlichen Lautreihen. Im Sitzen wie im Flug sind außerdem die arttypischen sehr scharfen Rufe „ziss-zississ“ zu hören (a).

Ähnliche Arten: Andere Stelzen haben ebenfalls auffällig lange Schwänze und Beine, sind aber anders gefärbt (siehe Fotos).

Zusatzinfos: Bolzenflug S. 512, Rüttelflug S. 513

> **Beobachtungstipps:** In der Gegend von Stauwehren und Staustufen an Fließgewässern lassen sich fast immer Gebirgsstelzen finden.

Bachstelze (→ 586)

Motacilla alba

En: White Wagtail
Fr: Bergeronnette grise
Es: Lavandera Blanca
It: Ballerina bianca

Status: Verbreiteter und häufiger Brut- und Jahresvogel, regelmäßiger Durchzügler und im Westen und Südwesten zahlreicher Wintergast.

Flügelspannweite: 25 – 30 cm

Fluggeschwindigkeit: ca. 47 km/h

Flügelschlagfrequenz: ca. 16 Flügelschläge / Sek. (Singvogel-Flugtyp)

Flugweise: Auffälliger Bogenflug (Singvogel-Flugtyp), allerdings nicht so weit ausholend wie bei der Gebirgsstelze. Beim Insektenfang sind Rüttelflug und Flugsprünge zu beobachten. Zur Revierverteidigung kommt es häufig zu turbulenten Verfolgungsflügen, an denen sich beide Geschlechter beteiligen. Greifvögel und Krähen werden gelegentlich im Flug von Einzelvögeln oder Gruppen mit auffälligem Zwitschergesang verfolgt.

Stimme: Bachstelzen haben vielfältige Flugrufe, darunter häufig einsilbige Rufe wie „tsit“ oder „psit“, zweisilbige Rufe wie „zilipp“ (a) oder schwach „tiptip“.

Ähnliche Arten: Andere Stelzen haben ebenfalls auffällig lange Schwänze und Beine, sind aber anders gefärbt (siehe Fotos).

Zusatzinfos: Bolzenflug S. 512, Rüttelflug S. 513

Beobachtungstipps: Bachstelzen kommen unter anderem auch in Wohngebieten vor, wo sie beispielsweise Flachdächer, Parkplätze oder ruhigere Straßen zur Nahrungssuche nutzen.

Bachstelze adult

Bachstelze Jugendkleid

Zitronenstelze (→ 588)

Motacilla citreola

En: Citrine Wagtail
Fr: Bergeronnette citrine
Es: Lavandera Cetrina
It: Cutrettola testagialla orientale

Status: Seltener Brutvogel in Nordostpolen, mittlerweile zunehmend, auch Einzelbruten weiter westlich. Seltener, unregelmäßiger Gastvogel zu beiden Zugzeiten in fast allen Regionen.

Flügelspannweite: 24 – 27 cm

Stimme: Beunruhigte Zitronenstelzen äußern wiederholte, etwas raue Alarmrufe wie „psrie" (a) wohl auch im Flug.

Wiesenschafstelze (→ 590)

Motacilla [flava] flava

En: Western Yellow Wagtail
Fr: Bergeronnette printanière
Es: Lavandera Boyera
It: Cutrettola

Status: Häufiger und verbreiteter Brut- und Sommervogel, regelmäßiger Durchzügler.

Flügelspannweite: 23 – 27 cm

Fluggeschwindigkeit: ca. 22 km/h (im normalen Streckenflug, auf dem Zug ca. 46 km/h)

Flügelschlagfrequenz: ca. 18 Flügelschläge / Sekunde (Singvogel-Flugtyp)

Flugweise: Flugweise ähnlich Gebirgsstelze, wobei die Bögen deutlich kürzer und flacher als bei den beiden anderen Stelzen sind. Der Singflug besteht aus einem schrägen Aufstieg und fallschirmartigen Hinuntergleiten.

Stimme: Der Gesang ist einfach aufgebaut und besteht aus wiederholten Silben wie „sri sri sri" oder „zie zie zie". Häufigster Flugruf ist ein scharfes „psie".

Ähnliche Arten: Andere Stelzen haben ebenfalls auffällig lange Schwänze und Beine, sind aber anders gefärbt (siehe Fotos).

Zusatzinfos: Bolzenflug S. 512, Rüttelflug S. 513

Beobachtungstipps: In einigen Regionen Mitteleuropas ist die Schafstelze als Brutvogel fast nicht mehr zu finden. Zur Durchzugszeit fallen die gelben Vögel aber vor allem auf etwas kürzeren oder lückigen Wiesen auf und können meist im kleinen Trupp beobachtet werden.

Thunbergschafstelze (→ 592)

Motacilla [flava] thunbergi

Status: Regelmäßiger Durchzügler und Gastvogel.

Flügelspannweite: 23 – 27 cm

Aschkopf-Schafstelze (→ 594)

Motacilla [flava] cinereocapilla

Status: Vereinzelter Brutvogel im Wallis und Tessin, sonst einzelne Mischpaare mit Wiesenschafstelze gelegentlich im Süden. Sommervogel, seltener Gast im Süden, sonst Ausnahmeerscheinung.

Flügelspannweite: 23 – 27 cm

Spornpieper (→596)

Anthus richardi

En: Richard's Pipit
Fr: Pipit de Richard
Es: Bisbita de Richard
It: Calandro maggiore

Status: Seltener bis sehr seltener Durchzügler.

Flügelspannweite: 29 – 33 cm

Flugweise: Flug nach dem Singvogel-Flugtyp mit flachen Wellen. Der Gesang wird im wellenförmigen Kreisflug vorgetragen, wobei der Sänger bei der Abwärtsbewegung stumm ist. Wanderflüge finden tags statt.

Stimme: Der Gesang ist stereotyp aus einfachen Elementen wie „zri zri zri" oder „dsche dsche dsche dschi dschi" zusammengesetzt (li). Der Flugruf ist ein kennzeichnendes tschilpendes „r-r-rüüp" oder „schriip" (re).

Ähnliche Arten: Siehe Wiesenpieper

Beobachtungstipps: Spornpieper können als seltene Wintergäste oder Durchzügler im Küstenbereich (meist auf Feuchtwiesen) auftreten.

Steppenpieper (→597)

Anthus godlewskii

En: Blyth's Pipit
Fr: Pipit de Godlewski
Es: Bisbita Estepario
It: Calandro di Blyth

Status: Seltener Ausnahmegast

Flügelspannweite: 28 – 30 cm

Brachpieper (→598)

Anthus campestris

En: Tawny Pipit
Fr: Pipit rousseline
Es: Bisbita Campestre
It: Calandro

Status: Regelmäßiger, aber seltener und lokaler Brut- und Sommervogel; regelmäßiger Durchzügler.

Flügelspannweite: 25 – 28 cm

Flugweise: Wellenförmiger Flug vom Singvogel-Flugtyp. Das Männchen zeigt einen Singflug, bei dem es stumm aufsteigt, dann singend in Wellen fliegt und schließlich fallschirmartig auf eine Singwarte heruntergleitet.

Stimme: Der Gesang besteht aus monoton im Abstand weniger Sekunden wiederholten Motiven, die wie „tschrlih“ oder ähnlich klingen und meist etwas in der Tonhöhe ansteigen (li). Flugrufe klingen sperlingsähnlich wie „tschipp“ oder „psja“, beim Abflug nach Störung sind Rufreihen (z. B. „zip zip zip...“) zu hören (re).

Ähnliche Arten: Siehe Wiesenpieper

Beobachtungstipps: Zur Zugzeit können Brachpieper auf Agrar- und Ruderalflächen mit etwas Glück anhand ihrer typischen sperlingsähnlichen Rufe entdeckt werden.

Baumpieper (→600)

Anthus trivialis

En: Tree Pipit
Fr: Pipit des arbres
Es: Bisbita Arbóreo
It: Prispolone

Status: Verbreiteter, aber nicht mehr häufiger Brut- und Sommervogel sowie regelmäßiger Durchzügler.

Flügelspannweite: 25 – 27 cm

Fluggeschwindigkeit: ca. 25 km/h (im normalen Streckenflug, auf dem Zug ca. 43 km/h)

Flügelschlagfrequenz: ca. 15 Flügelschläge / Sek. (Singvogel-Flugtyp)

Flugweise: Flug im Singvogel-Flugtyp mit eher flachen Wellen. Zum Reviergesang kann ein Singflug dazugehören, bei dem das Männchen stumm und geradlinig auf 20 – 30 m Höhe aufsteigt, kurz vor dem Scheitelpunkt zu singen beginnt und dann im fallschirmartigen Flug mit fla-

chen Flügelschlägen und gespreiztem Schwanz singend zum Startpunkt hinuntergleitet. Wanderflüge finden meistens tags statt.

Stimme: Der Gesang besteht aus längeren, schmetternden Strophen, die oft mit „si si sii" beginnen. Der Abwärtsflug wird vom charakteristischen, gegen Ende langsamer und etwas tiefer werdenden „zia zija ziiija" begleitet (li). Der Flugruf, der auch auf dem Zug zu hören ist, ist ein absinkendes leicht heiseres „psiie", oft ein oder zwei Mal wiederholt (re).

Ähnliche Arten: Siehe Wiesenpieper. Unter den heimischen Piepern ist der Baumpieper am wenigsten an den Boden gebunden.

Beobachtungstipps: Lockere Baumbestände, lichte Wälder und Heiden sind typische Lebensräume des Baumpiepers, bei dem die Singflüge der Männchen besonders auffällig sind.

Waldpieper (→ 601)

Anthus hodgsoni

En: Olive-backed Pipit
Fr: Pipit à dos olive
Es: Bisbita de Hodgson
It: Prispolone indiano

Status: Sehr seltener, vielleicht aber regelmäßiger Durchzügler in kleiner Zahl an den Küsten.

Flügelspannweite: 24 – 27 cm

Rotkehlpieper (→ 602)

Anthus cervinus

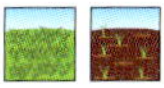

En: Red-throated Pipit
Fr: Pipit à gorge rousse
Es: Bisbita Gorgirrojo
It: Pispola golarossa

Status: Seltener, aber regelmäßiger Durchzügler.

Flügelspannweite: 25 – 27 cm

Flugweise: Singvogel-Flugtyp, aber relativ ruhiger und schneller Flug. Der Singflug besteht aus einer Anstiegsphase, einer langen Gleitstrecke mit ausgebreiteten Flügeln mit Gesang und dann einer steilen Landung. Wanderflüge finden tags stat.

Stimme: Gesang ähnlich Baumpieper, aber etwas ratternder. Einleitung mit „ziü-ziü…"-Elementen und Abschluss mit einem Schnarren. Der Flugruf ist ein charakteristisches scharfes, langes „psieh" (a).

Ähnliche Arten: Siehe Wiesenpieper

Beobachtungstipps: Auf dem Durchzug kann dieser seltene Gast gelegentlich auf spärlich bewachsenen Ruderalflächen oder in vergleichbaren Lebensräumen festgestellt werden. Meist fällt als erstes der Ruf auf.

Wiesenpieper (→603)

Anthus pratensis

En: Meadow Pipit
Fr: Pipit farlouse
Es: Bisbita Pratense
It: Pispola

Status: Häufiger Brut- und Sommervogel; regelmäßiger Durchzügler.

Flügelspannweite: 22 – 25 cm

Fluggeschwindigkeit: ca. 32 km/h (im normalen Streckenflug, auf dem Zug ca. 38 km/h)

Flügelschlagfrequenz: ca. 15 Flügelschläge / Sek. (Singvogel-Flugtyp)

Flugweise: Flug im Singvogel-Flugtyp mit ausgeprägten Wellen. Der Singflug startet und endet am Boden, besteht aber ansonsten ähnlich wie beim Baumpieper aus einem zunächst stummen Aufstieg (wobei der Gesang deutlich vor Erreichen des Scheitelpunktes beginnt) und einem mit Gesang unterlegten Hinuntergleiten mit schwirrenden Flügeln und gespreiztem Schwanz. Wanderflüge finden tags statt.

Stimme: In der Regel leitet ein „tschip-tschip" den Gesang ein, der dann aus längeren und recht vielfältigen Gesangsphrasen besteht und mit Phrasen

wie „jüjüjü“ oder „sisisi“ endet (li). Typischer Flugruf ist das zwei- oder mehrsilbige „ist-ist“ (re).

Ähnliche Arten: Alle Pieper sind bräunlich gefärbt, mehr oder weniger gesprenkelt, leben meist am Boden und haben eine lange Hinterzehe. Selbst anhand von Färbungsdetails ist die Unterscheidung nicht immer einfach (siehe Fotos).

> **Beobachtungstipps:** Brutvogel in Feuchtwiesen, gehölzarmen Mooren und Heiden. Am häufigsten wird man – insbesondere auch während der Durchzugszeit – auf die Vögel durch den charakteristischen Flugruf aufmerksam.

Pazifikpieper (→604)

Anthus rubescens

En: Buff-bellied Pipit
Fr: Pipit d‘Amérique
Es: Bisbita Norteamericano
It: Spioncello del Pacifico

Status: Ausnahmegast auf Helgoland.

Flügelspannweite: 24 – 29 cm

Bergpieper (→605)

Anthus spinoletta

En: Water Pipit
Fr: Pipit spioncelle
Es: Bisbita Alpino
It: Spioncello

Status: Häufiger Brut- und Sommervogel in geeigneten Lebensräumen der Alpen und anderer höherer Gebirge; regelmäßiger Durchzügler und Wintergast.

Flügelspannweite: 24 – 29 cm

Flügelschlagfrequenz: ca. 14 Flügelschläge / Sek. (Singvogel-Flugtyp)

Flugweise: Flug im Singvogel-Flugtyp. Für den Gesang wird neben Singwarten auch ein Singflug verwendet. Dabei steigt das Männchen mit gespreiztem Schwanz flach auf, fliegt dann unter Flügelschlagen horizontal und gleitet schließlich in einer Kurve wieder zu Boden. Wanderflüge finden tags statt.

Stimme: Lange Strophen mit mehreren ausgedehnten Phrasen und einleitendem „tschri-tschri“ oder „zre-zre“ kennzeichnen den Gesang. Nach Landung endet der Vortrag mit einigen Schnarrlauten und klaren Elementfolgen wie „füi-füi-füi...“ (li). Der Flugruf klingt ähnlich dem des Wiesenpiepers, ist aber meist einsilbig und etwas tiefer (re).

Ähnliche Arten: Siehe Wiesenpieper

Beobachtungstipps: Bergpieper leben zur Brutzeit im Hochgebirge in steinigen Tälern oder an offenen Hängen oberhalb der Baumgrenze. Der Gesang fällt meist weithin auf.

Strandpieper (→606)

Anthus petrosus

En: Eurasian Rock Pipit
Fr: Pipit maritime
Es: Bisbita Costero
It: Spioncello marino

Status: Regelmäßiger Durchzügler, vor allem aber häufiger Wintergast, insbesondere an den Küsten.

Flügelspannweite: 23 – 28 cm

Flugweise: Flugweise einschließlich Singflug ähnlich Bergpieper.

Stimme: Gesang sehr ähnlich Bergpieper (li), in der Aufnahme überwiegend Strophenanfänge. Vor allem beim Abflug nach Störung laute, scharfe „piisst“-Rufe, einzeln wiederholt (re).

Ähnliche Arten: Siehe Wiesenpieper

Beobachtungstipps: Strandpieper sind im Winterhalbjahr in Mitteleuropa an den Küsten und an den kiesigen Ufern von Binnengewässern zu beobachten.

Buchfink (→ 607)

Fringilla coelebs

En: Common Chaffinch
Fr: Pinson des arbres
Es: Pinzón Vulgar
It: Fringuello

Status: Sehr häufiger und verbreiteter Brut- und Jahresvogel; sehr häufiger Durchzügler und Wintergast.

Flügelspannweite: 25 – 29 cm

Fluggeschwindigkeit: ca. 46 km/h (auf dem Zug)

Flügelschlagfrequenz: ca. 17 Flügelschläge / Sek. (Singvogel-Flugtyp)

Flugweise: Flug im typischen Singvogel-Flugtyp. Nahrungssuche meist ohne Flug, gelegentliche kurze Verfolgungsflüge von Insekten kommen aber vor. Außerhalb der Brutzeit finden sich Buchfinken zu großen Schwärmen zusammen, die recht synchrone Flugmanöver zeigen können. Wanderflüge finden überwiegend tags statt.

Stimme: Der typische Flugruf ist ein eher leises „djüp“, das auch aus den ziehenden Schwärmen zu hören ist (a).

Ähnliche Arten: Weibliche Buchfinken können evtl. mit Grünfinken verwechselt werden (s. Fotos), die Männchen sind unverwechselbar.

Beobachtungstipps: Der Buchfink ist die häufigste Brutvogelart in Mitteleuropa. Er ist daher leicht zur finden und zu beobachten.

Bergfink (→608)

Fringilla montifringilla

En: Brambling
Fr: Pinson du Nord
Es: Pinzón Real
It: Peppola

Status: In Invasionsjahren sehr häufiger Wintergast und Durchzügler; seltene sporadische Brutversuche.

Flügelspannweite: 25 – 26 cm

Fluggeschwindigkeit: ca. 42 km/h (auf dem Zug)

Flügelschlagfrequenz: ca. 12 Flügelschläge / Sek. (Singvogel-Flugtyp)

Flugweise: Flugweise wie Buchfink. Vor allem an Schlafplätzen können sich im Winter riesige Schwärme zusammenfinden.

Stimme: Der kennzeichnende, nasale Ruf „tschäe" wird am Boden und im Flug geäußert und ist auch aus fliegenden Schwärmen regelmäßig zu hören (li). Daneben gibt es den eigentlichen Flugruf, ein wiederholtes hartes „tjep" (re).

Ähnliche Arten: Die orangefarbenen Gefiederpartien gibt es in dieser Ausprägung bei keiner anderen heimischen Finkenart.

Beobachtungstipps: Bergfinken treten als Wintergäste in stark schwankenden Zahlen in Mitteleuropa auf. Manchmal etablieren sich dann für wenige Wochen in Wäldern Schlafplätze mit Millionen von Vögeln, deren Besuch in der Abend- und Morgendämmerung ein großes Erlebnis ist.

Bluthänfling (→609)

Carduelis cannabina

En: Common Linnet
Fr: Linotte mélodieuse
Es: Pardillo Común
It: Fanello

Status: Verbreiteter, teilweise häufiger Brut- und Jahresvogel; häufiger regelmäßiger Durchzügler und Wintergast.

Flügelspannweite: 21 – 26 cm

Flügelschlagfrequenz: ca. 14 Flügelschläge / Sek. (Singvogel-Flugtyp)

Flugweise: Singvogel-Flugtyp. Der Gesang wird gelegentlich im Singflug vorgetragen. Außerhalb der Brutzeit schließen sich Hänflinge mit Artgenossen, anderen Finken und Ammern zu Trupps zusammen, die wenig synchronisierte Flugmanöver zeigen. Wanderflüge finden tags statt.

Stimme: Der Gesang ist eine Folge aus Trillern und nasalen Lauten, der mit Variationen von „gigigigi ...“ beginnt. Im Flug ist der typische Ruf ein mehrsilbiges „gegege“ oder „gegegigigi“ oder „djek-djek“ (a).

Ähnliche Arten: Wenig Verwechslungsmöglichkeiten

Beobachtungstipps: Vor allem die singenden Männchen fallen im Frühjahr in offenen Lebensräumen wie Weinbergen, heideartigen Landschaften oder auf Friedhöfen auf.

Berghänfling (→ 610)

Carduelis flavirostris

En: Twite
Fr: Linotte à bec jaune
Es: Pardillo Piquigualdo
It: Fanello nordico

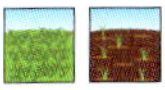

Status: Als Wintergast regelmäßig und häufig im Norden (einmal Brut auf Helgoland), vor allem Wattenmeer und Küstengebiete, im Süden sehr selten und meist nur ausnahmsweise.

Flügelspannweite: 22 – 24 cm

Stimme: Die typischen Flugrufe bestehen aus Serien kurzer Elemente und klingen wie „tetetet“ (a).

Birkenzeisig (→613)

Acanthis flammea

En: Common or Lesser Redpoll
Fr: Sizerin flammé
Es: Pardillo Norteño
It: Organetto

Status: Lokal häufiger Brut- und Jahresvogel der Alpen, Großbritannien und im nördlichen Mitteleuropa.

Flügelspannweite: 20 – 25 cm

Flugweise: Flugweise sehr ähnlich Erlenzeisig.

Stimme: Der Gesang besteht aus Elementen wie „gigigi", härteren „trrr"-Lauten oder auch gedehnten Lauten wie „chiii". Beim Abflug wird anhaltend „zezezeze" gerufen.

Ähnliche Arten: Es gibt weitere, sehr ähnliche Birkenzeisigarten und -unterarten, die in Mitteleuropa auftreten könnten. Die Rufe und Feinheiten in der Zeichnung dienen als Unterscheidungsmerkmale.

> **Beobachtungstipps:** Birkenzeisigtrupps fallen meist durch ihre Rufe auf. Sie sind typischerweise in lichten Nadelholzbeständen, Grauerlengebüschen, Hochmooren und ähnlichen Lebensräumen zu finden, seltener auch in Gärten (Birken).

Acanthis f. cabaret

Acanthis f. flammea

Acanthis f. flammea

Grünfink (→614)

Carduelis chloris

En: European Greenfinch
Fr: Verdier d'Europe
Es: Verderón Común
It: Verdone

Status: Verbreiteter, sehr häufiger Brut- und Jahresvogel; häufiger und regelmäßiger Durchzügler und Wintergast.

Flügelspannweite: 25 – 28 cm

Fluggeschwindigkeit: ca. 44 km/h (auf dem Zug)

Flügelschlagfrequenz: ca. 15 Flügelschläge / Sek. (Singvogel-Flugtyp)

Flugweise: Der Flug vom Singvogel-Flugtyp wirkt etwas schwerfällig. Männchen tragen ihren Gesang unter anderem auch im fledermausartig gaukelnden Singflug vor. Außerhalb der Brutzeit können sich Grünfinken zu großen Schwärmen zusammenschließen bzw. mit anderen Finken vergesellschaften. Diese Schwärme zeigen allerdings im Vergleich zum Star nur mäßig synchronisierte Flugmanöver. Wanderflüge finden tags statt.

Stimme: Der im Flug vorgetragene Gesang ist etwas einfacher aufgebaut als der Wartengesang und besteht aus einer Abfolge verschieden klingender Triller. Ihm fehlen die gedehnten „knätsch“-Laute, die bei Störung im Wartengesang auftreten (li) oder ihn ersetzen. Die Flugrufe bestehen aus einem gereihten, harten „gi gi gi...“ (re).

Ähnliche Arten: Evtl. können Buchfinkenweibchen und -jungvögel ähnlich wirken, die gelbe Flügelzeichnung ist aber ein eindeutiges Merkmal.

Beobachtungstipps: Grünfinken besuchen regelmäßig Futterhäuser und lassen sich dabei gut beobachten. Außerdem sind die von Gesangswarten auf Baumspitzen singenden Männchen in Parks und Siedlungen leicht zu finden.

Erlenzeisig (→615)

Carduelis spinus

En: Eurasian Siskin
Fr: Tarin des aulnes
Es: Jilguero Lúgano
It: Lucherino

Status: In geeigneten Lebensräumen recht häufiger, aber unsteter Brut- und Jahresvogel (gebietsweise Sommervogel); regelmäßiger Durchzügler, häufiger Wintergast.

Flügelspannweite: 20 – 23 cm

Fluggeschwindigkeit: ca. 45 km/h (auf dem Zug)

Flügelschlagfrequenz: ca. 13 Flügelschläge / Sek. (Singvogel-Flugtyp)

Flugweise: Flug vom Singvogel-Flugtyp. Die Art hat wie mehrere andere Finkenarten einen fledermausartig gaukelnden Singflug sowie Verfolgungsflüge im Balzrepertoire. Zeisige leben fast immer in Schwärmen oder kleineren Gruppen, die in mäßig synchronisierter Struktur fliegen. Wanderflüge finden tags statt.

Stimme: Der rasch und dauerhaft schwätzende Gesang enthält immer wieder die arttypischen „dlüij"-Rufe, unter anderem auch einige Imitationen anderer Arten und gegen Ende das nasale gedehnte „däääh". Der Flugruf besteht aus einem klanglosen, auch gereihten „tet" (a).

Ähnliche Arten: Der Girlitz ist ähnlich gefärbt, aber viel kleiner (siehe Fotos).

> **Beobachtungstipps:** Erlenzeisige lassen sich im Winter gut an Futterstellen beobachten. Sie nutzen auch gerne Vogeltränken oder Gartenteiche zur Wasseraufnahme.

Stieglitz (→616)

Carduelis carduelis

En: European Goldfinch
Fr: Chardonneret élégant
Es: Jilguero Europeo
It: Cardellino

Status: Verbreiteter und häufiger Brut- und Jahresvogel (gebietsweise Sommervogel); häufiger und regelmäßiger Durchzügler.

Flügelspannweite: 21 – 26 cm

Fluggeschwindigkeit: ca. 46 km/h (auf dem Zug)

Flügelschlagfrequenz: ca. 17 Flügelschläge / Sek. (Singvogel-Flugtyp)

Flugweise: Singvogel-Flugtyp mit relativ wendigem Flug. Zum Repertoire der Männchen gehört ein Singflug, der mit weit ausholendem Flügelschlag und etwas gaukelndem Flug vorgetragen wird. Außerhalb der Brutzeit können sich Stieglitze zu Schwärmen zusammenschließen und mit anderen Finken vergesellschaften. Diese Schwärme zeigen allerdings im Vergleich zum Star nur mäßig synchronisierte Flugmanöver. Wanderflüge finden tags statt.

Stimme: Der hektisch vorgetragene, nur ansatzweise strophig aufgebaute Gesang enthält neben gezogenen Elementen wie einem nasalen „tiär" vor allem Variationen des arttypischen und namengebenden Motives „stigelitt" (li). Dieses stellt auch den typischen Flugruf der Art dar (re).

Ähnliche Arten: Nicht zu verwechseln.

Beobachtungstipps: In offenem Gelände, Gärten und Parks sind Stieglitze oft an größeren samentragenden Pflanzen (Disteln) oder beim Picken an offenen Bodenstellen zu beobachten. Das gelbe Flügelmuster macht sie dabei ziemlich auffällig.

Zitronenzeisig (→617)

Carduelis [citrinella] citrinella

En: Citril Finch
Fr: Venturon montagnard
Es: Verderón Serrano
It: Venturone alpino

Status: Wenig häufiger Brut- und Sommervogel im Schwarzwald und den Vogesen oberhalb 900 m und den Alpen oberhalb etwa 1250 m ü. NN bis an die Baumgrenze. Außerhalb des kleinen Brutareals seltener Durchzügler und Gastvogel, aber unauffällig. Im Schwarzwald in tieferen Lagen durch Habitatzerstörung ausgestorben.

Flügelspannweite: 22,5 – 24,5 cm

Stimme: Der Gesang des Zitronenzeisigs kann strophig sein (a), kann aber auch nahezu kontinuierlich ablaufen, besonders, wenn der Vogel vom Warten- zum Fluggesang übergeht. Dabei kann er girlitzartigen Schauflug produzieren, aber auch im Normalflug fliegen. Im Gesang sind die eingestreuten Quetschlaute bezeichnend.

Jugendkleid

Girlitz (→619)

Serinus serinus

En: European Serin
Fr: Serin cini
Es: Serín Verdecillo
It: Verzellino

Status: Verbreiteter und häufiger Brut- und Sommervogel; regelmäßiger Durchzügler.

Flügelspannweite: 20 – 23 cm

Flügelschlagfrequenz: ca. 21 Flügelschläge / Sek. (Singvogel-Flugtyp)

Flugweise: Flug im Singvogel-Flugtyp. Die Männchen zeigen neben Gesang im Sitzen auch Singflüge, die von einer Warte aus starten und mit auffällig weit ausholenden, langsamen Flügelschlägen in Bögen wieder zu einem Platz führen, an dem der Gesang im Sitzen fortgesetzt wird. Wanderflüge finden tags statt.

Stimme: Der hohe, hektisch vorgetragene Gesang (li) lässt sich am besten als quietschendes Zwitschern beschreiben, das an den Klang einer rostigen Fahrradkette erinnert. Vor und während des Abfluges sowie im Flug äußert der Girlitz trillernde Flugrufe (re) wie „tsirr“, die viel höher klingen als die Triller des Grünfinken.

Ähnliche Arten: Zeisige haben eine ähnliche gelbe Grundfärbung mit braunen Sprenkeln, sind aber größer und haben eine andere Kopfzeichnung (siehe Fotos).

> **Beobachtungstipps:** Im Frühsommer singen die Männchen oft auf der Spitze schlanker Nadelbäume in Wohngebieten und lassen sich dann auch beim Singflug gut beobachten.

Karmingimpel (→620)

Carpodacus erythrinus

En: Common Rosefinch
Fr: Roselin cramoisi
Es: Camachuelo Carminoso
It: Ciuffolotto scarlatto

Status: Im östlichen Mitteleuropa und teilen der Alpen verbreiteter Brut- und Sommervogel; dort auch regelmäßiger Durchzügler.

Flügelspannweite: 24 – 27 cm

Flugweise: Flug im Singvogel-Flugtyp. Wanderflüge finden wohl eher nachts statt.

Stimme: Neben einem kurzen und wenig auffälligen „zit“ sind im Flug kaum Lautäußerungen zu hören.

Ähnliche Arten: In den Kleidern ohne Rot können Karmingimpel mit anderen braunen Finken, bei flüchtigem Hinsehen sogar mit Sperlingen verwechselt werden (siehe Fotos).

Beobachtungstipps: Karmingimpel brüten in oft etwas feuchten, unterholzreichen Gebüschen und Wäldchen. Wirklich auffällig sind nur die singenden Männchen mit der lauten und sehr kennzeichnenden Strophe “si si wütjüh” oder ähnlich.

Hakengimpel (→622)

Pinicola enucleator

En: Pine Grosbeak
Fr: Durbec des sapins
Es: Camachuelo Picogrueso
It: Ciuffolotto delle pinete

Status: Im 19. Jh. mehrfach Invasionen im Norden, nach 1900 seltener, heute nur im Winterhalbjahr Ausnahmegast.

Flügelspannweite: 30,5 – 35 cm

Kiefernkreuzschnabel (→623)

Loxia pytyopsittacus

En: Parrot Crossbill
Fr: Bec-croisé perroquet
Es: Piquituerto Lorito
It: Crociere delle pinete

Status: Seltener und unregelmäßiger Gastvogel aus Nordeuropa.

Flügelspannweite: 31 – 33 cm

Flugweise: Flug sehr ähnlich Fichtenkreuzschnabel.

Stimme: Gesang aus klaren, teils hart klingenden Phrasen zusammengesetzt und oft mit Eingangselement „tlip tlip“. Der Flugruf klingt ähnlich wie beim Fichtenkreuzschnabel („djip djip“), ist aber in der Regel etwas tiefer (a).

Ähnliche Arten: Die mitteleuropäischen Kreuzschnabelarten sind sich sehr ähnlich (siehe Fotos).

Beobachtungstipps: In Mitteleuropa taucht der Kiefernkreuzschnabel nur ausnahmsweise auf, dann oft in Gesellschaft von Fichtenkreuzschnäbeln.

Fichtenkreuzschnabel (→ 624)

Loxia curvirostra

En: Red Crossbill
Fr: Bec-croisé des sapins
Es: Piquituerto Común
It: Crociere

Status: Lückig verbreiteter, regional häufiger aber unsteter Brut- und Jahresvogel; regelmäßiger, regional häufiger Wintergast.

Flügelspannweite: 27 – 31 cm

Flugweise: Flug im Singvogel-Flugtyp, allerdings fast geradlinig und mit raschen Flügelschlägen. Der Gesang der Männchen kann unter anderem auch im schmetterlingsartigen Singflug vorgetragen werden. Kreuzschnäbel schließen sich oft zu wenig synchronisiert fliegenden Schwärmen zusammen. Wanderflüge finden tags statt.

Stimme: Der teils auch im Singflug vorgetragene Gesang besteht aus klaren, lauten Elementen wie „tsid tsid quädi-quädi" oder auch härteren Lauten und abfallenden Trillern, häufig mit Motivwiederholungen (a). Auch der typische Flugruf „gip-gip -gip" (b) wird in den Gesang eingebaut. Er tritt in zahlreichen Varianten auf, die regional verteilt sind.

Ähnliche Arten: Die mitteleuropäischen Kreuzschnabelarten sind sich sehr ähnlich (siehe Fotos).

Beobachtungstipps: Fichtenkreuzschnäbel treten sehr unstet und in jährlich stark schwankenden Zahlen auf. Am besten findet man sie, wenn man in Nadelwäldern auf den charakteristischen Ruf achtet.

Bindenkreuzschnabel (→625)

Loxia bifasciata

En: Two-barred Crossbill
Fr: Bec-croisé bifascié
Es: Piquituerto Aliblanco
It: Crociere fasciato

Status: Seltener Invasionsgast, im Süden nur Ausnahmeerscheinung. Einmal Brut im Norden Deutschlands.

Flügelspannweite: 26 – 29 cm

Gimpel (→626)

Pyrrhula pyrrhula

En: Eurasian Bullfinch
Fr: Bouvreuil pivoine
Es: Camachuelo Común
It: Ciuffolotto

Status: Verbreiteter und häufiger Brut- und Jahresvogel; häufiger und regelmäßiger Durchzügler.

Flügelspannweite: 22 – 29 cm

Fluggeschwindigkeit: ca. 48 km/h

Flugweise: Flug im Singvogel-Flugtyp. Bei der Nahrungsaufnahme werden Samenstände oder Beeren, denen sich die Vögel nicht kletternd nähern können, im Rüttelflug abgebissen. Gimpel finden sich außerhalb der

Brutzeit oft zu kleineren, lockeren und wenig synchronisierten Schwärmen zusammen. Wanderflüge finden tags statt.

Stimme: Im Flug sind gelegentlich zurückhaltende „düt dü düt"-Rufe zu hören. Der abfallende pfeifende Kontaktruf „djüht" (li) – oder „töd" bei Vögeln aus Nordwestsibirien (re) – wird nicht ganz selten auch im Flug geäußert.

Ähnliche Arten: Andere Finkenarten sind anders gefärbt, daher kaum zu verwechseln. Zusammen mit Bergfink einzige Finkenart mit weißen Bürzel

Zusatzinfos: Rüttelflug S. 513

> **Beobachtungstipps:** In Zeiten mit wenig Belaubung ist es nicht schwer, in Parks oder an Waldrändern Gimpel anhand ihres Rufes zu entdecken und dann zu beobachten.

Wüstengimpel (→627)

Bucanetes githagineus

En: Trumpeter Finch
Fr: Roselin githagine
Es: Camachuelo Trompetero
It: Trombettiere

Status: Extrem seltener Ausnahmegast

Flügelspannweite: 25 – 28 cm

Kernbeißer (→628)

Coccothraustes coccothraustes

En: Hawfinch
Fr: Gros-bec casse-noyaux
Es: Picogordo Común
It: Frosone

Status: Verbreiteter und häufiger Brut-, und Sommervogel, regelmäßiger Durchzügler und stellenweise Wintergast.

Flügelspannweite: 29 – 33 cm

Flugweise: Flug im Singvogel-Flugtyp, aber mit schwachen Bögen und schnellen Flügelschlägen. Lässt sich im Abflug oft vom Sitzplatz fallen. Auf der Nahrungssuche ist gelegentlich Schwirrflug zum Packen von Samen oder kurzer Verfolgungsflug auf Insekten zu sehen. Kernbeißer bilden nur kleine und wenig synchron fliegende Schwärme. Wanderflüge finden überwiegend tags statt.

Stimme: Einen eigentlichen Flugruf hat der Kernbeißer nicht. Sein langgezogenes, schrilles „ziiht“ oder „tsij“ ist gelegentlich aber auch im Flug zu hören (a).

Ähnliche Arten: Andere Finkenarten sind kleiner und anders gefärbt.

Zusatzinfos: Start von erhöhten Plätzen S. 506

> **Beobachtungstipps:** Kernbeißer sind mit etwas Glück am Futterhaus zu beobachten. Ansonsten sind sie durch ihre Lebensweise überwiegend in den Baumkronen und durch den sehr unauffälligen Gesang schwer zu entdecken.

Spornammer (→629)

Calcarius lapponicus

En: Lapland Longspur
Fr: Plectrophane lapon
Es: Escribano Lapón
It: Zigolo della Lapponia

Status: Regelmäßiger Durchzügler und Wintergast im Küstenbereich, im Binnenland nur in sehr kleine Zahl.

Flügelspannweite: 25,5 – 28 cm

Stimme: Bezeichnend sind die gereihten Zugrufe (a), die wie „tjüp“ oder ähnlich klingen.

Schneeammer (→ 630)

Calcarius nivalis

En: Snow Bunting
Fr: Plectrophane des neiges
Es: Escribano Nival
It: Zigolo delle nevi

Status: Regelmäßiger Durchzügler und Wintergast in Küstennähe, im Binnenland selten und im Süden auch unregelmäßig, jedoch regelmäßiger und häufiger als Spornammer.

Flügelspannweite: 32 – 38 cm

Stimme: Schneeammern fallen auch als Wintergäste an der Küste oder gelegentlich im Binnenland durch ihre hell trillernden Flugrufe auf (a).

Goldammer (→633)

Emberiza citrinella

En: Yellowhammer
Fr: Bruant jaune
Es: Escribano Cerillo
It: Zigolo giallo

Status: Verbreiteter und sehr häufiger Brut- und Jahresvogel, häufiger regelmäßiger Durchzügler und Wintergast.

Flügelspannweite: 23 – 30 cm

Fluggeschwindigkeit: ca. 41 km/h

Flugweise: Singvogel-Flugtyp. Insekten werden auch im Flug gefangen. Außerhalb der Brutzeit ist die Art auch in wenig synchronisiert fliegenden Schwärmen unterwegs. Wanderflüge finden tags statt.

Stimme: Beim Abflug sind kurze „tik"-Rufe zu hören oder ein Trillerruf „trrr", beides auch gereiht (a).

Ähnliche Arten: Eine Verwechslung ist aufgrund der gelben Färbung allenfalls mit der viel selteneren Zaunammer möglich, die aber eine ganz andere Kopfzeichnung hat.

Beobachtungstipps: In Hecken oder kleinen Gehölzen zwischen Feldern und Wiesen sind Goldammern relativ leicht zu finden.

Zaunammer (→635)

Emberiza cirlus

En: Cirl Bunting
Fr: Bruant zizi
Es: Escribano Soteño
It: Zigolo nero

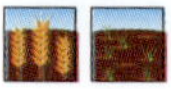

Status: Lokal verbreiteter und seltener Brut- und Jahresvogel; seltener und unregelmäßiger Durchzügler.

Flügelspannweite: 23 – 26 cm

Flugweise: Flug im Singvogel-Flugtyp, bei der Nahrungssuche werden Flüge nur selten zum Insektenfang eingesetzt. Gesang wird von einer Warte vorgetragen, nur ausnahmsweise im Flug. Wanderflüge finden tags statt.

Stimme: Rufe im Flug sind hoch und eher schwach, beispielsweise an langes „ziiih" oder ein feines „zipp" (a).

Ähnliche Arten: Eine Verwechslung ist aufgrund der gelben Färbung allenfalls mit der viel häufigeren Goldammer möglich, die aber eine ganz andere Kopfzeichnung hat.

Beobachtungstipps: Zaunammern lieben warme, halboffene Lebensräume, beispielsweise aufgelassene Weinberge oder Ränder von Weinbergen. Die Nahrungssuche erfolgt wenig auffällig am Boden, die Männchen sind auf ihren Singwarten aber gut zu finden.

Zippammer (→636)

Emberiza cia

En: Rock Bunting
Fr: Bruant fou
Es: Escribano Montesino
It: Zigolo muciatto

Status: Lokal verbreiteter und seltener Brut- und Jahresvogel; seltener und unregelmäßiger Durchzügler.

Flügelspannweite: 22 – 27 cm

Flugweise: Flugverhalten sehr ähnlich demjenigen der Zaunammer.

Stimme: Im Flug nach Störungen wird ein harter Trillerruf („trr") geäußert, ansonsten ist auch im Flug gelegentlich der charakteristische „zip"-Ruf zu hören (a).

Ähnliche Arten: Weibliche Vögel und Jungvögel können mit anderen Ammernarten verwechselt werden (siehe Fotos).

> **Beobachtungstipps:** Zippammern sind selten zu beobachten und konzentrieren sich auf einige Weinbaugebiete (Rhein, Mosel) und felsige und strauchbestandene Wiesen in höheren Berglagen.

Ortolan (→638)

Emberiza hortulana

En: Ortolan Bunting
Fr: Bruant ortolan
Es: Escribano Hortelano
It: Ortolano

Status: In wenigen Regionen Mitteleuropas verbreiteter, meist seltener Brut- und Sommervogel; regelmäßiger Durchzügler.

Flügelspannweite: 23 – 29 cm

Flügelschlagfrequenz: ca. 18 Flügelschläge / Sek. (Singvogel-Flugtyp)

Flugweise: Flug im Singvogel-Flugtyp, bei der Jagd werden Insekten auch im kurzen Flug verfolgt. Der Gesang wird von Singwarten aus vorgetragen, jedoch kommt es auch zu wellenförmigen Schauflügen mit Gesang über dem Brutrevier. Wanderflüge finden tags oder nachts statt.

Stimme: Pro Männchen bis zu vier kurze flötend-melodische Strophentypen (wie z. B. „ridridri-... jööj" und „ ziü ziü ziü dididi da") bilden den Hauptgesang (li). Selten tritt eine lange, komplizierte Fluggesangsstrophe auf. Im Flug wird ansonsten ein kurzes, im Vergleich zu anderen Ammerrufen eher weiches „bit" geäußert (re).

Ähnliche Arten: Die Kopfzeichnung beider Geschlechter mit dem markanten Bartstreif führt kaum zu Verwechslungen.

Beobachtungstipps: Ortolane sind in Mitteleuropa sehr selten geworden und nur noch mit viel Glück, am ehesten in der Zugzeit, anzutreffen. Am vielversprechendsten sind trockene, gebüschhaltige Lebensräume oder Waldränder und Baumalleen.

Kappenammer (→ 645)

Emberiza [melanocephala] melanocephala

En: Black-headed Bunting
Fr: Bruant mélanocéphale
Es: Escribano Cabecinegro
It: Zigolo capinero

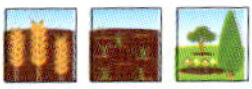

Status: Ausnahmeerscheinung

Flügelspannweite: 26 – 30 cm

Braunkopfammer (→ 646)

Emberiza [melanocephala] bruniceps

En: Red-headed Bunting
Fr: Bruant à tête rousse
Es: Escribano Carirrojo
It: Zigolo testaranciata

Status: Ausnahmegast, doch Verdacht auf entkommene Käfigvögel.

Flügelspannweite: 24,5 – 28 cm

Rohrammer (→648)

Emberiza schoeniclus

En: Common Reed Bunting
Fr: Bruant des roseaux
Es: Escribano Palustre
It: Migliarino di palude

Status: Verbreiteter, regional häufiger Brut- und Sommervogel; regelmäßiger Durchzügler, gebietsweise auch Wintergast.

Flügelspannweite: 21 – 28 cm

Flugweise: Singvogel-Flugtyp. Insekten werden ab und zu auch im Flug gefangen. Außerhalb der Brutzeit ist die Art auch in wenig synchronisiert fliegenden Schwärmen unterwegs. Wanderflüge finden tags statt.

Stimme: Der gezogene und abfallende Ruf „ziiie“ wird sowohl im Sitzen als auch im Flug geäußert (a).

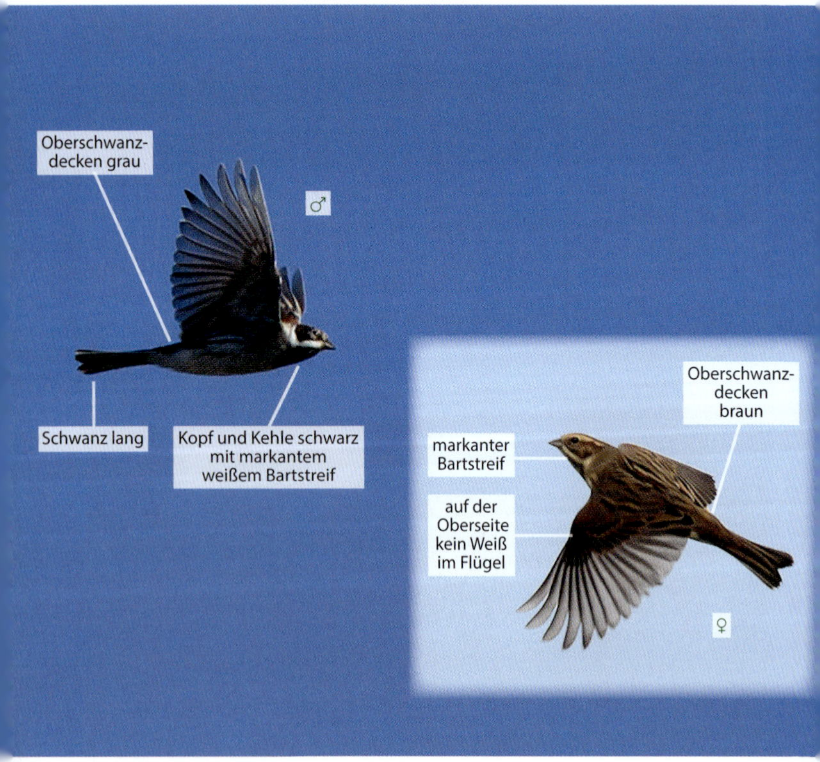

Ähnliche Arten: Weibliche Vögel und Jungvögel können mit anderen Ammernarten verwechselt werden (siehe Fotos). Die schwarzköpfigen Männchen sind nicht zu verwechseln.

Beobachtungstipps: Rohrammern sind in Schilfröhrichten und Rohrkolbenbeständen zu finden, besonders gut sind die singenden Männchen weit oben auf Schilfhalmen zu entdecken.

Grauammer (→649)

Emberiza calandra

En: Corn Bunting
Fr: Bruant proyer
Es: Escribano Triguero
It: Strillozzo

Status: Regional verbreiteter, nicht häufiger Brut- und Jahresvogel, gebietsweise Wintergast.

Flügelspannweite: 26 – 32 cm

Flugweise: Singvogel-Flugtyp. Zur Insektenjagd wird nur ausnahmsweise geflogen. Das Männchen singt von einer Warte aus, zeigt jedoch gelegentlich auch einen Schauflug mit hängenden Beinen und vorgedrückter Brust. Wanderflüge finden tags statt.

Stimme: Typische Flugrufe sind kurze, harte Laute wie „zrick“ oder „pit“ (a), oft auch gereiht als „tip tip tip“.

Ähnliche Arten: Einige Finkenarten und unter Umständen sogar Sperlinge können zu Verwechslungen führen (siehe Fotos).

Beobachtungstipps: Grauammern leben in Mitteleuropa meist in offenen Agrarlandschaften. Sie können regional häufig sein, sind an vielen Stellen aber verschwunden. Am einfachsten sind singende Männchen mit ihrem metallischen Trillergesang, der an das Schütteln eines Schlüsselbundes erinnert, im Frühjahr zu finden.

Flugmanöver und Flugarten

Vogelarten und Vogelgruppen haben ihre typische Art und Weise zu fliegen. Diese hat sich im Zuge der Evolution als beste Kombination aus den verschiedenen Anforderungen herausgebildet, die ein Vogel im Flug zu meistern hat. Die eine Art fliegt mit minimalem Energieverbrauch tausende von Kilometern übers offene Meer, die andere muss blitzschnell vom Boden auffliegen, um dem Fuchs zu entkommen, wieder eine andere klaubt im Rüttelflug Insekten von Blättern ab oder muss schwere Beutetiere zum Nest tragen können. Die wichtigsten und interessantesten Flugmanöver werden hier vom Vogelflug-Spezialisten Werner Nachtigall vorgestellt.

1. Steigflug

Insbesondere an den Bodenstart schließt sich häufig ein kräftezehrender steiler bis vertikaler Steigflug an. Webervögel können in ihre genau abwärts gerichteten Neströhren mit zusammengelegten Flügeln richtiggehend passiv einschießen. Sie nutzen den Schwung eines vorangehenden **aktiven Steigflugs**. Die Besonderheiten dieser – meist kurzen – Steigflugphasen liegen in mehreren Punkten:

Die **Flügelschlagamplitude** ist groß.

Die Flügel können, vor allem im oberen Umkehrpunkt, sogar mit vernehmlichem Geräusch zusammenklatschen. Anschließend „wickeln sie sich gegeneinander ab“. In den entstehenden Spalt wird Luft eingesaugt, die sofort zu Schlagbeginn eine Zirkulation anwirft. Damit entstehen

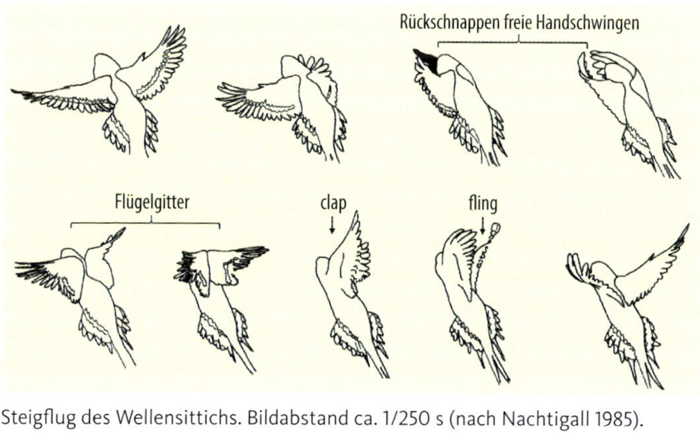

Steigflug des Wellensittichs. Bildabstand ca. 1/250 s (nach Nachtigall 1985).

schlagartig hohe Auftriebskräfte. Torkel Weis-Fogh hat diesen Vorgang als **„clap and fling"-Effekt** bezeichnet. Er ist einer von mehreren möglichen instationären Strömungseffekten.

Beim Abschlag werden die Handschwingen weit abgebogen und am unteren Umkehrpunkt schnappen sie zurück. So erzeugen sie gerade dort eine **Auftriebsspitze**, wo ansonsten gar keine förderlichen Luftkräfte auftreten können. Somit helfen sie, einen ausgeglicheneren Hub einzustellen. Das wurde einmal beim Wellensittich dokumentiert, und der Hubbeitrag wurde rechnerisch auf maximal etwa 15 % abgeschätzt.

Die Handschwingen wirken beim Aufschlag verstärkt als Hochauftrieb erzeugendes **Flügelgitter**.

2. Dynamisches Segeln

Eine Art **dynamischen Pendel-Segelflug** kann man bisweilen bei Alpendohlen beobachten, die in Schleifen zwischen zwei (in etwa parallelen) Bergkämmen fliegen. Sie schwingen sich über einen Kamm, lassen sich dann im Aufwind mitnehmen und gewinnen so Höhe, fliegen danach eine rasche Schleife von 180° und stürzen anschließend bogenförmig unter den Kamm ab. Damit gewinnen sie Schwung, pendeln in gleicher

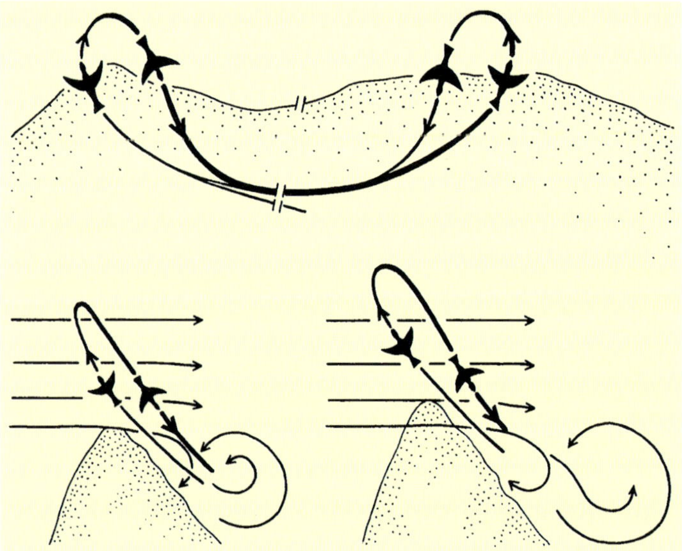

Dynamischer Pendel-Segelflug der Alpendohle. Oben: Doppelkamm, unten: Einzelkamm (nach Küttner 1947).

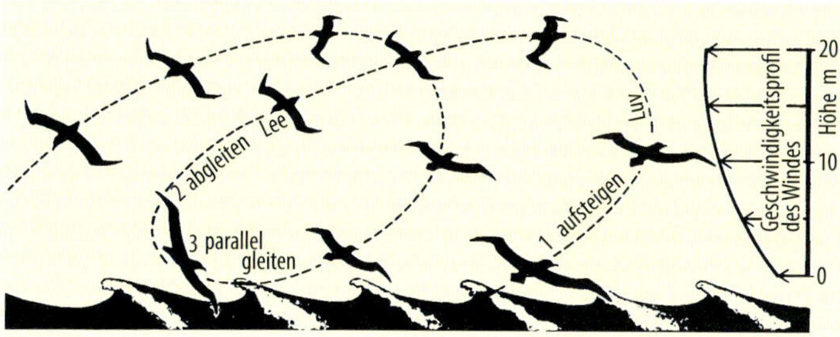

Dynamisches Meeressegeln bei einem Albatros. Angegeben sind die 3 Flugphasen, rechts die Geschwindigkeitsgrenzschicht über der Meeresfläche (nach Raspet 1950).

Weise über den Gegenhang und so fort. Das kann sieben bis achtmal hintereinander geschehen – und alles ohne einen einzigen Flügelschlag.

Ganz eigentümlich läuft das **dynamische Meeressegeln** der Albatrosse ab, die ja über Stunden ohne Flügelschlag ihre räumlich verknickten Schleifen ziehen. Sie nutzen dabei zwei meteorologische Eigentümlichkeiten der freien Meere aus, nämlich die ausgeprägte **Windgrenzschicht** und den **Aufwind an Wellenbergen**.

Unter einer **Grenzschicht** versteht man die Zone über einer festen Oberfläche, in der die Geschwindigkeit eines darüber strömenden Fluids von Null direkt an der Oberfläche in Form eines „**Geschwindigkeitsprofils**" auf einen Wert von 99 % der freien Strömung ansteigt. Am Vogelflügel zählt diese Grenzschicht nur nach Millimeterbruchteilen, am Verkehrsflugzeug höchstens nach Zentimetern, über dem Meer ist sie ein bis zwei Dutzend Meter dick.

Ein Albatros segelt in drei charakteristischen Abschnitten: Zunächst wendet er sich gegen den Wind, wird hochgenommen – und zwar wegen der nach oben zunehmenden Geschwindigkeit recht dramatisch –, verliert dabei aber an Fahrt.

Kurz vor dem Stillstehen schert er aus, dreht ab und gleitet schräg zum Wind abwärts, wobei er wieder Fahrt gewinnt.

Knapp vor Erreichen des Meeresspiegels dreht er bei und gleitet eine zeitlang parallel zu einem Wellenkamm im Wellenaufwind seitlich weg. Dann dreht er wieder gegen den Wind und das Spiel beginnt von Neuem.

3. Instationäres Luftbremsen

Instationäres Luftbremsen kann man schon beim Anlanden von Lachmöwen bemerken. Dem aufmerksamen Beobachter wird auffallen, dass Möwen, die auf einem Hafenpfahl landen, eigentümlich quirlende Flü-

Eissturmvogel im Landeanflug. Der Vogel führt dabei heftige Steuerbewegungen aus: Der linke Flügel beginnt den Aufschlag, der rechte ist mitten im Abschlag. Das Schwanzgefieder ist voll gespreizt.

gelbewegungen ausführen. Besonders ins Auge fallend sind solche Bewegungen bei Eissturmvögeln, die am Vogelfelsen anfliegen. Sicher kennt das jeder Naturfreund von den schönen Zeitlupenaufnahmen des Fernsehens. Georg Rüppell hat diese Flügelbewegungen als „**Wedeln**" bezeichnet. Können Vögel damit möglicherweise besonders effektiv abbremsen?

Sie können es. Gerade bei Punktlandungen muss ganz gezielt gebremst werden. Beim Eissturmvogel kommt erschwerend dazu, dass er wegen seiner hohen Flächenbelastung schnell fliegen muss und damit nicht sehr manövrierfähig ist. Sturmvögel rumpeln mit hoher Geschwindigkeit mehr oder minder geradlinig daher und müssen trotzdem auf dem Punkt genau auf einem schmalen Felsvorsprung anlanden.

Die Eissturmvögel führen mit angenähert gestreckten Flügeln **rasche Rotationsschwingungen** etwa um die Längsachse durch. Diese lassen den Flügel abwechselnd breiter und schmäler erscheinen. Dabei fliegen die Sturmvögel mit sehr hohen Anstellwinkeln. Das hat Vor- und Nachteile.

Vorteile liegen darin, dass nicht nur die momentane Bremskraft, sondern auch der momentane Auftrieb sehr hoch ist. Die Vögel werden also hart abgebremst und können trotzdem nicht durchsacken. Nachteilig ist, dass dieser Idealzustand nur einen Moment lang erhalten bleibt; bereits nach einer Zehntelsekunde würde die Strömung bei solch hohen Anstellwinkeln abgerissen sein.

Lachmöwe im Anlanden auf einem Hafenpfahl: voller Beinschlag mit gespreiztem Handgefieder.

Der Trick des Wedelns liegt nun darin, den Flügel gerade ein paar Hundertstel Sekunden vor dem Strömungsabreißen wieder in ungefährliche Anstellwinkelbereiche zurückrotieren zu lassen (**Pronation**). Sobald sich die Strömung beruhigt hat, kann er aufs Neue blitzartig zu hohen Winkeln rotiert werden (**Supination**). So erreicht ein Sturmvogel durch das „Wedeln" periodisch höchsten Momentanauftrieb und gleichzeitig effektivste Bremswirkung.

Auch der aus seiner Rüttelposition mit angelegten Handfittichen abwärts stürzende **Turmfalke** kann die Richtung seiner Sturzbahn verändern. Er kann das bei seinen relativ kleinen Sturzgeschwindigkeiten mit Hilfe seiner unterschiedlich weit abgespreizten Daumenfittiche tun, welche die Umströmung der angelegten Handfittiche stark beeinflussen.

4. Segelflug und Handschwingen-Aufgliederung

Beim Übergang aus dem Gleitflug zum Segelflug werden in der Regel die freien Handschwingen und die äußeren Schwanzfedern stärker gespreizt, erhöhen damit die tragende Fläche und reduzieren die Flächenbelastung. Das ist gerade bei segelnden Störchen sehr auffällig. Der Physiker H. Eder hat dazu neue Messungen an der Storchenpopulation Affenberg/Salem am Bodensee vorgelegt. Hierdurch wurden u.a. die Effekte der Abspreizung freier Handschwingen und Effekte der Porosität von Handschwingen untersucht.

Gleitet ein Vogel in ruhiger Luft über Land, so verliert er unweigerlich an Höhe. Oft kann man nun allerdings Vögel beobachten, die eine lange Strecke ohne einen Flügelschlag und ohne Höhenverlust geradeaus gleiten, dabei vielleicht sogar ansteigen. Wie kommt das?

Den **Segelflug** kann man im Grunde als **„Gleiten in aufsteigender Luft"** bezeichnen. Irgendwoher muss eine aufwärtsgerichtete Geschwindkeitskomponente v_{steig} der umgebenden Luft kommen, zum Beispiel von aufsteigender Warmluft. Diese zu nutzen haben die **Thermiksegler** gelernt.

Selbst in unseren Breiten kann man immer wieder beobachten, dass sich größere Vögel ohne einen Flügelschlag spiralförmig hochschrauben, Bussarde, Milane, Möwen und andere. Sie benutzen aufsteigende Riesenblasen erwärmter Luft, die man als **Thermiken** bezeichnet. Solche weit hochsteigenden Thermiken bilden – oft durch eine Haufenwolke gekrönt – über den ostafrikanischen Savannen ganze Zeilen. Große Geier nutzen sie ganz systematisch zum Überlandflug.

Thermiken entwickeln sich als Blasen erwärmter Luft über besonders warmen Landstrichen. Sie lösen sich ab und steigen auf. Eigentlich sind es aufsteigende, rotierende Riesenwirbel. An den Rändern strömt die Luft abwärts, in der Mitte dafür aufwärts. **Steiggeschwindigkeiten** von mehreren Metern pro Sekunde können leicht erreicht werden. Wenn sie größer sind als die Sinkgeschwindigkeiten von Vögeln, werden diese mit hochgenommen. Zur Nutzung schwacher Thermiken müssen Vögel besonders gute Gleiteigenschaften entwickeln. Die aufgefingerten Handschwingen der großen Landsegler sind ein Mittel dafür.

Gänsegeier beim Kurvenflug, wahrscheinlich in einer Thermik. Flügel schräg, Kopfhaltung normal.

Will ein Vogel Thermiken auf diese Weise nutzen, so muss er sie erst einmal finden. Er muss dann weiter in der Lage sein, recht genau in den Bereichen aufwärts strömender Luft zu kreisen. Für einen Außenbeobachter schraubt er sich dann spiralförmig senkrecht hoch.

Die großen afrikanischen Geier sind sehr geübt darin, Thermiken zu finden. Sie schrauben sich 500 bis 1000 m über Grund hoch, gleiten dann 6 bis 12 km schräg abwärts, bis sie eine neue Thermik gefunden haben, schrauben sich wieder hoch und so fort. Auf diese Weise können sie ohne großen eigenen Kraftaufwand gut und gerne 100 bis 200 km über Land segeln. Wenn sie mit vollen Kröpfen zur Jungenatzung zum Horst fliegen, sind sie sogar auf eine derartige Nutzung von Thermikstraßen angewiesen. Aus eigener Kraft könnten sie diese großen Flugstrecken nicht schaffen.

Pelikane fliegen gerne in Pulks und gleiten auch in solchen Pulks bis zur nächsten Thermik.

Wenn sich der Bussard in einer engen Thermik hochschraubt, liegt er bisweilen beängstigend steil in der Kurve. Nicht selten wird man beobachten können, dass er dabei „abschmiert", aus der Thermik gerät und geradeaus weiter gleitet, um sein Heil dann im aktiven Schlagflug zu suchen. Offenbar kann ein Vogel nicht beliebig enge Kurven fliegen.

Bei **Geradeausgleiten** wirkt auf den Vogel eine Gewichtskraft F_G, der vom Gesamthub F_H das Gleichgewicht gehalten wird. Beim **Thermikkreisen** wirkt nicht nur die abwärts gerichtete Gewichtskraft F_G, sondern auch eine Zentrifugalkraft F_Z, kompensiert durch eine Zentripetalkraft F_{-Z}, die bei engeren Kurven größer wird. Der Vogel muss sich schrägstellen, um seine Flügelfläche senkrecht zur Resultierenden aus F_G und F_Z einrichten zu können. Damit neigt sich aber auch der Flügelhub F_H um den gleichen Winkel. Als Folge davon wird die senkrecht aufwärts weisende Komponente F_H kleiner als F_G. Deshalb muss der Vogel in einen Sinkflug übergehen, wenn er den Hub nicht mit irgendwelchen Mitteln groß genug halten kann. Das gängige Verfahren ist die Nutzung der Thermik-Aufwinde.

Eine Möglichkeit, die Gleitzahl zu verbessern, liegt auch in der Aufspaltung des Vogelflügels in **freie Handschwingen**. Wegen der Druckdifferenz zwischen Flügeloberseite und -unterseite kommt es zu einer Umströmung der Flügelenden. Dadurch ergeben sich Wirbelzöpfe hinter den Flügelenden und es resultiert ein zusätzlicher Widerstandsanteil, der sogenannte **induzierte Widerstand, der immer mit einer Auftriebserzeugung gekoppelt ist**. Durch die Auffächerung kann dieser Widerstand verringert werden. Außerdem können die freien Handschwingen wie zusätzliche kleine Tragflügel wirken.

Bei all dem gibt es für jedes Fluggerät und für jeden Vogel einen Kurvenradius, der nicht mehr unterschritten werden kann. Es gibt einen Zusammenhang zwischen **Kurvenradius und Sinkgeschwindigkeit.** Der afrikanische Weißrücken-Geier beispielsweise kann mit einer Schrägstellung von 35° einen Kurvenradius von 13 m fliegen, sich also in einer Thermik von 26 m Durchmesser gerade noch halten. Er braucht dafür eine Aufwärtsströmung von mindestens 1,2 Metern pro Sekunde. Segelflugzeuge können sich in so engen Thermiken nicht mehr halten. Das hat der

Seeadler streckt den ergriffenen Fisch in „Fahrtrichtung“.

Vogelflug-Forscher Colin Pennycuick zur Kenntnis nehmen müssen, als er versuchte, mit seinem Segler einem Afrikanischen Geier in der Thermik nachzufliegen.

5. Beutefang vom Wasser

Fischadler kann man etwa an den Mecklenburgischen Seen gut beim Beutefang beobachten, neuerdings auch wieder die großen Seeadler. Vorzügliche Zeitlupenaufnahmen davon hat jeder schon im Fernsehen gesehen. Ab dem Moment des Zupackens werden die schräg vorgestreckten Beine wegen des Wasserwiderstands des zappelnden Fisches nach hinten gerissen. Dadurch entsteht ein nasenabwärts drehendes Kippmoment, das der Vogel durch Flügelvorziehen und Hochauftriebsmittel (freie Handschwingen, Daumenfittich) auszugleichen sucht. Gelingt das nicht, taucht er erst mal kopfüber ins Wasser. Das Hochkommen mit wuchtigen Flügelschlägen bedeutet eine immense Kraftanstrengung. Gelingt es nicht sofort, muss der Adler, im Wasser liegend, pausieren. Sehr große Beutefische, die der Vogel wegen seiner Zehensperre nicht mehr loslassen kann, haben Fischadler schon unter Wasser gezogen und ertränkt. Alte Karpfen mit eingeheilten Adler-Ständern zeugen davon.

6. Gleitflug

Gleitfliegende Vögel haben die Flügel meist maximal „brettartig“ gespreizt, aber doch nicht immer. In bester Gleitflughaltung sinken sie am langsamsten. Sie erreichen damit – beim Abwärtsgleiten von einer gegebenen Ausgangshöhe – die **größtmögliche Flugdauer**. Wie können sie ihre **Sinkgeschwindigkeit** verändern, insbesondere verringern?

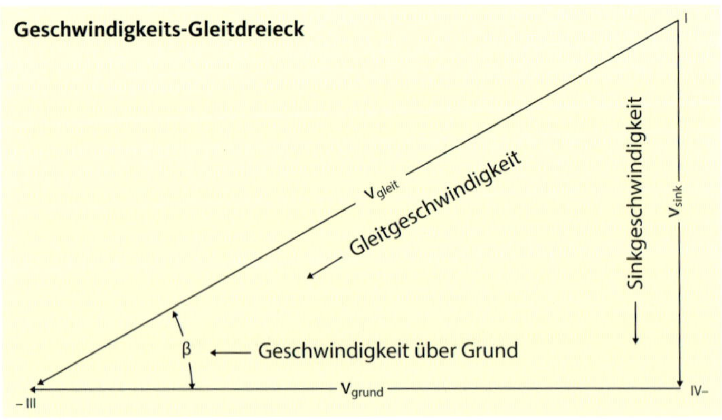

Geschwindigkeits-Gleitdreieck. Erläuterungen im Text (nach Nachtigall 1985).

Kaiseradler im Gleitflug: Flügel und Schwanz sind brettartig ausgebreitet; die freien Handschwingen sind voll gespreizt.

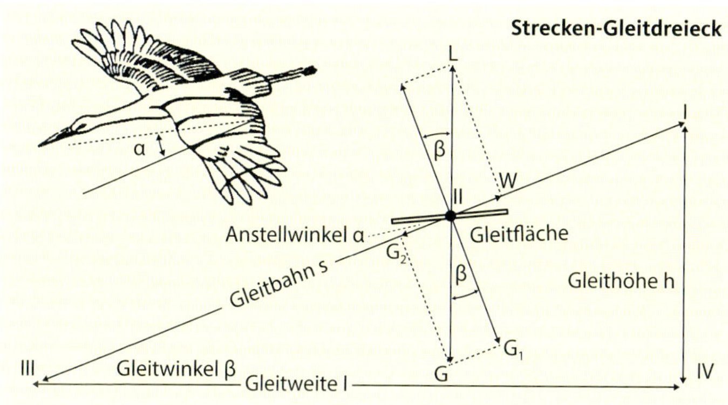

Strecken-Gleitdreieck: Der Storch gleitet von I über II nach III und sinkt dabei von I nach IV. Die Flügel stehen unter dem aerodynamischen Anstellwinkel α gegen die Gleitbahn. Sie erzeugen Widerstand W in Anströmungsrichtung und Auftrieb A senkrecht dazu. Diese Komponenten der Luftkraft L entsprechen den Komponenten G_2 und G_1 der Gewichtskraft G (nach Nachtigall 1985).

Ein **Strecken-Gleitdreieck** kann man auch als **Geschwindigkeits-Gleitdreieck** auffassen. Hier ist die Gleitzahl ε = cotg ß = Geschwindigkeit über Grund/Sinkgeschwindigkeit = v_{grund}/v_{sink}. Der Vogel hält sich dann am längsten in der Luft, wenn v_{sink} möglichst klein ist. Das ist aber nicht immer die situationsgemäße Verhaltensweise; es kann auch nötig sein, rascher abwärts zu gleiten.

Wenn sich ein Bussard oder Geier nach längerem Thermik-Segeln entschließt, rasch herunterzukommen, so tut er Folgendes: Er legt die Flügel über seinen Parallel-Mechanismus näher an den Körper und verknickt sie dabei stärker. Je ausgeprägter er das tut, desto rascher schießt er auf nun stärker geneigter Gleitbahn abwärts und desto größer ist damit seine Sinkgeschwindigkeit.

Das spiegelt sich in den sogenannten **Sinkpolaren** von Vögeln und Flugzeugen wider. Der Falke und das Segelflugzeug sind mit $v_{sink\,min}$ von rund 1 m/s etwa gleich gut; dazu muss das Flugzeug aber doppelt so schnell fliegen wie der Vogel. Sturmvögel und erst recht Tauben sind mit minimalen Sinkgeschwindigkeiten von 1,5 bis 2,8 m/s deutlich schlechter.

Der Aerodynamiker Siegfried Wagner hat die Abhängigkeit der Sinkgeschwindigkeit v_{sink} von Körper- und strömungsmechanischen Kenngrößen in eine Formel gegossen. Sie besagt in Worten: Will ein gleitfliegender Vogel möglichst lange in der Luft bleiben, so muss er die Flächenbelastung B (Körpergewicht, bezogen auf die tragende Fläche), und den Nullwiderstand $c_{W\,Null}$ (auftriebsunabhängiger Flügelwiderstand) klein, dagegen die Streckung Λ (Quadrat der Spannweite, bezogen auf die tragende Fläche) groß halten.

Wenn ein Vogel die Flügel anzieht, weil er rasch zu Boden kommen will, was ja häufig genug zu beobachten ist, hat das also mehrere Konsequenzen. Er vergrößert damit B, verkleinert Λ und erhöht deshalb v_{sink}.

7. Hochziehen schwerer Beute

Dass Steinadler ausgewachsene Gämsen schlagen und durch die Luft tragen können, gehört zu den unausrottbaren Märchen. Doch können Sie immerhin Kaninchen oder junge Murmeltiere hoch hieven. Neuere Videos aus dem Internet zeigen allerdings erstaunlich massive Beute, wie man sie früher nicht für möglich gehalten hätte. Ausgewachsene Gämsen können die Adler immerhin erschrecken und abdrängen, so dass sie einen Steilhang hinunterstürzen. Fischadler sind bekanntlich in der Lage, auch größere Karpfen aus dem Wasser zu ziehen und zum Kröpfplatz zu fliegen. Wie transportieren diese Vögel ihre Beute im Flug, und wie groß sind die möglichen Zuladungen?

Aus energetischen Gründen sinkt die mögliche relative Zuladungsmasse mit der Körpermasse des Beutegreifers. Kleinvögel bis etwa 100 Gramm Körpermasse können kurzfristig etwa so viel mitschleppen, wie sie selber wiegen. Für den Herbstzug benötigen 20-g-Grasmücken immerhin bis zu 40 % Zusatzmasse in Gestalt ihrer Fettvorräte. Allerdings sind diese als Fettmantel strömungsgünstig verpackt.

Nachtgreifvögel können mit Mäusen in den Fängen oder im Schnabel wegfliegen; diese Beute fällt nicht weiter ins Gewicht (Schleiereule:

Der Fischadler hat seine Beute in Fahrtrichtung gedreht und fliegt im normalen Streckenflug weiter.

300 g, Feldmaus: 50 g). Das durch den Schnabeltransport zusätzlich auftretende Kippmoment kann durch eine leicht geänderte Schlagweise ausgeglichen werden. Der Turmfalke kann eine Amsel mit Leichtigkeit wegtragen. Er schleppt sie in einem Fang irgendwie nach; Schwierigkeiten scheint ihm das nicht zu bereiten. Der Baumfalke transportiert auf gleicher Weise mittelgroße Beute, die Kornweihe beispielsweise junge Blässrallen, der Schwarzmilan einen von der Wasseroberfläche aufgegriffenen toten Fisch von vielleicht 1/4 kg Körpermasse.

Der Steinadler (6 kg) kann ein kleines Murmeltier oder ein Kaninchen (2 kg) zum Horst hochfliegen, ein großes fettes Murmeltier (> 6 kg) schon nicht mehr oder nur über kurze Strecken.

Große, geschlagene Karpfen bringt der Fischadler, wie erwähnt, bisweilen schon gar nicht aus dem Wasser, und auch mittelgroße Exemplare von 2–3 kg Körpermasse schleppt er nur mit Mühe hoch. Mit einem „Umgriff" dreht er sie nach dem Fang Kopf voran in den Fahrtwind; den zusätzlichen Fahrtwiderstand, den ein breitseitig transportierter Fisch erzeugen würde, umgeht er so.

Im ersten Weltkrieg wurden **„Taubenkameras"** von vielleicht 70 g Masse eingesetzt, die fluggeübten Brieftauben bauchsackartig umgeschnallt worden waren und von diesen (Körpermasse rund 300 g) problemlos getragen werden konnten. In ähnlicher Weise haben Bilo und Mitarbeiter in unseren Saarbrücker Windkanälen Tauben Beschleunigungsgeber umgeschnallt, aus deren Angaben die Luftkräfte zurückgerechnet werden konnten.

8. Start von erhöhten Plätzen

Eine beliebte Methode, **Fahrtwind** zu gewinnen, ist der Start von einem Baumzweig oder einer Felswand aus. Der Vogel lässt sich nach einer kurzen Absprungbewegung fallen und breitet dabei die Flügel aus. Sobald durch das **Sich-fallen-lassen** der Fahrtwind genügend groß ist, setzt der Flügelschlag ein. Ist diese Abflugmethode weit verbreitet?

Bei Kleinvögeln, die von Bäumen abfliegen, kann man die Methode bei genauem Hinsehen öfters beobachten als man erwarten mag. Stört man sie, so fliegen sie zwar nach schräg-oben weg. Wenn sie aber ungestört starten, wird man fast regelmäßig eine kleine **anfängliche Sinkphase** bemerken.

Der Mauersegler lässt sich beim Abflug ein Stück fallen und gewinnt so Fahrt.

Da alles sehr schnell geht, kann man den Einsatz der Flügelschläge aber nicht genau angeben. Mit der fest eingestellten Videokamera lassen sich leicht Abflugbahnen von Meisen und Staren aufzeichnen, die von Nistkästen wegstarten. Man wird dabei nachweisen können, dass sich Meisen gerne mit vollständig angelegten Flügeln fallen lassen und erst nach einer gewissen Fallstrecke die Flügel öffnen.

Abdrücken mit Fallstrecke – das ist auch die übliche Abflugtechnik von hoch flächenbelasteten Seevögeln, die von ihren Nestern in den Wänden der Vogelfelsen starten. Papageientaucher und Trottellummen etwa machen dies vor.

Was den Urvogel *Archaeopteryx* anbelangt, oder seine weniger bekannten Verwandten, die in der Jurazeit vor etwa 130 Millionen Jahre lebten, ist man sich immer noch nicht sicher, ob er bereits mit einem Anlauf vom Boden aus wegstarten konnte oder ob er noch gezwungen war, auf einen Baum zu klettern und im Fallstart abzufliegen. Wahrscheinlicher erscheint mir der Fallstart. Anfangs dürfte aber auch ein Horizontalstart zu einem kurzen Flug über flachem Boden möglich gewesen sein, irgendwie nach Bläßrallen-Art, wohl mit längerer Anlaufstrecke.

9. Sturzflug

Im fast oder vollständig **senkrechten Sturzflug** erreichen Vögel die größten überhaupt beobachteten Geschwindigkeiten. Stürzende Wanderfalken benutzen sie, um auch rasch fliegende Beute einzuholen und durch den hohen Aufprallschock blitzartig zu töten. Stoßtauchende Pelikane lassen sich so ein Stück unter Wasser drücken. Stoßtauchende Basstölpel schießen nach einem Eintauchen mit 100 km/h mehrere Meter unter Wasser und schwimmen dann mit Flügelbewegungen. Welche Körperstellungen sind dafür besonders geeignet?

Übergang zum Sturzflug und Sturzflug eines Großfalken. (Montage nach Serienbildern von G. Glaeser. Aus Glaeser et al. 2017).

Sturzfliegender Großfalke. Links Schrägansicht, Mitte Seitansicht, rechts Windkanalmodell (Umzeichnungen von M. Roskar nach Abb. in Ponitz et al. Aus Glaeser et al. 2017).

Abfolge eines Tauchgangs beim Basstölpel. Der Vogel winkelt die Flügel an, bis er die Form eines Pfeils erreicht und durchdringt so die Wasseroberfläche.

Mit heftigen Flügelschlägen beschleunigt der Wanderfalke nach Durchfliegen einer steilen Kurve fast senkrecht abwärts. Dann legt er die Flügel vollständig an, steuert nur mit dem leicht hervorstehenden Flügelbug und mit dem Schwanz. Sein **windschnittiger Körper** erreicht so den kleinstmöglichen Widerstandsbeiwert c_W. Ich habe diesen früher auf etwa 0,15 bis 0,10 geschätzt. Der windschnittige Körper wird durch den zusammengelegten Schwanz stabilisiert wie eine fallende Bombe durch ihr Leitwerk. Es heißt, dass **Maximalgeschwindigkeiten** von über 300 Stundenkilometern erreicht würden. Diese erschienen mir – auch nach rechnerischen Ansätzen – als sehr extrem; bereits bei etwa 160 Stundenkilometer oder etwas mehr müsste das Nonplusultra liegen. Neue Analysen von Ponitz et al. haben hier Klarheit geschaffen. Demnach erreicht der Wanderfalke beim Sturzflug entlang einer hohen Staumauer Geschwindigkeiten bis zu 22,5 m/s, entsprechend 81,3 km/h bei Beschleunigungen bis 12 m/s^2. Im freien Luftraum dürfte sie aber deutlich höher liegen. Fachleute, die sich unter anderem auf Falken beziehen, die im Sturzflug Fallschirmspringer (mit ungeöffnetem Schirm) spielend überholen, schätzen die erreichbare Maximalgeschwindigkeit auf etwa 360 km/h. Der c_W-Wert liegt nach Modellmessungen von Ponitz et al. bei 0,0860 für Nullanstellwinkel. Die c_W-Werte anderer Vogelrümpfe liegen etwas über 0,1.

10. Formationsflug

Wer kennt nicht die **keilförmigen** oder doppelkeilförmigen **V-artigen** Formationen von ziehenden Vögeln? Gänse, Enten, Kraniche, Kormorane, Möwen, Pelikane – alle fliegen sie in Formation, die einen fast stets, die anderen gelegentlich. Selbst Höckerschwäne, die einmal ein paar hundert Meter über den See fliegen, tendieren dazu, sich in geordneten Abständen zusammenzutun. Was nützen Formationsflüge?

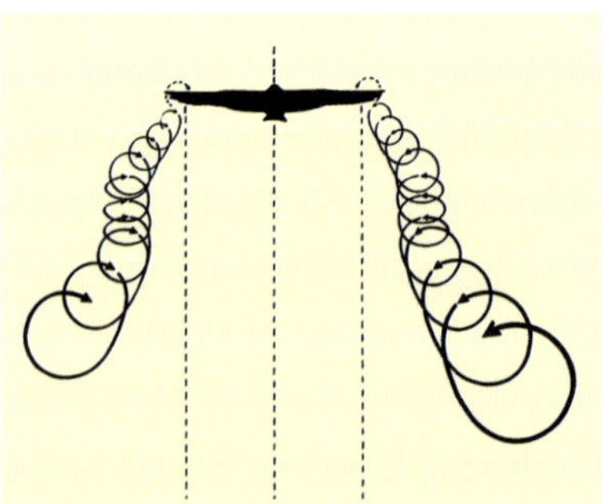

Randwirbel-Schleppe hinter einer einzeln fliegenden Gans (nach Nachtigall 1985).

Flugpraktiker wissen, dass die Maschinen in einer guten Formation weniger Treibstoff verbrauchen als wenn sie bei gleicher Geschwindigkeit alleine flögen. Der Aerodynamiker Dieter Hummel hat berechnet, dass eine Verminderung des Gesamtwider-

V-Formation ziehender Bläßgänse, in Auflösung begriffen.

stands schon dann eintritt, wenn man reine Tragflügel im Gedankenexperiment zu einer günstigen Formation ordnet. Vögel bewegen aber ihre Flügel im Schlagrhythmus auf und ab.

Ich habe aufgrund früherer Filmaufnahmen die Auffassung vertreten, dass ein rhythmisches phasisches Zusammenspiel der Schlagbewegung Voraussetzung für eine Energieeinsparung ist. Diese wurde neuerdings von Portugal et al. bestätigt. Wenn die Randwirbel schlagrhythmisch auf und ab gerichtete Luftströmungen induzieren, dann wäre ein Folgevogel gut beraten, wenn er mit dem Abschlag genau in den Aufwind des Vordervogels hineinkäme. Er würde dann einen kleinen Zusatzhub mitbekommen, doch setzt das eben voraus, dass die Schlagrhythmen der Vögel genau aufeinander abgestimmt sind.

Wir haben Formationsflüge von Gänsen ausgewertet und die vermuteten Beziehungen teils gefunden, teils wieder nicht. Im ersteren Fall ist ein Folgemann an den Vordermann phasisch gut angekoppelt, an den Nächstvorderen schon weniger und so weiter. Dies war zu erwarten. So kann man ziemlich sicher sein, dass der Verbandsflug eine Leistungseinsparung für den Einzelvogel bringt. Aber vielleicht gilt dies nur für echte Langstreckenzüge über viele Stunden. Verbände, die nach einigen Kilometern landen werden, oder solche, die sich nach dem Zusammenfinden noch nicht eingespielt haben, zeigen keine strenge phasische Kopplung, und gerade solche kriegt man üblicherweise vor die Filmkamera.

Segelnde Gänse- und Mönchsgeier am Punafelsen im Nationalpark Monfrague, Extremadura, Spanien.

Jedenfalls tut sich der vorderste Vogel am schwersten, denn der kann nicht vom phasischen Aufwind eines anderen Vogels profitieren. Dementsprechend wird er auch öfters ausgewechselt.

11. Stationäres Luftbremsen

Bei der Beobachtung des Landeanflugs von Großvögeln – der meist so langsam abläuft, dass man mit dem bloßen Auge noch etwas erkennen kann – hat man oft das Gefühl, dass der Vogel nichts, aber auch gar nichts auslässt, was ihm als **Luftbremse** dienen könnte: Flügel mit allen möglichen Einzelelementen, Schwanz und Füße werden breitseitig gegen den Fahrtwind gestellt. Der Eindruck täuscht nicht, doch muss der Vogel aus Stabilitätsgründen die Bremswirkung jeder Einzelfläche fein abwägen.

Die **Bremskraft** (der Gesamtwiderstand) ist von zwei Kenngrößen abhängig. Sie steigt bei gegebener Geschwindigkeit mit der Größe der angeströmten Fläche und mit deren Widerstandsbeiwert.

Mit voll gespreizten Flügeln und vorgestrecktem Hals und Kopf, hochgehaltenen, gespreizten Füßen und voll entfaltetem Schwanz stellt der Vogel die größte Bremsfläche ein, über die er verfügt. Von allen geometrischen Gebilden hat die gegen ihre Hohlseite angeströmte **Fallschirmform** den größten Widerstandsbeiwert (bei den hier betrachteten Reynoldszahlen etwa 1,3 oder höher), hart gefolgt von der senkrecht angeströmten **ebenen Scheibe** (etwa 1,1). Mit leicht nach vorne gestellten und „hohl" gehaltenen Flügeln, hochgereckter Kopfregion und tief gestellter Schwanzfläche versucht der Vogel offenbar, der besten Widerstandsform nahe zu kommen.

Dabei greifen die Widerstandskräfte der vorwärtsgezogenen Flügel – bei Seevögeln oft auch der gespreizten Schwimmhautflächen – vor dem Schwerpunkt an. Sie würden den Vogel um die Querachse hoch kippen und zum Abtrudeln bringen, wäre da nicht **Momentenausgleich** durch den häufig nach vorne-unten gedrehten und stark gefächerten Schwanz. Er erzeugt ein gegendrehendes Kippmoment und sorgt so für die nötige Längsstabilität.

Lange bleibt der Vogel so aber nicht stabil, weil die Strömung auf der Flügeloberseite abzureißen beginnt. Beim Vogel, etwa einem Graureiher, erkennt man das daran, dass bei hohen Anstellwinkeln die **Deckfedern abheben**. Das zeigt sich auch bei Lachmöwen, wenn sie enge Kurven fliegen. Am Windkanalmodell heben entsprechend „deckfederartig" angeklebte Papierstreifen ab.

Aus all diesen Gründen wechseln beim Angleiten und Abbremsen meist kurze stationäre Bremsphasen und Flügelschlagphasen ab.

12. Hangaufwindsegeln etc.

Wir haben festgestellt: Segeln bedeutet Gleiten in **aufsteigenden Luftmassen**. Diese können nicht nur von Thermiken, sondern beispielsweise auch von Hangaufwinden bereitgestellt werden. Ein Hangaufwind kann sich an einem Küstenfelsen, einer Hügelkette, ja sogar einem Bahndamm einstellen. Sobald die **Steiggeschwindigkeit** v_{steig} der Luft entgegengesetzt gleich der **Sinkgeschwindigkeit** v_{sink} des Vogels ist, scheint dieser für einen Außenbeobachter horizontal zu gleiten. In Wirklichkeit sinkt er in der Zeiteinheit um die gleiche Strecke ab, wie er vom Wind angehoben wird. Wer genau hinschaut, sieht denn auch, dass die Längsachse des Vogels nicht horizontal steht wie beim Streckenflug, sondern weiter schräg abwärts geneigt bleibt wie beim normalen Gleitflug.

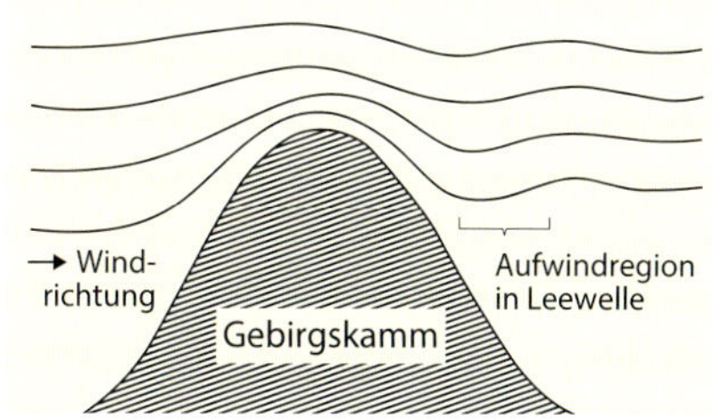

Leewellen hinter einem Gebirgskamm (nach Nachtigall 1987).

Auch Aufwinde, wie sie sich zum Beispiel an Straßenzeilen unserer Städte ausbilden, können genutzt werden, beispielsweise von Mauerseglern und Turmfalken. Einmal wurde von einem Turmfalken berichtet, der daran gewöhnt war, sich von der Bugwelle eines (langsam fahrenden) Personenzugs mitnehmen zu lassen.

Eine Aufwindkomponente stellt sich regelmäßig auch in bestimmten Abständen hinter Gebirgskämmen ein. Die Windströmung kann sich dort in sogenannten **Leewellen** formieren, deren Aufwindregionen größere Zugvögel zum Leewellensegeln parallel zum Kamm nutzen können.

13. Bolzenflug

Jedem Vogelbeobachter ist der typische, **wellenförmige Spechtflug** geläufig. Er führt bogig auf und ab. In der Aufwärtsphase schlägt der Specht heftig mit den Flügeln, in der Abwärtsphase legt er sie an und

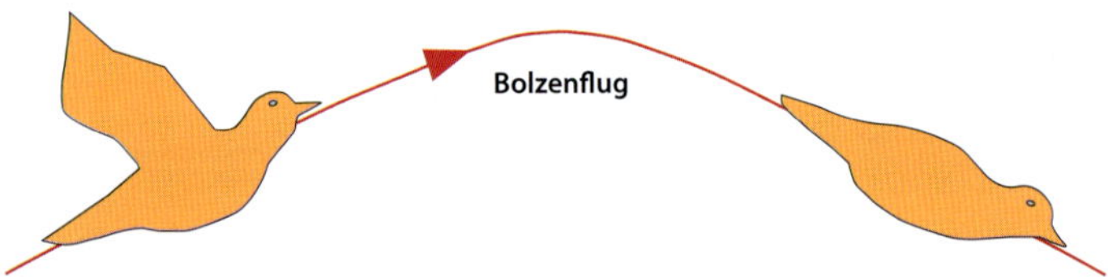

Schema des Bolzenflugs.

bewegt sich wie ein abgeschossener Pfeil oder Bolzen weiter. Auch an Bachstelzen, die an einem Fluss- oder Seeufer entlang fliegen, oder gelegentlich auch an Bienenfressern lässt sich dieser Bolzenflug gut beobachten. Warum fliegen gerade diese Vögel bolzenartig, andere wieder nicht? Liegt irgendein Vorteil in dieser Flugart?

Wenn man erst einmal gelernt hat, darauf zu achten, wird man bolzenartige Flüge gar nicht so selten entdecken. Kaum jemals sind sie jedoch so angepasst wie bei Grünspecht, Buntspecht oder Stelzen. Doch lassen sie sich bei fast allen Kleinvögeln nachweisen. Selbst Tauben, die in unserem Windkanal flogen, tanzten ein wenig auf und ab, und wenn man das weiß und frei fliegende Tauben mit dem Feldstecher verfolgt oder aus dem fahrenden Auto oder Zug beobachtet, kann man diese Bewegungen auch sehen. Allerdings legen die Tauben in der Abwärtsphase die Flügel nur wenig zusammen und gleiten eher, während typische Bolzenflieger die Flügel vollständig anlegen. Mit Kurzzeitaufnahmen wurden solche Phasen auch an anderen mittelgroßen Vögeln nachgewiesen.

Der Vogelflugforscher Hans Oehme hat rechnerisch herausgefunden, dass der Bolzenflug aerodynamisch eine nicht unbeträchtliche Leistungseinsparung nach sich ziehen kann; bis zu 30 % werden angenommen. Wahrscheinlich ist er aber auch muskelphysiologisch bedeutsam. Mit kurzfristigen Höchstleistungen, gefolgt von kurzen Ruhephasen, können die Flugmuskeln offensichtlich energetisch besser auskommen als mit längerfristigen Dauerleistungen.

14. Rüttelflug

Jeder Feldornithologe kennt die Jagdtechnik des Turmfalken: **Rüttelflug am Ort**, möglichst im schrägen Aufwind, und Herabstoßen von dieser luftigen Beobachtungswarte. Gelegentlich sieht man diese Technik auch beim Mäusebussard, wenn der das anstrengende Rütteln auch nicht so lange aushält. Auffallend ist, dass die Flügel dabei nur mit sehr geringen Ausschlägen bewegt werden. Bisweilen hat man den Eindruck, dass der Falke gar nicht mit den Flügeln schlägt. Er setzt sie (und den Daumenfittich sowie den gespreizten Schwanz) vielmehr nur für Ausgleichsbewegungen ein, die der **Erhaltung der Lagestabilität** im schrägen Aufwind dienen. Auch in böigem Wind steht der Falke, wie Videler et al. gezeigt haben, wie angenagelt in der Luft.

Eine ähnliche Flugtechnik benutzen Seeschwalben, die – über Flachgewässern in mehreren Metern Höhe rüttelnd – kleine Fische anpeilen. Hier ist die Lagehaltung nicht weniger überzeugend. Selbst bei starken Windschwankungen bewegt sich, wie Dietrich Bilo aus meiner Arbeitsgruppe festgestellt hat, das Auge nur wenige Millimeter hin und her.

Solche Rüttelflüge können – ganz kurzfristig – in etwa nach dem Singvogel-Typ ablaufen. Dann steht der Körper deutlich schwanzlastig-schräg

Im Hangaufwind rüttelnder Turmfalke, adultes Weibchen.

geneigt. Bei geringem horizontalem Gegenwind der Geschwindigkeit v_{wind} fliegen die Vögel im Prinzip mit der Flügelbewegung des Horizontalflugs mit entgegengesetzt gleicher Fluggeschwindigkeit $v_{flug} = - v_{wind}$ gegen den Wind. Damit bleiben sie – bei etwa horizontaler Körperhaltung – über dem Boden stehen.

In den allermeisten Fällen nützen sie aber, wie gesagt, irgendwie geartete Aufwinde, und seien es noch so geringe. Man beobachte nur einmal die **Bodengestalt** unter einem rüttelnden Turmfalken. Fast stets ist eine leichte Bodenwelle vorhanden oder ein nahestehender Abhang, ja auch nur ein Stückchen Grabenaufwurf. Beim Aufwindrütteln steht der Körper meist ganz leicht schräg geneigt in der Luft. Bei starkem schrägem Hangaufwind macht der Falke keinen Rüttelflug mehr. Er steht vielmehr kopflastig schräg in der Luft und richtet sich so ein, dass seine **Gleitgeschwindigkeit entgegengesetzt gleich der resultierenden Windgeschwindigkeit** ist. Auf diese Weise ist es auch gelungen, in unserem schräg-aufwärts blasenden **Gleitkanal** Europäische Stare „ortsfest“ gleiten zu lassen.

15. Start vom Wasserspiegel und Anwassern

Möwen fliegen aus der Schwimmstellung scheinbar mühelos hoch. Auch Stockenten können bei Störung mit einem **einzigen, wuchtigen Schlag** abheben. Wenn sie dazu Zeit haben, platschen sie aber lieber einige Schritte übers Wasser und gewinnen damit **Fahrtwind**; offensichtlich ist diese Art des Abhebens energiesparender. Schwäne, allen voran der schwere Höckerschwan, können gar nicht anders starten als platschend gegen den Wind übers Wasser zu laufen. Selbst wenn sie schon halbwegs

Von der Wasseroberfläche startender Haubentaucher.

in der Luft sind, bewegen sie die Beine noch mit und nutzen die ausgebreiteten Schwimmhäute zum **Abstoßen von der Wasserfläche.**

Somit spiegelt sich auch bei den Wasservögeln die **Größenrelation** wider, wie sie in ausgeprägtem Maße bei Landvögeln zur Wirkung kommt: Je schwerer der Vogel ist, desto problematischer werden Start und Flug. Die Blässralle ist nun aber wahrhaftig kein Großvogel, und doch platscht sie vor dem Abheben gut und gerne ein Dutzend Meter über die Wasseroberfläche. Es fällt auf, dass der anschließende Flug mit hoher Schlagfrequenz und relativ geringer Schlagamplitute mehr oder minder geradlinig abläuft. Hakenschlagen kommt auch bei massiver Störung kaum vor. All dies sind Zeichen für eine relativ hohe Flächenbelastung. Damit hat die Blässralle auch starttechnisch eine Sonderstellung; sie braucht zum Abheben hohen Fahrtwind und wenn Windstille herrscht, muss sie ihn sich selbst erzeugen.

Wenn man mausernde Enten aufschreckt, versuchen sie manchmal, auf Blässrallen-Art hochzukommen. Fehlen ihnen zu viele Schwungfedern, schaffen sie es aber nicht. Dies ist einerseits ein Problem der sehr **hohen Flächenbelastung in der Mauser** (die Körpermasse verteilt sich auf eine zu geringe tragende Fläche). Wegen der fehlenden Federn kommt es andererseits aber auch zu aerodynamisch **nicht optimalen Flügelprofilen**.

Beim Anwassern gibt es nicht weniger zu sehen als beim Start von der Wasseroberfläche.

Das räumliche und zeitliche Zusammenspiel der Mechanismen bei Anflug und Wassern von Enten und Schwänen mit dem Feldstecher zu beobachten, macht immer wieder Vergnügen. Welche Bremskoordination setzen Wasservögel ein, bis sie schließlich zur Ruhe kommen? Sie benutzen im Wesentlichen vier Vorgänge.

Zunächst gleiten sie in ziemlich steiler Bahn schräg abwärts, oft mit leicht angelegten Flügeln zur Erzeugung einer **steilen Gleitstrecke**. Die Flügel werden nicht selten auch leicht V-förmig gehalten. Mit dieser leicht unstabilen Flügelposition pendeln sie sichtlich hin und her, aber das scheint für eine **rasche Positionierung** in ihrem Sinn zu sein.

Etwa im letzten Bahnviertel richten sie den Körper steil auf und bremsen mit wuchtigen **Gegenschlägen** der Flügel ab.

Beim Aufsetzen werden die **schwimmhautbesetzten Füße** vorgestreckt und unter positiven Anstellwinkeln zur Wasseroberfläche gehalten. So wirken sie wie Wasserskier.

Während sich die Aufsetzgeschwindigkeit sehr rasch verringert, kommt es zu einer **Körperkippung**: der zunächst schräg nach hinten gehaltene Körper kippt nach vorne bis über den Aufsetzpunkt der Füße, und so taucht der Vogel dann «ganz normal» ein. Bereits bei leicht ungenauer Koordination kommt es aber sehr rasch zum Überschwingen. So sieht man nicht selten, dass eine Ente mit der Halsregion eintaucht oder gar mit dem Kopf kurz untertaucht. Schon während des Aufsetzens werden die Flügel zusammengelegt.

Noch auffallender, ja geradezu dramatisch, wirkt das Wassern der Höckerschwäne. Im letzten Drittel des Angleitens werden die Flügelenden im Interesse einer raschen Feinsteuerung oftmals weit herabgezogen. Vor dem eigentlichen wasserskiartigen Aufsetzen berühren die Beine in der Regel mehrmals in **synchronen Schlagbewegungen** patschend die Wasseroberfläche und „vernichten" so bereits einen Teil der kinetischen Energie des schweren Rumpfes.

Literatur

Eder, H., Fiedler, W., Pascoe, X. (2010): Air permeable hole patterns and nose droop improve aerodynamic performance of primary feathers. J. Comp. Physiol. A 197 109-117.

Eder, H., Fiedler, W. (2012): Anwendung des Laser-Zielerfassungssystems Vector IV zur Darstellung und Berechnung von Storchenflugbahnen. Deutsche Ornithologische Gesellschaft, Tagungsband 2012, p. 28.

Glaeser, G., Paulus, H. F., Nachtigall, W. (2017): The evolution of flight. Springer, Berlin.

Herzog, K. (1968): Anatomie und Flugbiologie der Vögel. G. Fischer, Stuttgart.

Hummel, D. (1973): Die Leistungsersparnis beim Verbandsflug (Ein aerodynamischer Beitrag zur Diskussion über den Winkelflug einiger Zugvögel). J. Ornithol. 114: 259-282.

Küttner, J. (1947): Über die Flugtechnik einiger Hochgebirgsvögel. Kosmos 43: 384-389.

Nachtigall, W. (1970): Phasenbeziehung der Flügelschläge von Gänsen während des Verbandflugs in Keilformation. Z. Vgl. Physiol. A 67: 414-422.

Nachtigall, W. (1980): Dokumentation der Flügelgittereinstellung der freien Handschwingen beim Aufschlag sowie der Daumenfitticheinstellung beim Abschlag des Wellensittichs. J. Ornithol. 121 (2), 217-222.

Nachtigall, W. (ed.) (1985): BIONA-report 3, Bird flight – Vogelflug. Publ. Akad. Wiss. Lit. Mainz, Fischer, Stuttgart.

Nachtigall, W. (1985): Warum die Vögel fliegen. Rasch und Röhring, Hamburg.

Nachtigall, W. (1987): Vogelflug und Vogelzug. Rasch und Röhring, Hamburg.

Nachtigall, W. (1998): Der Gleitflug von Vögeln. Physik in unserer Zeit 29: 25-29, VCH.

Nachtigall, W., Rothe, H. J. (1982): Nachweis eines "clap and fling"-Mechanismus bei der im Windkanal fliegenden Haustaube. J. Ornithol. 123: 439-443.

Oehme, H. (1985): Möglichkeiten und Grenzen der Flugleistungsbestimmung unter Verwendung aerodynamisch begründeter Rechenmodelle. BIONA 3: 231-254.

Pennycuick, C. J. (1972): Animal flight. Arnold, London.

Ponitz, B., Schmitz, A., Fischer, D., Bleckmann, G., Brücker, C. (2014): Diving-Flight Aerodynamics of a Peregrine Falcon (*Falco peregrinus*). PLoS ONE 9(2): e86506. doi: 10.1371/journal. pone.0086506.

Portugal, S., Hubbel, T. Y., Fritz, J., Heese, St., Trobe, D., Voelkl, B., Hailes, S., Wilson, A. M., Usherwood, J. R. (2014): Upwash exploitation and dowenwash avoidance by flaps phasing in ibis formation. Nature 505: 399-402.

Raspet, A. (1950): Performance measurements of a soaring bird. Gliding 1: 145-151.

Rothe, H. J., Nachtigall, W. (1987): Pigeon fligtht in a wind tunnel I. Aspects of wind tunnel design, training methodes and flight behaviour. J. Comp. Physiol. B 157; 91-98.

Rüppell, G. (1980): Vogelflug. Rowohlt Taschenbuch, Hamburg.

Tucker, V. A., Parrott, G. C. (1970): Aerodynamics of gliding flight in a falcon and other birds. J. Exp. Biol. 52: 345-367.

von Holst, E. (1947): Vom Rätsel des Vogelfluges. Kosmos 43: 243-247.

Videler, J. J., Weihs, D., Daan, S. (1983): Intermittend gliding in the hunting flight of the kestrel *falco tinunculus* L. J. Exp. Biol. 102: 1-12.

Wagner, S. (1998): Ingenieurwissenschaftliche Erkenntnisse; Ein Schlüssel zum Verständnis der Natur? In: Schubert, V. (Hrsg.): Was lehrt uns die Natur? Wissenschaft und Philosophie – Interdisziplinäre Studien 6: 401-471, Eos. St. Ottilien.

Bildquellennachweis

Die angefügten Buchstaben bezeichnen die Position auf der Seite (o = oben, m = Mitte, u = unten, li = links, re = rechts usw.)

Tonquellennachweis

Alle Tondokumente stammen von H.-H. Bergmann, außer:

Koch, M.: Goldregenpfeifer, Mornellregenpfeifer (Weibchen-Gesang), Seeadler
Lachmann, L.: Fahlsegler
Martin, R.: Grauspecht, Strandpieper (Rufe)
Roché, J. C.: Spornammer
Schubert, M.: Habicht, Hohltaube, Kiefernkreuzschnabel, Moorente, Samtente, Schleiereule, Strandpieper (Gesang), Sumpfläufer, Sumpfohreule, Trauerente, Wiesenweihe
Tembrock, G.: Bartgeier

Register der wissenschaftlichen Vogelnamen

Register der deutschen Vogelnamen

Register der englischen Vogelnamen

Register der französischen Vogelnamen

Register der spanischen Vogelnamen

Register der italienischen Vogelnamen

Die Autoren

Dr. Wolfgang Fiedler, Jahrgang 1966. Seit 1998 Mitarbeiter an der Vogelwarte Radolfzell bzw. dem späteren Max-Planck-Institut für Ornithologie, wo er seit 2000 wissenschaftlicher Leiter der Zentrale für Tiermarkierung ist. Sein wissenschaftliches Interesse liegt im Bereich der Tierwanderungen und hier insbesondere beim Vogelzug. In den letzten drei Jahrzehnten verschiedene Vorstandsfunktionen bei der Deutschen Ornithologen-Gesellschaft, der Europäischen Ornithologen-Union und der Europäischen Union für Vogelberingung. Privat Naturfreund und Vogelbeobachter, Hobbylandwirt und Sachverständiger für Fledermausschutz.

Hans-Joachim Fünfstück, Jahrgang 1956. Seit 1981 Mitarbeiter am Institut für Vogelkunde, der jetzigen staatlichen Vogelschutzwarte/Landesamt für Umwelt in Bayern. Begeisterter Naturfotograf mit Schwerpunkt Vogelfotografie. Als ständiger Mitarbeiter ist er seit 1999 im Redaktionsteam der Zeitschrift Der Falke tätig. Vorstand der Kreisgruppe Garmisch-Partenkirchen und Mitglied im Landesvorstand vom Landesbund für Vogelschutz in Bayern (LBV). Mitglied im Beirat der Ornithologischen Gesellschaft in Bayern und in der Deutschen Seltenheitenkommision. Als Reiseleiter und privat studierte er die Vogelwelt auf vielen Reisen, die ihn bis jetzt auf sechs Kontinente führten.

Prof. em. Dr. Werner Nachtigall promovierte mit einer zoologischen Arbeit über ein bewegungsphysiologisch-biophysikalisches Thema mit bionischer Bedeutung. Und habilitierte über Flugbiophysik. Er war Mitbegründer und Vorsitzender der Gesellschaft für Technische Biologie und wurde mit zahlreichen wissenschaftlichen Preisen ausgezeichnet. Nach seiner Emeritierung 2002 wurde er Leiter des vom Bundesministerium für Bildung und Forschung geförderten Bionik-Kompetenznetzes BIOKON an der Universität des Saarlandes.

Auch auf DVD und als App erhältlich

Die Flugrufe der Vögel Mitteleuropas
337 Vogelstimmen von 266 fliegenden Arten

Mit Foto zu jeder Vogelart

Sie wollen die Flugrufe und -gesänge auch dort nutzen, wo es keine Internetverbindung gibt oder sich die Stimmen direkt am Computer, Tablet oder Smart Phone anhören? Dann nutzen Sie die App oder DVD „Die Flugrufe der Vögel Mitteleuropas“.

Mit der DVD können Sie die Vogelstimmen auf jedem Computer oder Notebook nutzen, mit der App auf Ihrem Mobiltelefon oder Tablet. Komfortable Suchmöglichkeiten (u.a. über die Artnummern in diesem Buch) erhöhen die Benutzerfreundlichkeit der Anwendung.

Die Stimmen der Vögel werden mit informativen Beschreibungen vorgestellt und sind direkt vom Text aus aufrufbar.

Weitere Informationen und Bestellmöglichkeiten finden Sie unter **www.flugrufe.de**

QM
Quelle & Meyer Verlag GmbH & Co.
Industriepark 3 · 56291 Wiebelsheim
vertrieb@quelle-meyer.de · www.quelle-meyer.de
Tel.: 0 67 66 / 903-140 · Fax 0 67 66 / 903-320